趣味系列

08

Interesting Aesthetics

趣味美学

修订本

徐德清 著

山东人民出版社
国家一级出版社 全国百佳图书出版单位

图书在版编目（CIP）数据

趣味美学 / 徐德清著 . — 济南：山东人民出版社，
2014.5（2021.7 重印）
（趣味系列）
ISBN 978 – 7 – 209 – 08281 – 5

Ⅰ. ①趣… Ⅱ. ①徐… Ⅲ. ①美学 – 青年读物 ②美学 –
少年读物 Ⅳ. ① B83 – 49

中国版本图书馆 CIP 数据核字（2014）第 036441 号

责任编辑：王海涛　杨云云
装帧设计：蔡立国

趣味美学
徐德清　著

山东出版传媒股份有限公司
山东人民出版社出版发行
社　址：济南市英雄山路 165 号　邮　编：250002
网　址：http：// www.sd-book.com.cn
市场部：（0531）82098027　82098028
新华书店经销
山东新华印务有限公司印装
规　格　16 开（169mm × 228mm）
印　张　20.25
字　数　290 千字
版　次　2014 年 5 月第 1 版
印　次　2021 年 7 月第 7 次
ISBN 978 – 7 – 209 – 08281 – 5
定　价　28.00 元

如有质量问题，请与印刷厂调换。（0531）82079112

《趣味系列》修订本序

这是一套以“趣味”命名的系列读物，包括：《趣味语文》《趣味历史》《趣味考古》《趣味地理》《趣味逻辑》《趣味哲学》《趣味文字》《趣味美学》《趣味心理》等九个人文社会学科。为什么要用“趣味”命名呢？因为每本书的作者在每门学科中选择了其中最有趣的、最容易引发读者兴趣的，也是最有吸引力的故事和知识。

如果你要学一门学科，或者老师要教一门学科，一定要讲究知识结构系统和内容完整。其中当然也会有一些有趣的内容，但也不得不包括不那么有趣、甚至非常枯燥艰深的内容。或者一部分人感到有趣，学得轻松愉快，另一部分人却毫无兴趣，只能硬着头皮学。

但这套书不同。它们既不是教科书，也不是教辅材料，更不是考试秘诀，不需要预复习，不必做作业，更不用担心考试。你觉得哪本有趣就看哪一本，觉得哪一段有趣就看哪一段，有多少空闲时间就看多少，隔一段时间再看也不会影响阅读的效果。

当然，不能只讲趣味。既然是以学科分类，还得对本学科的知识和内容作一番精心选择。为什么要选择呢？因为每门学科知识和内容的积累、记录、传承，一门学科的形成和发展，都是一个漫长而艰苦的过程，是古往今来无数学者的心血凝聚成的，其中一些最重要、最经典的内容必须有所体现。另一方面，到了今天，每门学科的知识和内容都已浩如烟海，如果不加选择，不用说这套书容纳不了，任何人穷毕生之力也读不完。再说，从我们所希望的读者的需求出发，也必须有所选择。

以我最熟悉的历史学科为例。

历史是靠人记录的，但一开始这一过程是相当艰难的。尽管在进入文明社会的早期人类就有了记录历史的意识，但一直缺少工具和手段。在文字发明后依然存在书写工具和记录介质的困难，所以只能尽可能使文字简约，甲骨、竹、木、帛等都被用作书写材料，而最重要的内容只能镌刻于石材，铸造于青铜器。

由于已有的历史文献不易复制，大多只是孤本秘籍，一遇天灾人祸，往往从此消失。得以幸存至今，成为我们今天能够看到的史料、史书，只是其中很少一部分。

秦始皇烧毁了民间收藏的儒家经典，只允许官方学者保存研究，其中一位伏生专门负责《尚书》。秦末战乱爆发，伏生怕《尚书》毁坏散失，将书藏在墙壁中。战乱过后，他发现书已经遗失了一部分，就将书的内容记在心中，等待传播的机会。直到他九十岁时，才等到了皇帝派来记录的学者晁错。可惜他已口齿不清，只能靠听得懂他的话的女儿传达。加上他们讲的是山东方言，河南人晁错没有听懂，记录的内容又打不小的折扣。

只有在纸得到普遍运用和印刷术普及后，历史的记录和传播才有了物质条件的保证，才能够突破官方的封锁和限制，进入民间。甚至连统治者刻意禁毁的史料、史书，只要曾经被复制或印刷，往往依然能得到流传。

但是到了今天，我们又面临着新的困境。随着信息技术的飞速进展，海量信息已可轻易获取。以前人说"一部《二十四史》不知从何读起"，不过是发感叹而已，真正能拥有一部《二十四史》或随时可以读的人是不多的。而如今只要有一张光盘，或者能够连上相应的网页，《二十四史》不仅能随意读，还能逐句、逐字检索，找出每一个人名、地名、事件、制度就在瞬间。但是以个人的精力和时间，终身也无法穷尽，即使是专业研究人员也无此必要，何况绝大多数只是出于业余兴趣的人！

历史研究固然应该不受任何禁区的限制，完全从史实出发，且无论巨细都有意义，无论正负均有价值。但运用和传播历史知识、历史研究成果时必须根据各方面的条件而有所选择，如对专业和业余、精英和大众、成年人与未成年人等，就应有不同的侧重点。还应顾及国家利益、社会公德、民族感情、宗教信仰、风俗禁忌等多方面。

优秀的普及性读物就要遵循这些基本的原则，根据特定读者的需要和可能，精选出适量的内容，以最容易接受吸收的方式提供给读者。这正是这套书的作者和编者的良苦用心。

趣味系列这套书，原是上海古籍出版社2001年策划出版的，受到了读者，特别是中学生的热烈欢迎，加印多次，其中《趣味逻辑》《趣味哲学》加印20多次；2007年出版了插图本。本次山东人民出版社出版的趣味系列新版，《趣味文字》《趣味心理》是第一次出版，其他7本对原有版本的内容做了新的修订，根据时代变化加入了许多新的内容，重新装帧设计，希望给读者朋友，特别是中学生朋友编辑一套“开拓人文视野，提高学习兴趣”的人文社科入门读物。

葛剑雄

2014年1月10日

前 言

人们常说："爱美之心人皆有之。"

我的理解是，"爱美之心人皆有之"这句话是一个全称肯定命题。意思是说，所有的人都是爱美的。不管是中国人、外国人，还是现代人、古代人；不管是男人、女人，还是大人、小孩；也不管是身体健全、健康的人，还是残疾人、病人，等等，都是爱美、追求美的。

"爱美之心人皆有之"，也有这样的内涵，即爱美伴随人的一生。人的一生各个阶段，无论婴儿、少年、青年，还是中年、老年，都与审美、爱美发生天然联系。而且，人的生活，人的各种活动都离不开美，衣食住行、工作学习、交际娱乐、婚嫁殡葬等，都要讲究美、追求美。

不仅如此，爱美、追求美还是人的一生中相当重要的内容。梁启超先生在《美术与生活》一文中曾经指出："我确信'美'是人类生活的一种要素——或者还是各种要素中之最要者。倘若在生活全内容中，把'美'的成分抽去，恐怕便活得不自在，甚至活不成。"

在我国的古代经典《论语》中，记载了这样一件事：

有一次，子路、曾点、冉求、公西赤等弟子陪孔子坐着。孔子让这些弟子谈谈自己的志向。

子路连忙抢着回答："我想去治理一个千乘之国！只要短短三年时间，

就可以使人民既有勇气，又懂得道义，能够抵御敌军侵犯，战胜天灾。”

冉求说：“方圆六七十里或者五六十里的小国让我去治理，三年时间，我可使它国富民足。”

公西赤谦虚地说：“我不敢逞能，但愿继续学习。如果祭祀或者会盟，我愿穿上礼服，戴上礼帽，学习做个小小的司仪。”

孔子最后问曾点，曾点正在悠闲地弹琴，听到老师的问话，“铿”的一声，把琴声停了，连忙站了起来，慢慢地回答道：“我的想法和他们三位有些不同……”

孔子安慰他：“但讲无妨，不过是各人谈谈心志而已！”

曾点说：“我可没有他们三人那样的志向。我只想在三月的春天里，穿上新做的夹衣，相约上五六个成年人、六七个小孩，在沂水里游游泳、洗洗澡，在舞雩台上吹吹风，然后一路上唱着歌走回来，岂不是很快乐吗？”

“老师，您……”

“哎——”，孔子点了点头，长叹一声说：“我赞同曾点的想法啊！”

曾点说的是一种爱美志向，追求的是一种审美境界。而子路等人的志向都是治理国家、管理国家。孔子一向以“仁”为其学说的核心，主张以德治天下。结果他既不赞同子路、冉求的治国富民的志向，也不赞同公西赤“立于礼”的主张，而偏偏赞同曾点爱美、审美的志向，这是十分令人深思的。

这个故事说明这样一个道理：孔子向往审美境界，并把爱美、审美看得高于治国平天下。

西方也有相同的见解。希腊神话中流传着这样一个美妙的故事：

珀琉斯和女神忒提斯结婚的时候，举行了盛大宴会，邀请所有的神都来赴宴，唯独把不和女神厄里斯忘掉了。厄里斯非常恼怒，来到席间扔下一个金苹果，上面刻有“赠给最美的女人”。女神赫拉、雅典娜和阿佛洛狄忒都想得到这只金苹果，互相争吵，不可开交。争执不下去就去找主神宙斯，宙斯不作判决，让她们到人间找帕里斯评判。

帕里斯是特洛伊国王遗弃的儿子，在牧羊人家中长大，此刻正在山谷里放牧。突然，奥林匹斯山的三位女神降临在他的面前。

站在中间的那位女神是宙斯的妻子赫拉，最高的天堂女神。她对帕里斯说："如果你把金苹果判给我，我可以使你成为世界上最富有的国王。"

第二位女神雅典娜是智慧女神。她温柔地对帕里斯说："假如你把胜利判给我，我帮助你成为人世间最有智慧、最刚毅的伟大英雄，百战百胜的将军，你会赢得人间最高荣誉。"

最后一位女神是最年轻的美丽女神和爱情女神阿佛洛狄忒（罗马人称她为维纳斯）。她朝帕里斯投来一束甜蜜的微笑，深情地说："帕里斯，你千万不要受她们两人礼物的诱惑。如果你让我得到金苹果，我将让人间最美丽的女子做你的妻子。"

年轻妩媚的阿佛洛狄忒站在帕里斯的面前，身系漂亮的腰带，显得格外可爱动人。端庄的赫拉和聪慧的雅典娜在美丽女神的光彩熠熠下，顿时显得苍白无力。

帕里斯犹豫了起来，"判给赫拉，可以得到权势、财富；判给雅典娜，得到的是荣誉、地位；判给阿佛洛狄忒，有最美丽的女子陪伴。我是要权要财富，还是要名誉地位，抑或要美丽的女子？"

帕里斯想：既然宇宙主神宙斯把评判最美女人的责任交付了我，我就应该作出公正判决。他从赫拉手中接过金灿灿的苹果，把它递给了美丽女神。

赫拉和雅典娜愤怒地转过背去，发誓不忘今日的奇耻大辱。阿佛洛狄忒则心满意足，祝福王子一生平安，因为她还是平安之神。

令人饶有兴趣的是，帕里斯王子在权势财富、智慧荣誉和美三者之间，最终选择了美。看来西方人也是把美和审美放在重要位置。

"孔子述志"和"金苹果的故事"这两则典故告诉我们的是：美具有无限的魅力，追求美、向往审美境界是人的天性。审美是人不可缺少的高级精神活动，在人生中占有重要地位。审美对人类的发展、人格完善、人的全面发展，有着重要作用。美能益智，美能辅善，美能陶情，美能促健。审美享受是高尚的纯洁的享受，审美能够超越个人的孤苦、失意以及各种利害关系，获得自由。

当然，爱美是一回事，懂美、会审美又是另一回事。我们可以说所有的人都爱美，但是绝对不能说，所有的人都懂美、都会审美。要真正懂美，学会审美、欣赏美，并且按美的规律创造美，就需要学习一些必要的美学知识。

学习美学知识的途径是非常广阔的。从柏拉图关于美学的对话中，从康德对美和艺术进行严肃的哲学分析判断中，从西方近代的一些美学家对审美心理详细描绘的著作中，从中国古代文人独特的审美活动中，从具体的审美实践、审美体验中，我们都可以学到美学知识。同样，从古今中外的审美趣事趣谈中，也可以启发我们去思考很多美学理论问题，了解审美知识。这里奉献给读者的，就是这样一本小册子。

本书首先从美学史考察开始，介绍了人类对美学的探索，然后围绕审美活动漫谈，再分别从审美的客体和主体展开出去，对审美对象和审美的心理活动进行描述，通过通俗而有趣的故事，介绍美学的相关知识，展现审美的魅力。

笔者在写作过程中，深感用趣闻轶事、故事形式来系统介绍美学知识，并非是易事。不少美学知识很难找到恰当的趣闻来表达，况且审美是体验性、悟性的高级精神活动，很多东西是只可意会不可言传的，有限的文字、趣闻，也很难表达无限丰富的审美境界。所以，尽管做了努力，在美学知识方面肯定有很多遗漏，好在本书它并不是一本系统全面论述美学的理论著作，所以，以田夫献曝之心冒昧呈献给大家。此外书中诸多观点，只是一孔之见，谬误之处难免；所用事例，也不一定恰当，这些都敬请广大读者和专家批评指正。

本书借鉴和采用了许多已发表的学界同仁的有关资料，并择其主要者附录于后，在此向他们表示感谢。此次修订，朱宝元先生帮我校阅了全书，在此特表示感谢。

徐德清

2014 年春于上海五角场

目 录

审美对象

一　形式美

审美心理

一 审美感受

二 审美感知

美与审美

一　美的探索

一个斯芬克斯之谜
——美是难的

古希腊戏剧家索福克勒斯写过一个剧本，叫《俄狄浦斯》。里面有一个斯芬克斯之谜故事，说的是有一个带翼狮身的女妖站在山崖顶上，守住人们过往的道路。每当行人经过这里，她就让过路人猜谜语。谁若是猜不出来，她就将他（她）撕碎吃掉。她的谜语太难，没有人能猜对。所以，年复一年，不知多少过路人成了她口中餐。她的谜语是："什么动物早上四条腿走路，中午两条腿走路，晚上三条腿走路？"一天，一个叫俄狄浦斯的青年路过，女妖又拿出这个谜语让他猜。聪明的俄狄浦斯立即答道："人啊，这是人啊！"女妖听了，羞愧难当，惨叫一声，跳下悬崖自杀了。青年俄狄浦斯顿时成了人们的英雄。从此，人们就把无法破解的难题称之为"斯芬克斯之谜"。"什么是美"或"什么是审美"就是一个斯芬克斯之谜。

法国哲学家狄德罗曾经说过："几乎所有的人都同意有美，并且只要哪儿有美，就会有许多人强烈感觉到它，而知道什么是美的人竟如此之少。"美是什么，几千年前古人就曾讨论过。让我们听一听古希腊哲学家苏格拉底与希庇阿斯的辩论吧！

柏拉图在《大希庇阿斯》中，记叙了苏格拉底与希庇阿斯的辩论：

苏格拉底问："美的东西之所以美，是否由于美？"

斯芬克斯

希庇阿斯说："是的，由于美。"

苏格拉底问："美也是一个真实的东西？"

希庇阿斯说："很真实。"

苏格拉底问："请告诉我，什么是美？"

希庇阿斯说："美就是一位年轻漂亮的小姐。"

苏格拉底心想，把"漂亮的小姐"说成是"美"的本质属性，显然这是拿个别的美的事物来回答美本身的定义。于是，苏格拉底就向他发起进攻。

苏格拉底问："一匹漂亮的母马美不美？"

希庇阿斯答："美，神说母马很美。"

"一个美的竖琴美不美？"

"美。"

"一个打磨得很光，做得很圆，烧得很透，样子又十分灵巧，而且还镶上花纹的汤罐美不美？"

"美！"

"好了，既然一位漂亮的小姐、一匹母马、一张美丽的竖琴和一个镶有花纹图形的汤罐都是美的，你怎么能说'美就是一位漂亮的小姐'呢？"

“啊——”希庇阿斯语塞。但希庇阿斯并不是平庸之辈，他稍一思索，立刻狡辩道：“最美的母马、竖琴、汤罐，比起年轻小姐来还是丑的呀！”

“年轻小姐比起神仙，不也像汤罐比起年轻小姐吗？最美的年轻小姐比起女神也是丑的。可见，美人的美也是相对的呀！”

“这是无可反驳的。”

“我问的是美本身是什么？你指出一种美来回答，而这种美，依你所说，却又美又丑，这能行吗？”

“……”希庇阿斯这下真的说不出话来了。

“我问的是美本身。这美本身把它的特质传给一件东西，才使那件东西成其为美。”

“你问的原来是这种美。这太简单了，”希庇阿斯松了一口气，说，“告诉你吧，它不是别的，就是黄金。一件东西纵然本来是丑的，只要镀上黄金，它就显得美了。”

“你的意思是，黄金是使事物成其为美的。美就是黄金。”

“对极了。”希庇阿斯心里很高兴，他以为苏格拉底被自己的观点征服了。

苏格拉底问：“伟大的雕刻家费第阿斯雕刻女神雅典娜的像，不用黄金而用象牙。费第阿斯是否犯了错误？”

希庇阿斯回答：“费第阿斯没有错，象牙也是美的。”

“这尊女神雕像的眼睛不用象牙，用的是漂亮的云石。怎么样呢？”

“当然是美的，因为象牙配云石，十分恰当。”

“美的石头是否也就是美呢？”

“如果使用恰当，石头当然也美。”

“用得不恰当，它就会丑？”

“美是恰当的，不恰当当然丑。”答完后，希庇阿斯有点得意洋洋，因为他感到这个观点涵盖了“漂亮的小姐”“母马”“竖琴”“象牙”“石头”等所有美的物品，不怕苏格拉底反驳。

哪知魔高一尺，道高一丈，苏格拉底早已看出这一定义的破绽。

他说：“现在需要煮蔬菜，哪个最恰当？是用木汤匙，还是用金汤匙呢？”

“木汤匙呀！木汤匙配蔬菜，恰当啊！它可以叫汤有香味，不至于打破罐子，泼掉汤。若是用金汤匙，就难免有这些危险。”

希庇阿斯正为自己的机智沾沾自喜时，苏格拉底突然发问：“难道金汤匙不美吗？”

“这……”苏格拉底的话问得希庇阿斯措手不及。因为煮蔬菜用金汤匙是不恰当的，但不能就此说金汤匙不美呀！如果说金汤匙不美，那他刚才主张的“黄金使事物成其为美”就不对了。他张了张嘴，说不出话来。

希庇阿斯提出的“美就是一位年轻漂亮的小姐”“黄金是使事物成其为美的”“美就是恰当的”，先后被苏格拉底驳得体无完肤。希庇阿斯理亏词穷，几次想临阵脱逃，苏格拉底都想方设法留住了他，并换了一个讨论方式，由他自己提出一些可能的定义来逐一讨论。他们讨论了“美是有用的”“美是有益的”“美是视觉和听觉所生的快感”等，他们似乎隐约感到这些概念与美有密切的关联。但说来说去，“美本身是什么”这个问题终无着落。最后，苏格拉底不得不承认自己也是无能的，感慨地说：“美是难的。”

对话录《大希庇阿斯》是柏拉图早年的作品，生动记载了古希腊人对“什么是美”的探索。这一探索使西方文化产生了美学，但是也给人们留下了一个回答不出的“斯芬克斯之谜”。从那时候起，两千多年来，人们围绕“美是什么”以及与“美”有关的问题展开了一场旷日持久的讨论，各抒己见，争论不休，至今仍未平息。人们先后提出了美在理念、美在善、美在真、美在形式、美在关系、美是理念的感性显现、美在生活、美是主客观的统一等。随着近代科学，特别是心理学的发展，又提出美在直觉、美在移情、美在距离等观点。有人还从辞源学、人类学、考古学、艺术等方面探索美的起源。这些观点，都有其合理成分，不乏真知灼见，但又总是存在这样那样的缺陷、漏洞，就如同“阿喀琉斯的脚踵”。

古希腊有一位神话英雄，叫阿喀琉斯。他出生的时候，被母亲海洋女神忒提斯握住了脚踵，倒浸在冥河的水中。这样，除了没有浸水的踵部外，任何武器都伤害不了他的身体。在特洛伊战争中，他英勇无敌，连连获胜。战争的第十个年头，他因一个女奴与希腊联军统帅阿伽门农发生了争吵，一气

垂死的阿喀琉斯

之下退出了战斗。特洛伊人趁机打败了希腊联军。阿喀琉斯的好友劝他出来参战，遭到拒绝。他的好友只得披戴阿喀琉斯的盔甲出来迎战，结果，被特洛伊王子赫克托尔杀死。为了给好友报仇，阿喀琉斯与阿伽门农重归于好，重新参战。他击毙了赫克托尔，使希腊联军转败为胜。但是，阿喀琉斯有一个致命弱点，就是脚踵没有防卫能力。后来他被特洛伊王子帕里斯用箭射中脚踵而死。阿喀琉斯虽然百战百胜，但是，终有致命弱点。“美是什么”是美学史上的一个难题。围绕这一难题产生的各家学说观点，虽然不乏真知灼见，然终有一些漏洞。所以，美学家们把这个现象，比喻成“阿喀琉斯的脚踵”。

既然从美的本质探索美，总不能避免“阿喀琉斯的脚踵”，那么我们一方面要对各家学说中的真知灼见加以重视，汲取其精华，应用于我们的审美之中；另一方面，也需要转换思路，另辟蹊径，开辟新的视角，从审美现象、审美关系、审美活动来研究美。比如，从人面对一盆花、一幅画、一支歌、一首诗来研究，讨论凭什么把花、画、歌、诗称为美的，美和美感是怎样形成的等；还可以着重研究中国独特的审美经验。这样的研究，可能会更生动，更具有普遍性，更容易推动审美活动的开展，提高我国人民的审美素质。至于美的本质之类的哲学问题，留给愿意研究的专业人员以后研究。审美是愉快的、轻松的，让我们对美学知识的学习探讨也轻松愉快起来。

伍举谏楚王
——美在善

古希腊哲学家苏格拉底主张以善为美。有这样一个故事：

雅典的大街上，一个男子疾步如飞。“苏格拉底，你到哪里去？”他的朋友拦住他问。“我要参加选美比赛，去晚了可不行。”苏格拉底匆匆地说。“什么？你这副模样还要参加比赛？”“难道我不美吗？”苏格拉底有点气愤。“你参加辩论肯定能折桂。可参加选美比赛，大概只能得倒数第一吧！”“这是你的眼力有问题。不信，咱们走着瞧吧！”苏格拉底自信地走了。

竞赛大厅里人山人海。首先出场的是一个英俊少年，他身材修长，五官端正，面带微笑，裸体在台前走了一圈，最后摆了个拉弓射箭的姿势，停在那里。

“好，真是美男了！”台下许多人欢呼。

第二个出场的选手，把衣服当众一脱，全身上下全都露出发达的肌肉。

“真美啊，不愧是掷铁饼冠军！”台下不少人喝彩。

第三个男子，皮肤古铜色，油润发光，身材高大匀称，肩宽腰细，肌肉发达。台下又响起了热烈的掌声。

“从他们三个人中选一个美男子吧！”台下有人建议。

“同意！”许多人响应。

苏格拉底一听急了，“呼”的一声窜到台上，大叫：“我才是真正的美男子！”

大家一看苏格拉底的模样：五短身材，头发蓬松，五官不正。这怎么配得上美男子的称号？许多人忍不住笑出声来。

“笑什么！我当然是名副其实的美男子。你们看着我的脸，我有一双高高鼓起的金鱼眼睛，看东西很方便，只要眼珠一转，能看清左右人的脸。”

苏格拉底像

说着转动着两只金鱼眼球，吓得前排一个观众跌倒在地上。

“我有一个大的朝天鼻子，闻东西很方便，”苏格拉底继续说，“谁也比不上我的嗅觉。我在家里，谁家打开了酒罐喝酒，我一闻便知。要不要我表演一下？”

苏格拉底刚一抽动他那肥大的鼻子，台下就有人喊道：“不要摆弄你那恶心的鼻子！”

“不要表演也罢。我还有一样漂亮的器官，这就是一张大嘴巴，吃东西非常方便，和姑娘接吻更方便。”最后，他作了总结：“我的这些器官非常实用，比刚才三人的器官要强多了。所以，请诸位选我为雅典城的美男子！”

“你太丑了，我们不能选你！”下面有人嚷道。

“快下来吧，站在那里丑死了！”许多人哄他下台。

苏格拉底有些发火了，他吼道：“难道我不美？”

“不美，丑极了。”大家一起回答。

“你们这些人怎么连美丑都分不清？我来告诉你们，”苏格拉底激动地说，“美的东西必定是有用的，所以美即善。衡量美的标准就是效用。有用就美，有害就丑。善就是美，不善就是丑。盾牌为什么美？因为它能防御敌人刀剑的进攻。矛为什么美？因为它能进攻敌人。我讲的是否有道理？”

“你讲的确实有道理，可是，我们无论怎么看你，你总不是个美男子呀！”一位长者说。

“别跟他啰嗦了。按照竞赛规则举手表决，谁的票多，谁就是我们的美男子。”许多人不耐烦了。

表决结果，苏格拉底先生只得了一票，那还是他自己为自己投的一票。主持人将美男子的荣誉授给获胜者。苏格拉底摇了摇头，叹了一口气说：“这真是美的不幸啊！”

苏格拉底并没有说错，美的东西确实是有用的，是善的。因为善是美的前提，不善的东西、对人类有害的东西不会引起人的美感。但是，“美是善的”这句话不能倒过来说，不能说“善的东西一定是美的”。大粪能肥田，癞蛤蟆会捉害虫，它们对人都是有用的，但我们就不能说它们是美的。善的东西加上可感知的引人入胜的形式才能成为人的审美对象。苏格拉底没被选上美男子，在于他的五官不端正、形象不引人入胜。古希腊观众的眼光倒是十分正确的。

我国古代也有这种以善为美的观点。春秋时期的伍举，他在劝楚王不要贪图享乐时，提出了“无害为美”的思想。

楚国的国君楚灵王是一个穷奢极侈的君王。他为了尽情享乐，大兴土木。他把那些有罪而逃亡的人，统统抓回来，在章华（今湖北潜江县西南）建造了一座供他出巡游玩的行宫——章华宫。章华宫，广袤四十里，中筑高台。台高三十仞，可以瞭望四方。宫殿建造得非常高峻，凡是要登上这座宫殿的人，都必须中途休息三次，方能到达最高层。所以，行宫又称三休台。章华宫不仅外貌宏伟，宫内也布置得异常华丽。楚灵王专门挑选那些细腰的宫女，居住在里面。“楚王好细腰，宫中多饿死。”那些宫女为了献媚于楚灵王，忍饿减食，使自己的腰细起来，甚至饿死也不悔恨。因此，章华宫又称细腰宫。

一天，楚灵王带着大臣伍举登上了行宫。他得意洋洋地对伍举说：“你看，这行宫造得多美啊！这些细腰宫女多美啊！”

伍举摇了摇头说：“我听说，国君能信任有才能的人，这才可叫做美；能使百姓安定，这才可叫做快乐；能任用有德行的人，这才可叫做聪明。我没有听说，建造高大的建筑物，雕刻各种装饰，把它叫做美的；用各种乐器喧哗，这才叫做快乐。我也没有听说，用奢侈的物品，迷醉于漂亮的女人，这能叫做聪明。”

楚灵王本想得到伍举的赞誉，没想到伍举给他泼了一盆冷水，满脸不高兴。“那么，你倒说说，什么是美？”

伍举不慌不忙，说：“所谓美，就是对于上下、内外、大小、远近都没有害处的事物。这座宫殿，如果单从视觉看，可说是很美丽；然而国家经济贫乏，还要搜刮臣民的钱财，用于自己的享受，老百姓的生活却非常穷困，这哪里谈得上美呢？我劝大王——”

“寡人知道了！你不必说了。”楚灵王连忙打断伍举的话。

楚灵王依然不顾老百姓的死活而尽情享乐，很快楚国就衰弱下去。灵王死后没过多久，楚国就惨败于吴国，连国都郢也被吴军占领了。

不仅伍举，孔子、孟子也提出以善为美的思想。例如孔子主张“里仁为美”，孟子强调“充实为美”。这些，都是主张以善作为美的主要标准。

为什么古人特别强调以善为美呢？这除了善是美的前提外，还与美的起源有关。普列汉诺夫指出：“从历史上看，以有意识的功利观点来看待事物，往往是先于以审美的观点来看待事物的。”几乎所有地方的原始人，都用油脂或植物的汁液甚至泥土涂抹身体。当时的目的，是为了保护自己免受昆虫的侵害；后来，他们才注意到身体涂抹以后可以变得美丽。美的化装由此繁衍。汉字“美”的最初含义，也和善有关。有人解释为“羊大为美”，美是香甜好吃；有人解释为“羊人为美”，羊头羊角戴在头上，古人以此方式表现自己欢娱的心情；还有人把“美”字解释为像一位用鸟类的羽毛装饰起来的舞蹈形象。不管是羊大为美，还是羊人为美等等，都与实用、功利有关。不是与物质功利相连，就是与精神功利相连。

正由于美与功利价值紧密联系，所以在审美中，人们往往对符合功利要求的善的事物，或者说，对审美价值与功利价值相统一的事物，就喜、就爱，就感到它美。对违背人们功利要求的，就怕、就厌，就感受不到它的美，还以之为丑。比如雨，对人有利的春雨，人们感到它特别美：“好雨知时节，当春乃发生。随风潜入夜，润物细无声。”（杜甫《春夜喜雨》）如果雨对人不利，那么它就是可憎的：“床头屋漏无干处，雨脚如麻未断绝。自经丧乱少睡眠，长夜沾湿何由彻。”（杜甫《茅屋为秋风所破歌》）当然，个别对人不利的事物，比如花蝴蝶，人们也会认为它美。这主要是由于它的形式美，而形式美最初也是从实用价值中产生的，也是离不开善的。

人从虎豹丛中健
——美在关系

法国古典主义悲剧作家高乃依一生写了三十多个剧本，大部分是悲剧。1640年写的《贺拉斯》是他最著名的四大悲剧之一。剧中写了古罗马的贺拉斯三兄弟与邻国阿勒伯的居里亚斯三兄弟作战的故事。贺拉斯是古罗马时代的一个家族。古罗马在建立共和制的历史时期，曾与比邻的阿勒伯发生战争，战争持续了多年。由于双方的公民有着亲密的通婚关系，不愿意继续打下去，为了避免大规模的流血牺牲，双方达成协议，各选出三名代表来进行格斗，以决雌雄：败国的国土，将被胜国吞并。罗马一方，选了贺拉斯的孪生三兄弟；代表阿勒伯的，是居里亚斯三兄弟。交战前，年迈的贺拉斯把剑分发给自己的儿子，勉励他们为祖国而战，祝愿他们获得胜利。三兄弟伸出右手向宝剑宣誓："不胜利归来，就战死在沙场！"战斗异常激烈，老贺拉斯的两个儿子先后战死，最小的儿子小贺拉斯落荒而逃，居里亚斯三兄弟在后面拼命追赶。老贺拉斯的女儿急匆匆跑回来，告诉了老贺拉斯这个不幸的消息，并焦急地询问父亲怎么办？老贺拉斯对小儿子的卑怯十分气愤，老泪纵横地说："让他死吧！"其实，小贺拉斯是假装逃跑的。他知道自己一个人抵挡不了对方三个人，决定使用分而战之的计策。当已经负伤的居里亚斯三兄弟追赶小贺拉斯时，距离拉开了。这时，小贺拉斯便杀他个回马枪，把三人一一杀死。可是，小居里亚斯的情人，恰好是小贺拉斯的妹妹。她得知心爱的人被哥哥杀死了，在城门口指责小贺拉斯，辱骂他用生命来保卫罗马。小贺拉斯勃然大怒，当场杀死了她。罗马国王对这件事，不得不进行审判。经过一番辩论，国王还是判决小贺拉斯无罪。

这个生动的悲剧故事，后来成了狄德罗"美在关系"证明的依据。

狄德罗像

狄德罗是法国十八世纪资产阶级启蒙思想家。他在主编《百科全书》时专门写了一篇《论美》文章，提出了“美即关系”的著名论断。

他认为美是“实在关系的存在物”，美存在于现实事物的关系中，随着关系而开始、增长、变化、衰落。一切能在我们心里引起对关系的知觉的东西就是美的。美是在我们心里引起对愉快关系的知觉效力或者能力。

为了说明自己的论点，狄德罗搬来了高乃依写的悲剧《贺拉斯》。他说，《贺拉斯》悲剧中有一句著名的话：“让他死吧！”如果孤立地不从关系着眼去看这句话，你就很难认为这话是美的，还是丑的。假使一个人，对于高乃依这个剧本毫无所知，对老贺拉斯希望小贺拉斯为国牺牲这句话的周围情景，没有一点观念，他就不能感觉到“让他死吧”这句话是美还是丑。只有当他知道了剧情，如道这是回答一个人应该怎样对待一场战斗的话，关系就比较明确了，那就会觉得这样的回答是有些意思的，需要一点勇气；如果进而知道，这是一场关系到祖国荣誉的战斗，关系到小贺拉斯个人的品质和老贺拉斯的思想境界——即从剧情所处的各种人物关系来看，则老贺拉斯“让他死吧”这句话是美的，是一种很壮美的回答。

狄德罗这种从现实事物的关系中探求美的见解，部分地回答了“美是什么”的命题，在美学史上独树一帜，开辟了美学研究的新视角。

狄德罗举的是社会美的事例。确实，社会生活的美，在个人与祖国、人民的关系中能够凸现出来。我们且不讲董存瑞、黄继光、邱少云等英雄的惊天动地的业绩，就拿做平凡事的雷锋、徐虎、郑培民等来说，他们的精神之美、行为之美也是反映在个人与集体、个人与群众、官与民等关系中。

在自然美与艺术美中，美的展现更依赖于关系。我国诗人早就意识到美与关系的联系。南宋诗人杨万里写过一首《东风探桃李》的诗，诗中说："有花无叶也孤寒，有叶无花草一般。最是桃花饶态度，醉花娇绿恼人看。"诗人认为，红花的美，在于绿叶的扶持、映衬。有花无叶，显得孤寒；有叶无花，与草无异。桃花之所以惹人喜爱，在于它醉人的红花与娇嫩的绿叶形成相互映衬的关系。

桃花如此，梅花之美也在于关系。"寻常一样窗前月，才有梅花便不同"（杜小山《寒夜》），"才有梅花便不同，一年清致雪霜中"（张道洽《咏梅》），"湖上梅花手自移，小桥风月最相宜"（陆游《梅花绝句》）。梅花与窗前的月亮，梅与霜雪，梅与小桥风月等形成关系之后，它就显得更美了。

描写关系之美的诗句很多。例如，元夜之美在于灯月交相辉映："有灯无月不娱人，有月无灯不算春。春到人间人似玉，灯烧月下月如银。满街珠翠游村女，沸地笙歌赛社神。不展芳尊开口笑，如何消得此良辰？"（唐寅《元夜》）人的勇健之美、天空的明净之美也在于关系，"人从虎豹丛中健，天在峰峦缺处明"（张问陶《煎茶坪题壁》）。人离开虎狼之丛，无以显出勇健之美；天空在峰峦映衬下，才显得更为明净。

不美的事物，只要将它置于关系中，它就会变美。比如，寻寻常常的野花并不美，但由于开在山间水塘的岸上与水面相映，就显得娇艳动人。它的艳丽甚至超过了孤独的桃花。"寻常一样野花娇，才到山塘价更高。我昨三家村畔过，可怜艳煞一枝桃。"（赵翼《吴门杂诗》选一）显出萧肃之气的残山剩水，谈不上美；一旦出现几枝梅花，有梅花相映，残山剩水立即获得美的韵味。"剩山残水无态度，被疏梅料理成风月。"（辛弃疾《贺新郎》）

北宋山水画家郭熙在《林泉高致》中指出："山以水为血脉，以草木为毛发，以烟云为神韵。故山得水而活，得草木而华，得烟云而香媚。""山借树而为衣，树借山而为骨。"这些，都是说的关系对美的重要性。

可见，"美在关系"不仅在社会领域存在，在自然界和艺术领域也普遍存在。

但是，用“美在关系”来说明美是什么还是不够的，因为它并没有说明“关系”是如何产生美的，更没有涉及审美关系这一重要范畴；而且“关系”多得很，并非一切关系都是美的；“美在关系”也不能把美的关系和非美的关系区别开来。尽管如此，“美在关系”依然是一个很有意义的命题。

指与琴会琴声作
——美是主客观的统一

中国古代文人对琴情有独钟，认为诗是风雅，琴则是大雅，是一种高雅的艺术。在文人情趣中，琴位列第一。优美的琴声，时而高山流水，时而青松朗月，时而疾风骤雨，时而湖水涟漪。灵巧的双手抚摸琴弦，可以弹出《阳春》《白雪》，也可以弹出《下里》《巴人》；可以使人悲，也可以使人喜。许多知识分子把弹琴作为最好的修身养性、怡情悦目之道。很多诗人都是操琴高手，以琴为主题的诗歌、绘画、戏剧，比比皆是。其中最著名的琴诗，可能是唐代刘长卿的《弹琴》诗：“泠泠七弦上，静听松风寒。古调虽自爱，今人多不弹。”王维的《竹里馆》也脍炙人口：“独坐幽篁里，弹琴复长啸。深林人不知，明月来相照。”

那么。这沁人心脾的优美琴声是从哪里来的呢？

北宋苏东坡写过好几首有关琴的诗，其中有一首回答了这个问题：“若言琴上有琴声，放在匣中何不鸣？若言声在指头上，何不于君指上听？”（《琴诗》）意思是说，悠扬悦耳的琴声是从哪儿来的？如果说琴声就是琴自身发出来的，那么琴放在匣子里，为什么不响呢？如果说琴声是从指头上发出来的，那么，为什么不能从你的指头上听到美妙的音乐呢？诗人形象地告诉人们，光有客体的琴具发不出琴声，光有主体的人指也发不出琴声。琴声来自人对琴的弹拨，来自主客体的交互感应中。苏东坡用这首诗生动地表达了自己对禅理“虽有妙音，若无妙指，终不能发”的领悟。

我国著名美学家朱光潜先生曾借用苏东坡的这首诗来说明自己的美学观

点。他认为，说琴声在指头上，这是主观唯心主义；说琴声在琴上，这是机械唯物主义。琴声既来源于琴，琴是琴声产生的客观条件；又来源于弹琴的手指（手指是听命于富有意蕴和乐感的心灵的），传递心灵的手指是产生琴声的主观条件。所以，琴声是主客观的统一。朱先生把琴声比作美，认为美既不全在于客观，也不全在于主观，而是在主客观相统一的关系上。事物只为美提供了条件，只有当事物的性质、形状适合主观意识时，才是美的。

有人不同意朱光潜先生的观点，认为人指头也是物质，指与琴会琴声作，所以琴声是物质相互作用发出的，美完全在物不在心。其实，任何比喻都是跛脚的。朱光潜先生只不过用指头比作审美主体，这个比喻是否恰当，可以研究，但朱老的观点是十分明确的，美既不是客观的，也不是主观的，而是主客观的统一。

与苏东坡同时代的欧阳修也写过一首关于琴声来源的诗："音如石上泻流水，泻之不竭由源深。弹虽在指声在意，听不以耳而以心。"（《赠无为军李道士》）诗人说，李道士的琴声如同流水过石一样悦耳动听，水流绵延不断是因为有深远的源头；手指头能弹奏出变化无穷的美妙琴声，是因为心中有丰富的情韵。诗中把指头的属性解释得非常清楚：弹琴的指头是听命于心灵的，听命于弹琴者富有意蕴和乐感的心灵的；即弹琴的指头不过是人的主观情感意志的表现。所以，朱光潜先生以指头指代审美主体、指代主观，完全是可以理解的。琴与手指对于琴声都是不可或缺的，这并不是说，琴与手指对于琴声的作用是平分秋色的。在不同的条件下，它们的作用是有区别的。初学者即使使用高级的琴也弹不出动听的琴声，而高明的琴师却能在普通的琴上弹出悠扬的乐曲。欧洲有位著名的小提琴家有一把价值连城的名贵的琴，每次演出，余音绕梁，听众都夸奖琴好。有一次，他拉了一曲，得到满场喝彩。他突然"啪"的一声，摔破了琴，大家深感惋惜。他又换了一把琴重拉一遍，琴声更为动人。这时，他告诉大家，刚才是用普通的琴拉的，这一次才是用名贵的琴拉的。听众恍然大悟，方知他手指的魅力。所以，面对同样的客观事物，审美修养高的人更容易发现它美的属性，并与之感应、交流，从而产生美。当然，客观事物所具备的审美性质、属性、条件越丰富，也越能与人的心灵统一而产生美。

“美是主客观的统一”具有普遍性。托尔斯泰在《战争与和平》六卷一至三章中，曾形象描写了安德烈公爵去乡间的途中两次看到了一棵老橡树的不同感觉。去的时候，他的心情很坏。因为安德烈公爵是个有理想的人，很想干一番事业，却遭遇到一连串的打击。在军队，他不幸受了伤；伤愈回到家，又碰上妻子分娩不幸死去，撇下一个孤苦的儿子；他想致力农庄管理，改善农奴生活，也未能如愿。这时，他去乡下看望儿子。已是春天了，地上淡紫色的花开了，桦树和枞树也都泛绿了。他看到了一棵老橡树，觉得它丑陋不堪。老橡树的皮上尽是疤痕，枝杈也不好看，毫无绿意，好像春天与它无关；倒像是个古老傲慢的怪物，板着冷酷的脸，像是对青春、爱情和幸福的嘲笑。安德烈产生了一种可悲的感情，他从那棵老橡树领悟到：自己的生命快要完结了，不会再有什么作为了。

后来，安德烈在乡下见到了娜塔莎这位美丽的少女，奇迹骤然发生了。他顿时感到天气那么美，太阳那么亮，自己那么快乐。夜幕降临了，月光如水。他凭窗望月，偷听了娜塔莎动情的歌声。这歌声，唤醒了安德烈的青春，激起了他对爱情的渴望，增强了对生活的信念。回来的时候，安德烈有意识地去寻找来时曾给他留下深刻印象的那棵老橡树。当他又看见那棵老橡树，却感到它完全变了样子：它展开了一个暗绿嫩叶的华盖，如狂似醉地站在那里，轻轻地在夕阳的光线中颤抖……那多年的疤痕、旧时的忧愁都不见了。他眼中的老橡树突然变美了，仿佛给人一种春天的喜悦萌动之感。于是，他陡然涌起了一种难言的狂喜，一种春天的感觉。他沉浸在美好的回忆中，他想起了月夜中的娜塔莎，感到“生活并没有在三十一岁完结”。他沉吟自语地说：“是的，老橡树是与我心意相投的。”

老橡树还是原来的老橡树，但是去的时候，老橡树不美；而回来的时候，老橡树突然变美了。这是因为，回来的时候，客观的老橡树与安德烈主观的心灵产生了感应，产生了老橡树的美及由此带来的审美愉悦。而去的时候，由于安德烈心情不好，审美的心灵没有打开，所以产生不了老橡树的美。可见美是主客观的统一，是主观意识和客观事物发生的感应和交流。

海伦之美
——美即典型

世界文学史现存最早的史诗恐怕要算“荷马史诗”了。“荷马史诗”记叙了旷时十年、规模宏大、给交战双方造成重大创伤的特洛伊战争，塑造了英勇、果断、坚强的阿喀琉斯和赫克托耳等的英雄形象。而这场战争的起因，却是为了一个美女——海伦。特洛伊王子帕里斯出游到达斯巴达，受到国王的款待，其后，他将王后海伦带回特洛伊。这件事激起全体希腊人的愤怒。他们组织十万大军、一千一百多条船，攻打特洛伊，夺回海伦。于是开始了长达十年的艰苦战争。这位美女海伦究竟有多美呢？一定是非常美。因为她一出现，长老们就赞美说：“好一位标致的美人！难怪，为了她，特洛伊和希腊人经年奋战，含辛茹苦——谁能责备他们呢？”但史诗中并没有具体描绘她的美，只是形容她“貌似天仙”“女人中闪光的佼佼者”；或者称她是“长裙飘舞的海伦”“美发海伦”等。这就给后来人了解海伦之美留下了悬念。

诗人荷马之后几百年，古希腊曾经围绕海伦之美进行过辩论。有的说，海伦的美就应像城中某某美女。反驳者马上说：“她怎么能与海伦相提并论呢？再说，人再美也有这样那样的缺陷，不可能完美无缺。”

于是有的说：“海伦的美是理想的美，不是现实的美，而是人们追求的理想的美。只有神才具备这样的美，因此，海伦应该如同神一样美。”

“可是到哪里去找神？怎么描绘海伦？”有人问道。

著名艺术家宙克西斯也参加辩论，他淡淡一笑，说：“我敢断定，海伦的美决非个别的美，而是普遍的美和绝对的美。所以，如若描绘海伦的美，那必须汇集希腊所有美女美之总和。”

“言之有理。”大家豁然开朗。

这种关于美的理想模式的观念，深深影响了古希腊艺术家的创作。后来人们发现一个有趣的现象，就是希腊的雕像有一个共同的特点：前额和鼻子几乎形成一条平直的线型。艺术史家认为，这种塑形就是为了体现出希腊人所认为的理想之美，它超越了一切世俗的美。古希腊这一美学思想也影响了后世的艺术家的创作，特别是主张“美即典型”的人从中汲取了营养。古罗马诗人贺拉斯强调继承古希腊文化，以古希腊作品为典范。他认为典型的普遍性是数量上的总结或统计的平均数。法国孟德斯鸠也认为，美就是最普遍、最有代表性的东西的集合。美的眼睛就是大多数眼睛都像它那副模样的。德国哲学家康德在《纯粹理性批判》中认为，典型性是某种统计数字的平均数。我国现代美学家蔡仪也认为，美的本质就是事物的典型性，就是事物的个别性显著地表现着它的本质、规律或一般性。

“美即典型”是否有道理，有没有科学根据呢？比如，我们根据什么标准判断海伦的典范的美，又根据什么标准判断令人的美？如果根据的是它的典型性，那么典型性又是什么？是贺拉斯或是康德所讲的平均数吗？

最近，美国得克萨斯州大学心理学教授朗洛伊丝做了一项有趣的实验：她利用电脑图像合成技术，随机选择了该大学 96 位男生和 96 位女生的照片，将这些照片各分成三组，每组 32 张。把这些男女学生的照片输入电脑后，用一种特殊的电脑程序将这些照片在五个算术级数上合成，即分别用 2 张、4 张、8 张、16 张和 32 张照片合成一张人像。然后，她邀请 300 人对这些合成的图像美的程度进行评级打分。经过统计，结果令人惊奇：算术级数越高的合成图像越美，越具有吸引力。在男性合成图像中，16 张照片的合成图像评价最高，而在女性的合成图像中，32 张照片的合成人像评分最高。16 张照片的合成人像往往被认为是比较美的，而 8 张照片以下的合成图像美的程度就不那么明显了。

这个试验表明，人们视觉上普遍认为的人脸的美，实际上是一种常规状态或常模。它集合了人的诸多特征而具有某种普遍性。这一结果倒是证实了希腊关于美的理想模式的观念，说明了海伦的美不是具体个别的美，而是一种集古希腊所有美女之大成的理想美。用科学术语来说，是一种平均状态或常模。

接着，朗洛伊丝教授把经常在媒体上亮相的模特儿的脸与经过合成的人脸进行比较，经过电脑分析得出一个结论：大凡被认为漂亮的脸往往非常接近32张照片合成的人像。这就是说，在日常生活中被人们视为美的人脸往往接近平均数，接近常模。由此，朗洛伊丝教授得出结论：人脸的美关键在于是否趋近于一种平均状态或平均数，这是吸引人们视觉注意力从而构成美的唯一因素。

朗洛伊丝教授所做的研究并不是无懈可击的，尚有很多问题值得进一步探究。更不能说，朗洛伊丝教授实验的结果已经完全证实“美即典型”这一命题。它只是证实“美即典型”有某些合理性。“美即典型”也同样是“阿喀琉斯的脚踵”，例如它没有回答典型的苍蝇、癞蛤蟆、鼻涕、高利贷者是否美的问题。但是不管怎样，朗洛伊丝教授所做的实验还是非常有趣的。她运用现代科技，对古老的美学问题进行了探索，值得效尤。可以肯定的是，随着科技的突飞猛进，对美的探索也会一步步深入，很多秘密会不断被揭开。只要我们不懈努力，一分耕耘，就会有一分收获。

骗过鸟儿和骗过人的技艺
——美在真

古希腊流行着以真为美的美学思想。当时有两位画家宙克西斯和巴哈修斯，他们都认为自己画的画是最美的，谁也不服谁。于是，他们决定在雅典市民面前进行一次公开比赛。比赛这天，宙克西斯先登台，他手中挟着一幅画，外面用精致的包袱皮包着。他当众解开包袱皮，展示出他的画。他画的是一个小孩，头上顶着一篮葡萄，站在田野中。那孩子活灵活现，眼睛似乎能说话；葡萄在阳光下晶莹欲滴。他画得惟妙惟肖，非常逼真，观众把热烈的掌声毫不吝啬地献给了他。正在大家拍手喝彩之际，空中忽然飞来两只贪嘴的鸟，误以为画上是真的葡萄，一下扑到画面去啄那葡萄。于是，又引来一阵更热烈的掌声和喝彩。宙克西斯得意洋洋，陶醉在自己绝妙的画艺中，以为自己胜券在握。轮到巴哈修斯了，他的作品早已放在台上，幕帘严严实实地覆盖着画面。巴哈修斯若无其事地站在旁边，面带微笑地看着观众。公众急不可耐，拍手齐声喊道："快把幕帘拉开呀！"巴哈修斯把手插在腰际，依然微笑着，并不动手去揭幕帘。此时，有人生气了，大叫道："巴哈修斯，你这个胆小鬼！快把幕帘揭掉，拿出你的画同他比呀！"而迫不及待想要获胜的宙克西斯也趁机起哄，高声嚷道："我们的对手巴哈修斯已经没有勇气拿出他的作品了。我只好帮他请出他的大作了！"当他转身动手去拉画面的幕帘时，这才发现自己上当了，因为画面上的幕帘是巴哈修斯用油彩画上去的。就在宙克西斯发现受骗的同时，观众也发现了这个秘密。"轰"的一声，人群沸腾了，千百双受了"欺骗"的眼睛闪耀着惊奇的光芒。很快，全场响起了长时间雷鸣般的掌声，大家一致公认他比宙克西斯画得更美。尴尬的宙克西斯只好俯首称臣，拱手把胜利让给巴哈修斯。他不得不承认自己比不上巴哈修斯，因为他的画只骗过了鸟儿的眼睛，而巴哈修斯的画则骗过了画家和公众的眼睛。

这则轶事耐人寻味。它说明在古希腊当时流行着以真为美的美学思想。一件艺术品美不美，关键在于它是否真。技艺高超的画家所画的画一定让人看上去像真的一样，也就是说，越是逼真，越是酷似，就被看作是技高一筹，就是美。相传古希腊古典时期艺术的开拓者米隆，也就是著名雕像《掷铁饼者》

《掷铁饼者》　米隆

的作者，为雅典制作了一尊青铜牝牛雕像，夜里曾引来贪婪的狼；他雕刻的马竟然惹起真马的嘶叫。可惜的是，米隆的原作一件也没有流传下来。

这种以真为美的传统，在西方风行了漫长岁月。到了文艺复兴时期，艺术家们崇尚古希腊艺术，讲究严格的透视、精确的比例、平稳的构图，绘画的逼真感有了新的发展。达·芬奇的代表作《蒙娜丽莎》的逼真生动就令人叹为观止。17 世纪荷兰画家伦勃朗以他的哥哥为模特儿创作了一幅名画《戴头盔的人》。在这幅画中，他运用聚光及透视阴影，把人物头上的金盔画得锃亮，十分富有质感，似乎可以敲得出响声来。

无独有偶，我国也有以真为美的观点。总体上讲，中国画讲究神似，对形似的作品评价不高；但在文人画出现之前，以真为美的美学思想还是一度流行，备受赞赏。在绘画、雕塑史上，流传着不少骗过人的眼睛和骗过鸟等动物眼睛的故事。

骗过鸟儿眼睛的故事，以五代时蜀国的画家黄筌最为神奇。

据《益州名画录》记载，五代画家黄荃作画巧夺天工。后蜀广政七年（944），淮南节度使杨隆演送来数只名贵的白鹤。蜀主孟昶很是珍爱，命黄荃在偏殿的墙壁上为鹤写生。黄荃充分发挥自己善于写生的技巧，描绘出举首张喙而鸣、回首引颈上望、垂首下啄于地、乘风振翅而舞、转颈整理羽毛、徐行而回首下顾等 6 种鹤的典型神态，逼真逼肖、栩栩如生，逗引得那几只真鹤纷纷奔至画屏前，呼朋引伴，极尽亲昵之状。蜀主大为惊叹，就将画鹤的偏殿改名为“六鹤殿”。当时蜀地有个叫薛稷的擅长画鹤，人们都以得到他的一幅鹤画为荣。但自从黄荃画鹤之后，贵族豪家竞相求黄荃画鹤，薛稷声名大减。广政十六年（953），宫中又新建八卦殿，蜀主又命黄荃在四周墙壁上画些四时花竹和兔雉鸟雀。这年冬天，雄武军节度使派人到八卦殿献上一只极其威猛的白鹰，那白鹰见壁上的兔雉鸟雀，误以为真，从人手中挣脱，张开翅膀，几次扑到壁上去啄食兔雉。可见黄荃所画的兔雉是多么逼真！

有的画由于画得与真的一模一样，竟能以假乱真，欺骗了地上走的和水中游的动物。三国时魏国有个叫徐邈的人，喜欢喝酒和绘画，酒喝得越多，

《写生珍禽图》 黄筌

画也就画得越好。有一次魏明帝游洛水，忽见水中浮起数头白獭，模样十分可爱。獭本是一种不常见的动物，至于白獭，更是稀奇名贵。然而，这几头动物王国的“骄子”并不在意御目的垂青，只在水面上傲慢地摆了摆身子，就沉入了水底，消失得无影无踪。魏明帝很遗憾。徐邈奏曰：“獭性嗜鱼，最爱吃的是鲻鱼。只要有了鲻鱼，獭连死都不怕，还愁不能一见吗？”可是当时无法弄到鲻鱼。徐邈说他自有办法。说罢从行囊中取出两块画板，一边喝酒，一边画画。很快，两条鲜活的鲻鱼跃然于画板上，与真的鲻鱼竟无两样。徐邈将画挂在岸边，果然没过多久，白獭浮出水面，奔赴岸上，抢食画板上的鲻鱼。武士们趁机将它们捕获，献与明帝。明帝大喜，大大夸奖了徐邈一番。

骗过人眼睛的故事，莫过于“误点成蝇”的典故：

三国时吴国有位画家，叫曹不兴。他善画人物，特别喜欢画大幅的。他在五十尺的绢上画人物，不打草稿，一挥而就。他爱画山水，画中洋溢着一种清新秀润的江南风味。他的动物画更出色，惟妙惟肖，非常逼真。有一次，吴主孙权新制了四扇屏风，命曹不兴在上面作画。曹不兴画着画着，一不小心，将一滴墨溅到了画绢上。大家很着急，怎么办呢？曹不兴很沉着，想了想，提笔将这滴残墨画成一只苍蝇。结果，这只苍蝇不仅不多余，而且与整幅画中的人物、庭院协调一致，平添了不少情趣。这幅屏风呈给孙权，孙权竟误以为是一只真苍蝇落在了屏风上，用口呵之，不去；伸指弹之，亦不去；这时才知道受骗了。这就是画史上流传的“误点成蝇”的故事。

具有徐邈、曹不兴、黄荃这样神技的，还有南朝的张僧繇。他在佛寺画了一只鹰和一只鹞，竟吓得鸟雀不敢进佛殿。据《述画记》记载，三国时的杨修给曹操画扇，也曾“误点成蝇”；《历代名画记》中还有关于北宋画家刘杀鬼的记载，他“画斗雀于壁间，帝见之为生，拂之方觉”。

既然古代中国与古代西方都有以真为美的思想，那么，是不是可以说，美就是真呢？以真为美的美学思想是否正确？美与真的关系到底如何？我们来看一个故事：

从前有个国王，传下圣旨，要画院的画师为他画肖像。这个国王左眼是瞎的，是独眼龙；左腿残废，走起路来一瘸一拐。

望着国王糟糕的形象，画师们心里可犯难了：国王的模样如此丑陋，怎样给他作画呢？俗话说，伴君如伴虎。画好了，还算可以；画得不好，得罪了国王，可能连性命也保不住呀。

一个姓崔的画师心里琢磨：人都爱听漂亮话，国王更喜欢听奉承话，朝中大官，哪个不是吹牛拍马的高手？所以他把国王画成一个双目明亮、四肢健全、英俊潇洒、相貌堂堂的男子汉，毕恭毕敬地呈献给了国王。国王一见就大怒，指着画说：“这难道是我吗？你这个溜须拍马的家伙，留你何用？来人啊，将他拉出去砍了！”卫士一拥而上，崔画师的脑袋就搬了家。

崔画师丢了命，吓坏了其他画师。石画师寻思道：崔画师把国王画成了四肢健全、五官端正的美男子而惨遭横祸，看来，国王是十分憎恶弄虚作假的，我只要反其道而行之，如实地画出国王的相貌，不是可以避免死罪了吗？于是，石画师拿出全部的本领，依照国王的本来样子作了画。画卷很快就送到了国王面前。国王打开画卷一看：一个脸上有着伤疤、左眼瞎、左腿瘸、身体倾斜的丑陋汉子赫然凸现在纸上。

“这画上的人就是我？”国王气得浑身发抖。

“是呀，我是按照陛下的实际样子，丝毫不差地画成的，一点虚假也没有。”

石画师老老实实地说。

望着石画师一本正经的样子，国王终于忍耐不住了。他把桌子一拍，像狮子一样咆哮起来："难道我真是这样丑陋？你竟敢借画来讽刺我眼瞎腿残，我非宰了你不可！"国王把画撕得粉碎，把碎片奋力向石画师头上扔去。随着一声"拖下去"的吼叫，卫兵迅速架起石画师，送他上了断头台。

两个画师先后送了命，画院一片恐慌。他们知道，如果再画不出一幅令国王满意的肖像，画院的人就都完了。任务落到了梅画师身上。梅画师走进画室，关紧门窗，专心作画。三天过后，梅画师小心翼翼地抱着画卷进了宫。

"你把我画成了什么样子？英俊的美男子，还是丑八怪？"国王劈头就问。

"既不英俊也不丑陋。"梅画师平静地回答。

"那是什么？"

"请陛下亲自过目。"说着，梅画师就打开画卷。

国王用唯一的一只右眼，漫不经心地瞄了一眼。突然他怔住了，目光一动不动地停留在画上。画中的国王像个勇士，身穿戎装，威风凛凛。他左脚踩在树墩上，左手举起弓，右手拉满了弓弦，弦上搭着一支箭；左眼紧闭，右眼睁得圆圆的，用箭瞄着敌人。远处，一个敌人已吓得倒在地上。

"妙！太妙了！太美了！"国王赞不绝口。

听到国王的赞许，梅画师如释重负。

"陛下，这画中的勇士像您吗？"梅画师明知故问。

"像，太像了！"说到这里，国王突然觉得不对，连忙改口道："不，这画中的勇士就是我，你把我的神威神韵都画出来了。哈哈哈！"画像仿佛把国王带回了烽火连天的战场，引起了他对往事的美好回忆。

"把这幅画挂在我的御书房中！"国王得意地吩咐手下人，同时重重地赏赐了梅画师。

这个故事告诉我们：美与真是有内在联系的。凡是美的东西，必然符合真，符合美的规律。不真实、不遵守美的规律、假的东西，一定是不美的。崔画师的画就是违背了真，把丑陋残疾的国王画成了美男子，所以失败了。但是，也不是说，符合真的东西，就一定是美的。石画师把国王的丑态尽收笔下，并没有虚假之处；但展现给人们的不是美，而是暴露无遗的丑。美既要符合真，同时又要有生动的感性形象、独具匠心的构思。梅画师的画就是符合了这些，所以博得了国王的欢心。当然，因为画得不成功而砍画师的头太残忍了，这是封建社会的悲哀。这种悲剧在今天当然不会重演了。

雨果写《巴黎圣母院》
——美丑相共

在探索美的过程中，有人还从美与丑的相互关系上作了比较研究。法国作家雨果就是其中代表。他提出美丑相共的观点，他在《〈克伦威尔〉序言》中指出：“丑就在美的旁边，畸形靠近着优美，粗俗藏在崇高的背后。恶与善并存，黑暗与光明相共。”艺术的任务，就是再现这个对比，使人们“带着一种更新鲜更敏锐的感觉朝着美而上升”。

雨果将他的观点运用到创作实践中。他的小说《巴黎圣母院》，就处处都贯彻着美丑相共的原则，渗透着美丑对比，在美丑的比较中展现了美的光辉。一是物美与人丑的比较，即美丽神圣的建筑与悲惨的人世、伪善的邪恶对比。圣母院巍然挺立，里面有数不清的精美雕塑和浮雕，每一块石头都闪耀着艺术家的天才，但在它的周围，存在着一个悲惨的爬动着的世界——闹哄哄的乞丐王国……在它的自身中，潜藏着伪善邪恶的副主教。二是美人与丑人比较，即善人与恶人、丑汉与美女的对比。敲钟人加西莫多善良、纯洁、富有同情心，副主教克洛德虚伪、狠毒、残忍；加西莫多的容貌奇丑无比，而吉卜赛女郎埃丝米拉达艳丽动人。三是人物自身美丑因素的比较。加西莫多外貌极丑，耳聋、背驼、蹄形的嘴、四面体的鼻、猪鬃似的赤红色的眉毛，但心灵极美。他灵魂高尚，坚强、严肃、勇敢。侍卫队长法比斯外貌俊美、相貌堂堂，但灵魂庸俗，美丽的皮囊包裹着他空虚的内心和逢场作戏的生活态度。克洛德道貌岸然，博学、智慧，但虚伪、狠毒、残忍。埃丝米拉达美丽、善良，但她又愚昧、痴情。雨果的这些美学思想，增添了小说《巴黎圣母院》

的艺术感染力，使小说成为一部杰出的浪漫主义作品。据它改编的同名电影《巴黎圣母院》曾风靡全球，感动了无数人。

事实也正如雨果所说的那样，美与丑是并存共生的，它们相比较而存在，相互衬托。这一点，古人早就看到了。汉代古诗云：“甘瓜抱苦蒂，美枣生荆棘。”（《古诗二首》之一）甜瓜虽香甜，但和瓜紧密相连的瓜蒂却是苦的；枣果虽甜蜜，但它所生长的枣树却长满了荆棘般的钩刺，美与丑是并存的。唐朝诗人白居易更看到美丑共生的现象：“种兰不种艾，兰生艾亦生。根荄相交长，茎叶相附荣。香茎与臭叶，日夜俱长大。锄艾恐伤兰，溉兰恐滋艾。兰亦未能溉，艾亦未能除。沉吟意不决，问君合何如？”（《问友》）清代郑板桥的一首诗也说：“不容荆棘不成兰，外道天魔冷眼看。门径有芳还有秽，始知佛法浩漫漫。”（《为吕松上人画荆棘兰花》）即兰花与荆棘是生长在一起的，芳草与污秽是同时存在的，美与丑是对立统一在一起的，没有丑就没有美。

美与丑的对立是相对的，在一定条件下，美的也可以转化为丑的。比如，美丽的鲜花，随着时光流逝而衰老、枯萎，就不美了；或者遭遇一夜风吹雨打，掉落在污泥中，美的鲜花就变成丑的了。正如宋朝诗人徐积所云：“昨日枝头红，鲜鲜染人指。今朝寻不见，已在污泥底。”当然，在一定条件下，丑也能转化为美。比如枣树在各种果树中，是最丑陋的和最不起眼的。它皮皱叶小，还长满伤人肌肤的尖刺。春天，它开的花与园中百花相比，就像丑女面对西施。但是，你若做大车，就必须用枣树做轮轴。从材质的角度看，枣树是最好和最美的，而桃李和柳杞在它面前就黯然失色了。即转换一个角度，枣树变美了。正如白居易诗云：“人言百果中，唯枣丑且鄙。皮皴似龟手，叶小如鼠耳。胡为不自知？生花此园里。岂宜遇攀玩，幸免遭伤毁。二月曲江头，杂英红旖旎。枣亦在其间，如嫫对西子。东风不择木，吹煦长未已。眼看欲合抱，得尽生生理。寄言游春客，乞君一回视。君爱绕指柔，从君怜柳杞。君求悦目艳，不敢争桃李。君若作大车，轮轴材须此！”（《杏园中枣树》）

在美的创造、艺术创造中，可以通过典型化，真实地表现丑来直接揭露、否定丑；或以丑为背景烘托、反衬美，间接地肯定美；也可以在美的理想指

左拉像

导下，通过艺术加工，将生活丑转化为艺术美，创造出有个性的、有价值的美的对象、意境。常常有这样的情况，丑的东西通过艺术家的努力，往往能化腐朽为神奇，变丑为美。

不仅如此，在经济生活中，若能运用好美丑相共的原则，也会为自己创造很多机会。法国作家左拉在一篇《陪衬人》短文中，讲了这样一个故事：

巴黎商人杜朗多近来生意不顺利。他苦苦思索，力图摆脱目前的困境。他绞尽脑汁，还是想不出办法来。有一天，他走出了家门，走在大街上，看看什么东西能使他产生灵感。他慢慢地走着走着，两眼四处张望。他发现前面走来两个姑娘，她们手挽着手，头碰着头。左边的那位十分丑陋，右边的姑娘非常漂亮。“太奇怪了，这样一美一丑的两个人竟走在一起！”杜朗多心里嘀咕。突然他发现，右边的那个姑娘其实并不太美，只是由于身边的丑女相衬托，才显得光彩耀人。他想：丑女可以使美女增添异彩，丑女可以作为美人的装饰品。如果我能招进一批丑女，将她们出租给巴黎的太太做装饰品，这岂不是一本万利的好生意！

杜朗多说干就干，他办起了“陪衬人事务所”，采办了一批丑女，在巴黎贴出了如下广告：

夫人：敝人新创一所商号，旨在永葆夫人之美貌。敝人发现一种新的饰物，其神效可使夫人之天然风韵平添异彩。悉观今日，化妆用品名目繁多，然皆不能天衣无缝。花边首饰，一目了然；假发盘头，难免破绽；粉面朱唇，世人尽知乃涂抹之功。有慨于此，敝人立志破此难解之题，为夫人提供装饰美，无需一条丝带，一点脂粉，只消为夫人觅得一种手段，引人注目，而又不露蛛丝马迹，使用极为简便，效能万无一失。君不见比之褴褛衣衫，盛装艳服何等耀目！比之寒酸女丐，贵妇更显高雅？敝人所欲贡献于娇容者，乃丑脸最丰富之集锦……租一陪衬人，与之携手同行，足使夫人陡增姿色，博得男子青睐！如蒙惠顾，不胜荣幸！届时，最丑陋、最完备之货色将呈现于夫人之目，任您视自身之美貌，挑选相应之丑女，俾使相反相成，相得益彰！价格：每小时5法郎，全天50法郎。价格公道，老少无欺。

广告贴出的第二天，事务所前顾客盈门。贵妇人们乐不可支地带走挑选好的陪衬人。巴黎街头，贵妇人倚在丑女臂上成了一大景观。她们成双成对地出现在巴黎大街上，缓缓地踱步于宽阔的人行道上。她们差不多的年龄，穿着一样的雅致，像挚友般地挽着臂。这些贵妇人都貌不出众，长着一张不会招人喜爱的脸，平时人们不会对她们回眸顾盼；但在丑陋的陪衬人的衬托之下，她们容光焕发，光彩照人。贵妇人的虚荣心得到了极大的满足。杜朗多开办的“陪衬人事务所”越来越兴旺，很快他就成了百万富翁。

这个故事发生在19世纪。这篇小说从一个很新奇的角度揭示了巴黎城市的社会风尚，无疑是有认识价值的。同时它又形象生动地为我们展现了一个美学道理：美具有相对性，美与丑是相比较而存在的。没有美就没有丑，没有丑也就没有美。假如没有丑，美就失去了存在的条件。丑能衬托美，美能显示丑。美只有在同丑的比较中，才能显示其美。杜朗多“成功”的秘密，就在于他能使娇容者与丑陋者在比较中增色添辉。这是运用了相反相成、相得益彰的辩证法。

像杜朗多这样精明而又通晓美学知识的人，今天也不乏其人。据《现代家庭》杂志报道，东莞一家白领服饰公司每年都有一批库存的衣服卖不出去。为了卖掉这些积压的服饰，他们想出一个绝招，出高薪聘请了一个丑女模特来给美女模特当陪衬。这位丑女模特就是一位叫余露的湖南长沙姑娘。她身材不到一米五，加上一对细小的眼睛、塌塌的鼻梁，活脱脱一个丑小鸭。在第六届中国服装交易会上，余露穿着新近设计的最时髦新款服装上台亮相，而那些美女模特却穿着公司库存的衣服。结果，顾客们对余露穿的服装视而不见，因为她身上的衣服不仅价格昂贵，而且穿在她身上也显示不出什么效果。有了余露的陪衬，相反，人们觉得那些穿在美女模特身上的库存衣服不仅标价便宜，还显得气质高雅，于是纷纷去抢购那些穿在美女模特身上库存了好几年的服装，公司的积压品全部销售一空。

这位“丑女”模特余露并非等闲之辈。她毕业于广东服装学院，是个有理想、有眼力的青年。她调查发现，东莞现有注册的服装企业五千多家，大型批发市场二十多个。她辞职单干，办了一个“丑女”模特培训班，像杜朗多的“陪衬人事务所”那样，专门出售“丑女”模特。由于服交会有聘请“丑女”模特的成功先例，她的生意十分红火。

有一次，余露参加一位朋友的婚礼，发现朋友的新娘尽管身材高挑、五官端正，但皮肤黝黑，而站在她身旁的伴娘却长得斯斯文文、皮肤白净，前来参加婚礼的客人都把伴娘当成主角，而把新娘晾在一边，新娘闷闷不乐。余露提醒那位朋友，叫他赶紧找一个容貌相对丑一点的女孩换下那位漂亮的伴娘。但是婚典马上就要开始了，到哪里去找一个合适的伴娘呢？余露主动给他们做了一回伴娘。婚礼结束后，新娘为了感谢她，给了她优厚的报酬。余露一下子从中又看到了商机。她让“丑女”模特去给那些找不到合适伴娘的新娘做陪衬。后来，余露又办起了“丑人俱乐部”，专门指导这些丑女如何穿衣打扮，如何使自己变得气质高雅，给她们以生活的信心。随着“丑女”模特培训班和“丑人俱乐部”的发展，余露的名气也越来越响。她也步入了百万富翁的行列。

二 审美活动

香菱品诗
——审美活动

唐代诗人王维字摩诘，年轻时诗文就很出名，而且对绘画、音乐也很精通。苏东坡评价他的诗画是："诗中有画，画中有诗。"开元二十五年（737），唐玄宗命王维以监察御史的身份出塞察访军情。当他走进广袤无垠的沙漠中，看见了边塞烽火台上直线上升的狼烟，傍晚西下的夕阳红彤彤，又圆又大，好一幅壮美的景色，于是挥笔写下了《使至塞上》这首诗，其中的两句"大漠孤烟直，长河落日圆"成了千古传颂的名句，也成为人们初读诗歌领会诗意的范例。

曹雪芹在他的著作《红楼梦》第 48 回描写香菱读诗谈体会时，自然而然提到了王维这首脍炙人口的诗及他的另外两首诗。事情是这样的：

一天，林黛玉刚梳洗打扮好，薛姨妈家的丫头香菱就来了。香菱把读完的王维诗集笑吟吟地还给了黛玉，又要借杜甫的诗集。黛玉笑着考问她："记得多少首了？"香菱连忙答道："凡是红圈画的，我全都读了。"黛玉又问："那么，你可领略了些没有？"香菱笑着回答说："我倒领略了些，只不知是不是那个意思，说给你听听，你可不要笑话。"黛玉笑道："好，我们正好讨论讨论。"香菱笑道："据我看来，诗的好处，有口里说不出来的意思，想去却是逼真形象的；又似乎无理的，想去竟是有理有情的。"黛玉一听，便知道这丫头读诗入了门，高兴地称赞说：“你这话有了些意思！——但不知你从何处所见？”香菱壮了壮胆，把自己的体会一五一十地说出：“我看王维《使至塞上》一首，内一联云：‘大漠孤烟直，长河落日圆。’想来烟如何直？日自然是圆的。这‘直’字似乎没道理，‘圆’字似乎太俗气。合上书一想，倒像是见了这景色，要说再找两个字换这两个，竟再找不出两个字来。还有王维这两句：‘日落江湖白，潮来天地青。’这个‘白’‘青’两个字，也似乎没道理。想来，必得这两个字才形容得出；念在嘴里，倒像有几千斤重的一个橄榄似的，很有滋味。还有这一联：‘渡头余落日，墟里上孤烟。’这个‘余’和‘上’字，真不知他怎么想来！我们那年上京城来，那日傍晚便挽住船，岸上又没有人，只有几棵树，远远的几户人家做晚饭，那个烟竟是青碧连天。谁知我昨儿晚上看了这两句，倒像我又回到了那个地方去了。”

香菱对王维诗的领略、欣赏，实际上就是审美活动。审美活动简称为审美，它是指在欣赏和创造美的过程中，人感受、体验、欣赏、评价、创造美的活动。审美活动是人的社会实践活动，尤其是情感活动的一个重要方面，是美学研究的基本问题之一。我们知道，人的活动有生理本能活动、物质生产活动、实践认识活动、伦理道德活动、宗教信仰活动等，审美活动是人的一种特殊的活动。审美活动与其他活动不同，审美活动是不带直接实用功利目的、始终伴随着感性形象的活动。香菱在品诗中，“有口里说不出来的意思，想去却是逼真形象的，又似乎无理的，想去竟是有理有情的”“合上书一想，倒像是见了这景色”“看了这两句，倒像我又回到了那个地方去了”，说的就是这种感性特征。它不需要通过概念来表达，不需要判断、推理，而是凭借生动的形象进行联想、想象和情感活动，通过形象思维获得审美感悟和审美享受。

审美活动的内涵十分丰富。除了审美欣赏，审美创造也是审美活动。艺术家创造艺术作品，人们美化环境、美化自然、美化生活，都是审美活动。晚清有一位法名叫竹禅的和尚，是一个善画道释人物、花卉兰竹的画家。有一年他云游到北京，被召进宫中作画。当时宫廷画家很多，各有所长。一天，慈禧太后忽然心血来潮，要考一考画家们的本事。她出了个刁钻古怪的题目：

给每个画家一幅长五尺的宣纸，要他们画一尊高九尺的观音菩萨。这下几乎把所有的画家都难住了。正当众画家束手无策的时候，才思敏捷的竹禅和尚略微一思索，就凝神专注地作起画来。他画的观音和人们常见的观音没有多大区别，只是把观音画成弯腰在地上拾净瓶中的柳枝。如果观音菩萨直起腰来，正好九尺高。慈禧太后看后连连称善："到底是佛家子弟技高一筹，意境深远！"并表示自愿受法出家，并叫竹禅作为"承保人"。据说，后来慈禧太后被李莲英等称呼为"老佛爷"，就是由此开始的。竹禅和尚创作《九尺观音》的过程，是一种不同于香菱审美欣赏的审美活动。

审美学习、审美体验也是审美活动。师文是春秋战国时代郑国人，为学琴，他弃家跟随当时有名的琴师师襄学习。可是，三年过去了，他仍不能成曲。师襄嫌其难教，想打发他回家。师文放下手中的琴，叹息道："不是我不能奏出动听的曲子，而是因为'所存者不在弦，所志者不在声，内不得于心，外不应于器'，我学好琴的内在条件还不具备呀！"他恳请师襄让他去体验一段生活，经过一番感情陶冶后再来学习。师襄见他如此诚恳，就同意了。师文就到深山、到水边，对着蓝天白云，望着滔滔江河和巍巍高山，体验、培育情感，专心致志琢磨、领略琴曲的形象、意蕴。过了一段时间，师文来见老师。师襄问："你琴弹得怎样了？"师文高兴地说："得之矣！"然后抚琴一试，果然奇妙异常。师襄听罢，赞不绝口，夸奖说恐怕连昔日最有名的师旷、郑衍，都将挟琴执管，跟从师文之后了。师文在学琴中，体验生活、陶冶情感、领会琴曲意蕴，又是另一种审美活动。

总之，审美欣赏、审美创造、审美体验、审美评价、审美鉴赏以及贯穿其中的审美心理活动，都是审美活动。只要是一个正常的人，都会自觉或不自觉地参加审美活动。审美活动是人类从精神上把握现实世界的一种特殊方式。审美活动能培育人的审美意识和欣赏美、创造美的能力，丰富人的精神生活。有了审美活动，世界事物才有了美与不美。研究审美活动的学问就是审美学。在某种意义上说，美学就是审美学。我们要想了解美的底蕴，必须从审美活动开始。

看山看水实畅神
——审美需要

元画家王冕，字元章，别号煮石山农、梅花屋主等，浙江诸暨人。出身于贫苦农家，小时无钱读书，为邻家放牛，但他好学不倦，常常因为听村童念书，而忘其牛。夜间无钱买灯油，就跑到庙里，坐在佛像的膝上，借着殿中长明灯通宵达旦地读书。王冕后来成为元代水墨梅竹画的杰出代表。

王冕是怎样走上绘画道路的呢？吴敬梓的《儒林外史》是这样记载的：

有一天，王冕照常去放牛，他把牛牵到七泖湖边。那日，正是黄梅季节，天气闷热。王冕放牛倦了，在绿草地上坐着休息。不一会儿，浓云密布，下起了大雨。一阵大雨过后，空气格外清新。那黑云边上镶着白云，渐渐散去，透出一派日光来，照耀得满湖通红。湖边上的山，青一块，紫一块，绿一块。树叶都像水洗过一番的，尤其绿得可爱。湖里有十来枝荷花，苞子上清水滴滴，荷叶上的水珠滚来滚去，晶莹透亮。王冕静静地欣赏这一切，完全沉浸在美的享受之中。他心里想道："古人云'人在图画中'，其实一点也不假。可惜我这里没有一个画工，把这美丽的荷花画它几枝。"

转而王冕又想道："这里没有画工，我何不自画它几枝？天底下哪有学不会的事呢？"王冕下定了决心。天逐渐暗淡下来，太阳缓缓下山，王冕牵着牛回去了。

从这天以后，王冕将东家给他的钱聚起来，托人到县城里买了些颜料、笔纸等，学画荷花。开始画得不好，画到三个月之后，那荷花精神颜色无一不像，只多着一张纸，就像是湖里长的，又像从湖里摘下来贴在纸上的。乡间人见他画得好，有人就拿钱来买。结果一传二，二传三，诸暨县无人不晓一个画没骨花卉的名笔，争着来买。

荷花的美和表现荷花的美（画荷花），同王冕的放牛生活并无利害关系。他之所以要画荷花，完全不是为了满足生理的、物质的需要，而纯粹是出于一种精神需要和感情冲动，是雨后湖水荷花的奇丽景色作用于他的感官，使他沉浸在美的享受之中，唤醒了他“人在图画中”的联想和想象，从而想挽留美景、再现美景，并在艺术地描绘荷花的过程中得到精神享受。谢灵运曾经说过：“夫衣食，人生之所资；山水，性分之所适。”人不仅有衣食之需，还要有“性分”方面的需求，即审美的满足。美国心理学家马斯洛提出，人有五个层次的需要：生理需要、安全需要、归属和爱的需要、尊重的需要、自我实现的需要。自我实现的需要是最高级的“超越性需要”，其中包括人对审美的需求。我们把这种审美方面的精神需求，称之为审美需要。审美需要是人特有的一种高级的精神需要。王冕画荷花这个故事说明，人都具有审美的需要。审美需要是审美活动的动因，是审美欣赏和审美创造的内在动力。正是这种审美需要，激励着人们去追求美、欣赏美、创造美，进行审美活动；正是这种审美需要，才有数不胜数、绚烂多彩的艺术作品的诞生。

北宋元丰年间，杭州发生一件案子：制扇小贩张二向绸缎商人吴某借钱三百贯买绫绢，约定三个月后付本还息。张二制好扇子，恰逢连月阴雨，天气凉爽，扇子滞销，有的扇子上还出现了霉斑。三个月到了，吴某几次催讨不成，就一张状纸把张二告到知府衙门。知府左右为难：处罚张二，于心不忍。老天下雨，张二有什么法子呢？不处罚张二，也不妥。自古杀人偿命、欠债还钱。正在发愁之时，忽传大文豪苏东坡被贬来杭州任通判，知府大喜，连忙将这件棘手的案子交给苏东坡办理。苏东坡问明情由，哈哈大笑，命张二将积压的扇子全部挑来，他提起笔，在每把扇子上，或描几笔画，或题几句诗。有的画上竹子，因风而动，萧萧有声；有的画上青松白鹤，白鹤引颈起舞，松根龙盘蛇曲。在那些有霉斑的扇子上，他巧妙地将它涂成梅花……张二挑着这些扇子上街，虽然当时天气仍然凉快，但很快被市民一抢而空。张二不仅还清吴某的债务，还获利不少。杭扇从此名扬天下。天气凉爽，为什么市民还踊跃买扇子？这是因为经过苏东坡润笔的扇子，已经美化了，老百姓买的不是扇子本身，而是扇子上的“美”。可见，杭州市民是爱美的，具有强烈的审美需要。

诗人、艺术家当然有强烈的审美需要。李白在《秋下荆门》中说：“霜落荆门江树空，布帆无恙挂秋风。此行不为鲈鱼脍，自爱名山入剡中。”李白在诗中表白自己挂帆东下，不是为了到东吴吃当地的鲈鱼脍等名菜佳肴，而是去游览剡中一带的名山大川。在李白看来，欣赏美景要比吃喝更重要，饱眼福胜于饱口福，审美需要高于物质享受。正是这种强烈的审美需要，促使他东下长江，漫游东吴，流连沉醉在山水之中，发掘美、歌颂美、创造美，写出动人诗篇。

当官的也有审美需要。“官身早暮不容闲，尘土堆胸愧满颜。也有向人夸说处，坐衙常对水南山。”（陆游《官衙》）当官的坐衙办公时，也不忘忙里偷闲，抬起眼睛观赏衙门对面的山水景色。晚唐大官僚李德裕写道：“我有爱山心，如饥复如渴。出谷一年余，常疑十年别。”（《怀山居邀松阳子同作》）爱山爱得如饥似渴，别山一年，有如十年。

北宋大文学家欧阳修在朝廷被御史诬陷贬到亳州后，特地到颍州治所汝阴作了旧地重游，写了一组《再至汝阴》的诗，其中有一首是：“十载荣华贪国宠，一生忧患损天真。颍人莫怪归来晚，新向君前乞得身。”诗中后悔自己十多年贪图京官的荣耀显贵，以为有享不尽的荣华富贵，结果却损伤了自己一生的爱美的天真本性，真是得不丧失。这里的“天真”，就是指人天生爱美爱自由的自然本性。现在他终于省悟了，就毅然决然地向皇帝辞官退隐颍州，回到大自然的怀抱，恢复自己的爱美本性。尽管归来得晚一些，总比那些终生为忧患损尽天真的人聪明多了。

欧阳修像

干庄稼活的农民也爱美。“白头老媪簪红花，黑头女娘三髻丫。背上儿眠上山去，采桑已闲当采茶。”（范成大《夔州竹枝歌》）白头老婆婆还要戴红花，长得黑黑的女子头上梳了三个髻丫，可见，这些劳动妇女是多么爱美。忙于养蚕的姑嫂，没有时间欣赏院子中的栀子花，一旦有了闲暇，一定会仔细观看这些美丽的花的。“雨里鸡鸣一两家，竹溪村路板桥斜。妇姑相唤浴蚕去，闲着中庭栀子花。”（王建《雨过山村》）往田间送饭的农家妇女，尽管很忙，回家的路上还是忍不住对花的喜爱，采了几朵野花插在头上，打扮起来。“啼莺偶坐身藏叶，饷妇归来鬓有花。”（陆龟蒙《奉和夏初袭美见访题小斋次韵》）

穷人也爱美。在满足了生存需要之后，他们也有强烈的、朴素的审美需求。唐人王嵒在《贫女》诗中，描写穷得买不起镜子的贫家姑娘，想看看自己戴上鲜花后有多美，就走到水边，对着水面尽情地自我欣赏，“难把菱花照素颜，试临春水插花看。”

审美需要是人不可或缺的精神需要，就连信奉人生虚无主义的佛家也醉心于山水审美，醉心于艺术创作。《传灯录》上说，“吃茶吃饭随时过，看山看水实畅神”，出家人把看山看水同吃茶吃饭相提并论，甚至认为更为重要。茶饭只是随时过而已，而看山看水却使“万物皆备于我”，让人畅神，得到高级精神享受。

雪里芭蕉
——审美的主体性

审美活动是一种最具主体性特征的活动。所谓主体性，是指人在活动中所具有的自主、主动、自由的属性。审美的主体性是指在审美活动中，人具有最充分的自主、主动、自由的能动作用。一般来说，在人类各种实践活动中，人都有主体性，但是同时人的主体性总是受到某些制约、限制；而在审美活动中，情况就不同了，人的主体性在这里得到了最充分的体现。比如王维画画，为了表现他的审美感受，表现他的情趣、意境，就充分发挥想象，将不同时节的桃、李、芙蓉画在一幅画中，而不考虑它们有春夏之分。如果在现实世界里，无论是劳作，还是进行科学研究，就不得不遵循这些植物生长的自然规律。

很多人并不懂得审美主体性与其他活动主体性的区别。王维画了一幅《袁安卧雪图》。袁安是东汉汝阳人，做官前曾客居洛阳，家里很贫穷。一天下大雪，洛阳令巡至袁安门前，见无行人脚印，就令人扫雪入户，只见袁安僵卧在床，问他为何如此，他说："大雪人皆饿，不宜干（求）人。"洛阳令深为感动，举其为孝廉。后累拜楚郡太守，迁太仆，进司徒，守正不移。为了生动表现袁安的操行，王维发挥审美主体性，竟在冰天雪地中画了生机盎然的芭蕉。图中的雪里芭蕉，招来欣赏者的许多非议，后人为此打了不少笔墨官司。很多人批评他不问四时，不知寒暑；还有人以南方见过雪中芭蕉为他找依据辩护。这些批评议论，只说明了一个问题：这些人没有把握审美的主体性特征，把它混同于其他活动的主体性。还是宋代大科学家沈括有眼力，他在《梦溪笔谈》中指出："雪中芭蕉，此乃得心应手，意到便成。故造理入神，迥得天意。此难可与俗人论也。"审美的主体性最强烈。为了表达思想情感，主体有充分的自由，想象的翅膀可以飞越生活常理之外。冰天雪地里的芭蕉，就是一株绿色的理想，一个孕育着希望之光的生命。不懂审美特征的人是很难理解的。

审美的主体性表现在：在审美活动中，主体能够按照自己的意愿、情趣、爱好、经验、理想等，自主地自由地选择对象，而可以不受外部力量的强迫。你陶醉于典雅深奥的古典韵律中，我沉浸在激烈狂放的爵士音乐里；你赞赏徐悲鸿、张大千的大手笔，我偏爱天真儿童的涂鸦；你为《红楼梦》众女子的命运感叹，我为狼牙山五壮士动容；你向往西风骏马的塞北，我依恋杏花春雨的江南；你喜欢依依杨柳、灼灼桃红，我欣赏枯藤老树昏鸦、小桥流水人家；你喜见长河落日，我爱看泰山日出……这一切，外在力量是很难干涉的。《红楼梦》里，贾府要演戏，贾母喜欢热闹戏文、"更喜谑笑科诨"；薛宝钗喜欢"排场辞藻都好"的戏；而贾宝玉则说"我从来怕这些热闹戏"。喜爱什么戏，这些都由主体自主自由选择，不能强求一律。白居易写过一首《截

苏轼像

树》诗。诗的大意是：他喜欢树，特地在屋子的前面栽了树。树长得高大茂密，遮住了他的视线，使他早晚不能望见青山，于是毅然决然亲自持斧将树的上端截掉。大树截去一段后，视野顿然开阔，青山一目了然，云雾和鸟尽收眼底。他高兴极了，不过心里又为截树感到有些遗憾，但很快就释然了。因为他明白：“人各有偏好，物莫能两全。”在树和青山之间，他必须作出审美选择：自己固然爱树，但是更喜欢朝夕见到青山。他有权作出自己的审美选择。宋代词人张孝祥的选择就与白居易截然相反，他说：“主人只爱堂前木，不放庐山入眼中。”他不会为了看山而截掉美妙绝伦的树冠。截不截树，全凭自己的爱好，完全由自己做主、自己选择。

审美主体不仅自主、自由选择审美对象，而且自主选择对象的属性和特征。例如面对春雨纷纷，有的诗人从中选择使人愉快的美：雾气迷蒙，水田如镜，鸥鸟近人，桃花含笑，烟雾缠绕的农舍，传来几声鸡鸣。有的诗人却选择使人伤感悲切的图画：“林花谢了春红，太匆匆。无奈朝来寒雨晚来风。胭脂泪，留人醉，几时重？自是人生长恨水长东。”（李煜《相见欢》）

这种选择完全取决于自己，取决于自己的意愿、情趣、爱好、经验、理想等，不需要外力作用。当然，这种选择也反映出每个审美主体情趣、爱好、理想的状况，其中也能看出审美主体审美能力的高低、审美情趣的雅俗。

有这样一个故事：一天苏轼与佛印法师谈佛法。苏轼问佛印：“你看我像什么？”佛印回答：“你像一尊佛。”苏轼听了十分高兴。佛印问苏轼：“你看我像什么？”苏轼回答：“你像一泡狗屎。”佛印并不生气，苏轼暗暗自喜：“你我斗法，我屡次不爽，今日终于胜出了。”回到家里，苏轼迫不及待将自己如何赢了佛印之事告诉了妹妹。苏小妹一听，哈哈大笑：“你又输了！……”“为什么？”苏轼大惑不解。苏小妹说：“佛语说，心中想的是什么，看见的就是什么。佛印心里想的是佛，所以他看到的你当然是佛；你心里想的尽是狗屎，所以你看到的也是狗屎。”

苏轼听了后悔不迭。有一首现代诗说得好：

天真的眼睛到处看见朋友，
阴沉的眼睛到处看见敌人，
恐惧的眼睛到处看见陷阱，
贪婪的眼睛到处看见黄金，
欢笑的眼睛到处看见光明。（流沙河《眼睛》）

审美活动中，并不是完全“趣味无争辩”，有时还真能衡量出趣味的雅俗。唐朝时，牡丹花开时，那些长安富贵子弟们，争先恐后地欣赏紫色牡丹，而色彩素淡的白牡丹却没有人问津，尽管这些白牡丹像承露的玉盘那样漂亮。“长安豪贵惜春残，争赏街西紫牡丹。别有玉盘承露冷，无人起就月中看。”（裴潾《白牡丹》）素朴淡雅的白牡丹，虽不为那些名利场中日夜奔走的“城中看花客”所看重，但是，真正德行高尚的人，以及超然于世外的僧人们却很喜欢它。僧人在寺院里就专门栽种了白牡丹。

审美的主体性还表现在，在审美活动中，主体能够按照自己的意愿、情趣、爱好、经验、理想等，自主地、自由地“建造”对象，不受外部力量的强迫。在具体的审美活动中，主体能够随意地想象，没有任何限制。主体会使同一审美客体，在具体的审美活动中展现着不同的风姿和色彩，构成一个个迥然不同的审美对象。一块顽石，主体可以根据自己的感觉、想象与理解，把它看成是海龟、神女、猴子、寿星、贾宝玉的“通灵宝玉”、阿诗玛；一组雄壮的旋律，主体会根据自己的感觉、想象和体验，在眼前或出现金戈铁马的古战场，或出现汹涌奔腾的江河，或出现前赴后继、英勇就义的勇士，或出现雷电交加的暴风雨。

克雷洛夫写过一个寓言叫《两只桶》，说的是车子上运着两只桶，一只盛着酒，另一只空无所有。前者一路上沉静地没有发出一点儿声音，后者跳跳蹦蹦，闹得一路上回声震耳，尘土像云雾似的飞扬。焦急的路人老远就听到吵闹的声音，诚惶诚恐地躲在一边。然而，不管后者怎样哗众取宠，像前者那样的价值，它却没有。

这个寓言的意蕴是什么？每个主体都可以在想象中施展自己的创造才能，自由地进行再创造：可以认为这是批评那些夸夸其谈、华而不实的人，赞扬那些埋头苦干、博学而谦逊的人；也可以认为这是讽刺那只“空无所有”的空桶，在盛满酒却默不作声的充实的桶面前班门弄斧；还可以觉得克雷洛夫褒奖的是自己所尊敬的一位老师或一位朋友或一位老前辈，而那只“跳跳蹦蹦”的空桶，则是各式各样的浮夸吹嘘、徒有虚名的人物。

主体性越强的人，其审美能力越强，创造的形象越丰满。屠格涅夫有一次泛舟河上，纵目欣赏两岸风光，忽见近岸处一幢楼房的窗户内探出两个女人的头，一个是少女，另一个是老妇人，她们向着河上眺望。屠格涅夫抓住这个极其平常的情节，进行了种种联想和想象：这个少女是不是被幽禁在这里，正翘首盼望她热恋中的情人？那个目光逡巡的老妇人，极可能是一个讨厌的监护人……屠格涅夫就是以此为契机，创作了著名小说《阿细亚》。这里，体现了审美主体性的力量和作用。

长白美人松
——审美关系

人是世界万物之灵，总是与外物发生这样那样的关系，比如认识关系、实践关系、功利关系等。审美关系也是其中的关系之一。什么是审美关系呢？

我们先来听一个故事：

植物学家王教授过几天就要带领学生到长白山区进行考察。此时他正在查阅资料，突然电话铃响起。“我是木材公司的老曹，听说你要到长白山去，我正好也要去那个地方，是不是咱们一块走？”

“那太好了。”曹经理是王教授中学时的同学，王教授爽快答应了，“不过，刚才美术系的张老师也想跟我们凑热闹。”

“张老师？我认识。他也一起去，那更好了。”曹经理高兴地说。

一行人坐火车到了延吉，租了一辆面包车向长白山进军。路上，王教授向学生不断介绍：“长白山区是典型的垂直观景带……可以看到不同气候、地形、土壤等条件下生长的众多植物。大家要注意观察。”

车到二道白河停下，张画家首先跳下车，抬头一望，大叫一声：“真美啊！”

原来群集于大路两旁，夹道迎接他们的是张画家慕名已久而未曾一睹的长白美人松。画家仔细一瞧，美人松果然名不虚传。其树挺拔俏丽，皮质赤黄而光亮，特别是那树冠，美妙别致，针叶苍翠而密集成团，造型各异，婀娜多姿，如会客厅里的迎客松，更像身着节日盛装翩翩起舞的姑娘。画家看得如痴如醉，情不自禁地打开画夹，又描又画。

王教授把学生召集在一起，指着长白美人松说：“这是松科植物。松科植物有10属，230余种……你们仔细观察一下，这几棵松树是哪一属哪一种，有何特征？”学生们立即行动起来，采标本，测树围……望着众人忙碌的情景，在一旁的曹经理心里直嘀咕：就这么几棵东倒西歪的松树，既不能做家具，也不能做建材，有什么好看，又有什么好考证的？他站在张画家后面瞧了几眼，感到没意思，早早回到车上，闭目养神了。

过了二道白河即入森林之海。出现在大家眼前的，是苍翠葱茏的林带。曹经理张开眼睛朝车外一望，像发现新大陆似的大叫起来：“红松，这是红松，快停车！”

曹经理下车后，兴冲冲地领着大伙钻进了树林。他一边走一边嚷着：“红松乃珍贵之材，轻软而易加工……不易开裂曲扭，是木中之宝啊！”在林子中，他异乎寻常地活跃，东奔西忙，盘算着如何将这些红松裁成料，丈量着树高、直径大小及树林面积。

王教授仍然是指点学生考察，他说：“红松，又名果松和海松。松科，常绿乔木，树高可达40米。……大家分头观察，看看红松是不是有这些特性？注意，别遗漏其他物种！”学生四面散开，有的观察，有的测量，有的采摘标本。曹经理、王教授和学生忙碌了很长时间，收获颇丰。大家正准备往纵深处走去，一清点人数，唯独不见了张画家。

大家正要分头去找，突然从远处传来张画家的歌声：“穿林海……”大家循声而往，只见张画家端坐在地上，聚精会神在听什么。

“你在干什么呢？”大家非常奇怪。

“我这是‘下帘危坐听松涛’。古人云：‘风撼松林声如波涛’，你们也静心听听，这松涛声多美啊。”画家认真地说。

“你真是少见为怪，风声有什么好听的？”曹经理说。

“我们还要上山采摘标本呢！”学生们七嘴八舌。

“好吧，我只能随大流了。”画家依依不舍站了起来。

一个星期过后，长白山考察结束。王教授与学生们采撷了许多珍贵植物的标本，曹经理摸清了木材的种类和储存量，张画家则画了不少山水风景画。大家各得其宜，满载而归。

同游长白山，曹经理的所见所思是林木面积的大小、林材的优劣和经济价值，这是一种实用的态度；王教授的所见所思是植物的科属种类，生长规律和特性，这是一种科学的态度；张画家的所见所思是植物的千姿百态、松涛的优美、山势的险峻壮观，这是一种审美的态度。这三种态度，实际反映了人与自然界之间的三种关系：自然界有丰富资源供人使用，它与人构成功利关系；自然界作为客观存在，是人们的研究对象，它与人构成认识与被认识关系；自然界的壮丽景色，可供人观赏，引起人的美感，它与人又构成审美关系。审美关系是人与外部世界关系中的一种，它是指人类以一种情感观照的方式来欣赏和体验着现实的美，反过来又按照美的规律来创造美的关系。张画家听松涛、欣赏与描摹美人松所体现的关系，就是人与外物的审美关系。

人可以与很多事物构成审美关系。可以与山水烟云、长河落日构成审美关系，也可以同书画、音乐、戏剧等艺术品构成审美关系；可以与物质及物质运动形成审美关系，也可以与精神追求、道德风尚形成审美关系；可以与地球上的万事万物产生审美联系，也可以同宇宙中的星星、月亮、太阳产生审美关系。这里的关键是人必须以审美的态度观照外物。

审美关系在美学理论中，是个重要的范畴。审美活动要通过构成审美关系才得以进行，审美关系是最重要的审美现象。审美关系是美学研究的对象。通俗地讲，美学就是研究审美关系一般规律的科学，即研究人与外界是如何发生审美关系的，美或者美感是怎样产生的，人们是如何欣赏和创造美的。

诗人与渔夫
——审美态度

人们以审美态度对待事物，人们就与事物形成了审美关系。那么，什么是审美态度呢？审美态度又有哪些特征？

有这样一个故事：一位诗人来到海边，望着无边无际的大海，无限感慨地说："啊！这迷人的诗的海呵！"旁边一个渔夫马上纠正他："这不是私的海，而是大家都可以捕鱼的海。"他把"诗的海"听成是"私的海"了。诗人只好向他解释："我说的是大海很美。"渔夫摇了摇头，转过身指着屋后的菜园说："大海虽没什么好看的，屋后菜园却还不差。"诗人为了采撷诗意，渔夫为了网取鱼虾，他们结伴出海。诗人看着风平浪静的大海、银灰色的海鸥、礁岩、一丛丛浪花，以及国画似的远山、海平线与帆叶，心旷神怡，诗情激荡，新鲜的意象纷纷涌来，抑制不住强烈的审美感受，振臂高呼"大海万岁"；但渔夫坐在舵位上，却不为眼前的景致所动，默默地喷吐出烟圈，思考着如何捕鱼……

海景明明是美的，诗人一下就感受到了，而渔夫却感受不到。这是为什么呢？这里涉及审美态度问题。审美态度是指人们审美地对待事物的态度，即以非功利的态度来对待事物、对象。诗人是以非功利的审美态度来对待、观赏大海的，自然得出“大海美极了”结论，并振臂高呼“大海万岁”；而渔夫并不是以审美态度来对待大海的，而是以功利的态度看待大海及菜园的，认为大海只是维持生计的环境，还不如满足自己菜蔬需要的菜园好看。可见，审美态度是审美活动的前提，超功利的审美态度是审美活动的最主要特征。没有审美态度，就不可能进入审美状态，眼前的事物就不能成为审美对象，不能形成审美关系，也不能对对象作出审美判断，更不可能获得美感。在审美活动中，必须使自己远离功利，以审美态度对待审美对象。如果不能排除功利或利害方面的干扰，那么主体与对象就不能形成审美关系，不能进行审美活动，更不能对对象作出审美评价。

《战国策·齐策》中《邹忌讽齐王纳谏》一篇，相信很多人都读过。齐国大夫邹忌相貌堂堂，是个美男子，而同住城中有个叫徐公的人更是齐国名声远扬的一个美男子。一天，邹忌问妻子：“我和城北的徐公相比，谁长得漂亮？”妻子毫不犹疑地说：“您美极了，徐公哪能比得上您呢？”

邹忌不大相信，又去问他的妾，妾怯生生地回答：“那还用问，当然是您漂亮。”

过了一天，有个客人来求邹忌帮忙，谈话之间，邹忌又顺便问了客人：“你看，我和徐公相比，谁美？”客人赔着笑说：“徐公可比不上您美啊！”

邹忌听了妻妾朋友的赞颂，仍不自信。又过了几天，正好徐公来访，邹忌便将他从头到脚地仔细打量了一番，发现自己的相貌比不上徐公。徐公走后，邹忌又对着镜子看了又看，越看越觉得自己不如徐公美，非但不如，简直差远了。

到了晚上，邹忌躺在床上翻来覆去睡不着觉。他想，我明明不如城北徐公漂亮，为什么别人都说我比徐公漂亮呢？后来他终于悟出了其中的奥妙：妻子说我美，是由于妻子对我有偏爱；妾说我美，是由于惧怕我；而客人说我美，是因为有求于我，只不过是当面奉承而已。

邹忌由此联想到，一国之君更不应该为各种赞美之词所蒙蔽。于是第二天，邹忌上朝去见齐威王。他对齐威王说：“我确实知道自己不如徐公漂亮，但我的妻子偏袒我，我的小老婆惧怕我，我的客人有求于我，因此都说我比徐公漂亮。如今大王的左右仆从和宫里的后妃没有一个不偏爱大王的，满朝文武大臣没有一个不惧怕大王的，四境之内没有一个不想求助于大王的！这样看来，大王所受的蒙蔽实在太厉害了！”

齐威王听了后说：“你说得对！”于是下令说：“今后无论官员百姓，凡能当面指出我的过失的，受上等赏赐；凡能上书批评我过失的，受中等赏赐；凡能议论我的不是而让我听到的，受下等赏赐。”

齐威王的命令一发布，群臣纷纷进言上书，以致王宫大门口和殿堂前门庭若市。随着朝政的改进，过了几个月，进谏的人虽然还有，但越来越少；一年以后，即使想要进谏，也没有什么可说的了。齐威王不断改正过失，励精图治，国势由此大振。燕、赵、韩、魏等国非常敬重齐国，都派使臣来朝见。史家评论这件事说：“这是不用兵而取得的胜利。”

在这个故事中，邹忌是用非功利的审美态度对待自己与徐公的，所以看出了自己与徐公在美的方面的差距；而邹忌的妻妾及客人都有私心，即以功利的态度来对待邹忌和徐公，没有进入审美状态，当然看不到人的美，更比不出谁更美。他们作出的评判，不是审美判断、审美评价，而是完全出于自己私利的主观评判，评判的结果当然是可笑的。在审美过程中，审美主体必须使自己处于一种非实用的、非功利的、静观的审美态度，才能进入审美状态，才能观赏到美，获得审美的精神上的愉悦，也才能对对象作出正确的审美判断。

我国古代文人常常用“闲”或“静”字，来表示这种超功利的审美态度。“闲”，意味着摆脱了繁杂事务，远离了现实功名利禄，进入了一个无拘无束、自由自在的状态。“身闲始觉隳名是，心了方知苦行非。”（皎然《山居示灵澈上人》）“但得心闲到处闲，莫拘城市与溪山。是非名利浑如梦，正眼观时一瞬间。”（法演《送朱大卿》）只有“闲”，才有闲情，才能成为审美的主人。正如苏轼在《临皋闲题》所言：“江山风月，本无常主，闲者便是主人。”只有人闲了，才能看到美，获得美感。“景物登临闲始见，远为闲客此闲行”（杜牧），“闲为水竹云山主，静得风花雪月权”（邵雍）。

审美态度受到时间、地点等客观条件的影响，更受到各人主观的心理因素，如心境、情绪等的影响。英国女作家夏绿蒂·勃朗特的著名小说《简·爱》中有这样一个情节：女主人公简·爱，小时候受狠心舅母的虐待，有一次被毒打后关在阴暗的房间里，无比孤苦凄凉。好心的厨娘偷偷地给了她一本《格列佛游记》。这本童话小说，是她最爱读的并打开过她广阔幻想天地的书籍；但这个时候读起来，书中的巨人、小人和医生格列佛等等形象，一点儿也不活泼可爱，相反却使她感到可怕、隔膜和无味。因为这个时候，简·爱的情绪很坏，不能形成审美态度，无法以非功利的态度来欣赏童话小说。《水浒传》的《智取生辰纲》一回中，白胜挑着一担酒唱道："赤日炎炎似火烧，野田禾稻半枯焦。农夫心内如汤煮，公子王孙把扇摇。"农夫在"心内如汤煮"的情绪支配下，对于当时的太阳，决不会视为一个美的形象。

为谁零落为谁开？
——审美的主体和客体

俞伯牙和钟子期的故事，大家可能都知道。俞伯牙是春秋时期著名的琴师。一次，他奉命出使楚国，乘船返回。途中突遇狂风大浪，大雨如注。舟楫不能前进，停泊在一个山崖下。没过多久，风平浪静，云开雨止。一轮红日出现在西边空中，把带着雨水的草木照成一片金绿。东边天下挂着一道颜色鲜艳的彩虹，远处不时传来鸟儿的鸣叫声。

"真美啊！"望着眼前的景色，俞伯牙精神大爽，心潮澎湃，连声叫好。转而一想："这么好的风景，实在难遇，我何不抚琴一操，以遣情怀？"伯牙急忙开囊取琴，调弦转轴，弹了起来。悠扬的琴声传向山林，鸟儿停止了歌唱，静静听着琴声。

伯牙刚弹完一曲，忽听岸上有人叫好。伯牙抬头一看，原来岸上站着一樵夫，手持尖担，腰插板斧，脚穿草鞋。

"方才大人所弹的可是孔子的《猗兰操》？"樵夫问。"不想此间会有听琴的人？"伯牙十分惊讶。为了摸清对方的功底，伯牙提了一个专业的问题：

伯牙抚琴

“朋友，你可知我用的是什么琴吗？”

“距离太远了，我看不清琴的模样。不过，根据琴声，我断定是一架文武七弦琴。”樵夫语气十分肯定。

“说得对极了。看来山野之中也有人才啊。”伯牙高兴地说。说罢，邀请樵夫上船一叙。

樵夫并不推辞，大大方方上了船，向伯牙施礼后，坐在一旁。伯牙见樵夫懂礼节，举止从容，就喜欢上这个年轻人，又问了些乐理方面的知识，樵夫都对答如流。伯牙今日兴致特浓，他对樵夫说：“音乐之门，在于精妙。现在我弹一段曲子，你能知道我想表现的是什么吗？”

“让我试试看。”樵夫回答。

伯牙稍思片刻，弹了一段音乐，樵夫听了以后说：“太好了，简直像巍峨的高山屹立在眼前！”

伯牙惊奇地说：“嗯！你说得对极了。我刚才想表现的是崇高的情趣，于是想到了泰山。”

过了一会儿，伯牙又拨动琴弦，这时他的心里想到流水。樵夫听了，说：“妙极了，这琴声宛如奔流不息的江河！”

伯牙又惊奇又兴奋：“你又说对了。我方才确实弹的是江河奔腾。”

说完推琴而起，紧紧拉住樵夫的手说：“知音，知音啊！”然后连呼：“失敬失敬！山野之中果真有贤士。敢问先生高姓大名？”

樵夫欠身答道：“山野村民钟子期。”

两人相见恨晚，遂结为肝胆相照、志同道合的知己，并约好第二年这时候再到此地弹琴。

第二年，俞伯牙抱着七弦琴跋山涉水，来到约会地址，等待钟子期。但是钟子期没有赴约，他已经去世。俞伯牙得知这一噩耗，悲痛至极，说：“知音已不在人世，我的琴还有谁能理解？我要琴还有何用？”于是扯断琴弦，摔碎琴身，从此再也不弹琴了。

在这个故事中，钟子期与伯牙弹出的琴声构成了审美关系，其中钟子期是审美主体，而伯牙弹出的琴声则是审美客体。所谓审美主体，就是审美的人，即以审美的态度来对待、欣赏、体验及创造审美对象的人；审美客体，就是被审美主体观照、欣赏、体验或创造的对象。

审美关系是由审美主体和审美客体相互作用而产生的，两者缺一不可。没有审美主体就没有审美客体，反之，没有审美客体也就没有审美主体。伯牙弹出的琴声，如果没有人去欣赏，它便失去审美对象的意义；即使有人在听琴，却以非审美态度来对待伯牙弹出的琴声（比如思考琴声的频率，计算如何以琴声来牟利，计算琴的价值并想占有它），那伯牙弹出的琴声也不能成为审美对象，因为听琴的人并不是作为审美主体出现的。反之，如果仅仅有人，而没有琴声、没有音乐供他欣赏、审美，那么此人即使是钟子期这样的鉴赏高手，也成不了欣赏者、审美者。审美对象相对于审美主体而存在，同样，审美主体又相对于审美对象而存在。也就是说，不存在脱离审美主体的审美对象，也不存在与审美对象无关的审美主体。一个人并不一定就是审美主体，只有他以审美的态度去观赏艺术品或自然景色，他才能成为审美主体。

王阳明像

一件艺术品或一片自然景色并不直接等同于一个审美客体，它们只有在遭遇了欣赏者那渴望而流连的目光，或被欣赏者收入耳中后，才成为审美客体。正如法国哲学家萨特所说的，一片风景，如果没有人去观照，它就失去了“见证”，因而将不可避免地停滞在“永恒的默默无闻状态之中”。一幅画假如没人去观赏，它只是一个默默无闻的人造物被遗忘在画廊中；一部小说如果没人去阅读，它只能静静地躺在书架一角，成为无人问津的印刷物。伯牙的琴声如果没有人去欣赏，它只能默默地随时空流逝，永远找不到欣赏者，找不到知音。从这里，我们就可以理解为什么伯牙在钟子期死后极端孤独和苦闷，为什么要扯断琴弦、摔碎琴体，从此再也不弹琴了。没有了观赏者，没有赏识的知音，审美客体的价值就化为泡影。面对如此残酷的现实，伯牙只有扯断琴弦、摔碎琴体、不弹琴这一选择了。

审美主体和审美客体之间的这种复杂关系，古人早就发现了：明代哲学家王阳明一直主张“心外无物”。他的这个观点受到很多人质疑。有一次王阳明和友人游南镇，友人指着山间盛开的桃花，问王阳明：“按先生所言，世界上没有心外之物，万物都是由心所生。那么，这深山中的桃花，自开自落，与我的心有什么关系呢？难道桃花不是心外之物？”王阳明哈哈一笑，答道：“你没有看见桃花的时候，桃花与你的心都处于虚无状态；而现在你来看桃花时，桃花的颜色才在你的感觉之中逐渐显示出来，并且越来越清晰。由此可见，桃花的美丽并不在你的心外啊！”这话什么意思呢？人们往往把王阳明的这段话理解为主观唯心主义观点。但是如果把他的这段话用在审美活动中，却鲜明揭示了一个重要的美学原理：当人不去观照桃花时，桃花在深山里，是默默无闻而又黯然失色，花开花落，自生自灭，并不是我们观赏的对象。当人来到深山，把欣赏目光投向桃花，那桃花仿佛在瞬间向人敞开，突然变得明亮鲜艳起来，成了人的审美对象。这说明，欣赏过程或审美过程，是审美主体和审美客体相互确证、相互作用的复杂过程。

当然，审美中的主体和客体与科学研究中的主体和客体是不同的。在科学研究中，主体就是主体，客体就是客体，主体必须如实反映客体；而在审美中，主体与客体是双向交流、相互渗透的。审美的主体对客体的反映，同时也就是主体自身情感、愿望、理想的抒发、表现和肯定，也就是说，这个审美客体又是主体自身的对象化、客观化。

惊叹对方的美丽
——审美主客体的互动

审美主体与审美客体谁也离不开谁，二者缺一不可。在审美关系中，一般来说，审美主体是主动的。因为审美客体（艺术品或自然等）要靠主体来发现和欣赏的。如果没有人去发现并欣赏它，它就不会成为人们的审美对象。

到过庐山的人都知道，庐山有一奇景——三叠泉。泉水奔泻腾跃在三级石台之上，“上级如飘雪拖练，中级如碎玉摧冰，下级如玉龙走潭”“飘者如雪，断者如雾，缀者如旒，挂者如帘”，美不胜收，被誉为“庐山第一奇观”。然而，这一神奇的三级瀑布，却长期藏在深山荒岩之中不为人知，就连居住过庐山并爱好旅游的唐代大诗人李白、写过大量关于庐山诗词的苏轼，以及在庐山脚下讲学多年的理学家朱熹都没有发现。这时的三叠泉是自在的自然，没有成为人们的审美对象，没有向人类显示出它美的价值。直到南宋淳熙二年（1191），它才被一个樵夫发现，这才向世人露出美丽的面容。南宋诗人刘过记下了这件事：“五老峰北嵯峨巅，龙泉三叠来自天。只因开辟便如此，山云蔽护经岁年。一朝何事失扃鐍，樵者得之人共传。”（《观三叠泉》）试想，这个樵夫一定是一个爱美懂美的钟子期式的人物，因为上山打柴的并非他一人，偏偏只有他以审美的态度对待三叠泉，看出了它的审美价值。可惜的是，这个樵夫并没有像钟子期那样留下姓名。

主体能从寻常事物中捕捉到事物美的属性，并把它作为审美客体。远行途中车陷山泥中，风沙扑面而来，这本是很不愉快的事；但清朝文人袁枚仍然从容地以审美态度对待它，将眼前之景与记忆中的江南美景对比起来，从而激发诗意，写出一首以北方崇高衬托南方优美的小诗：“山泥淋漉陷征车，扑面惊沙恨有余。此际故国三月中，万花围住一楼书。”（《山泥》）诗中，“山泥”“扑面惊沙”都成了审美客体。南宋诗人杨万里更是这方面的行家。他能从蚂蚁搬家、水面冒泡、雀鸟吵闹中，发现和欣赏到美。例如，水面冒泡并没有什么好看的，但是杨万里竟然仔细观看，展开丰富的想象，把它与神仙联系起来，使水泡也成为神秘的审美对象：“至宝何缘识得全，骊珠浮没只俄然。金仙额上庄严底，只许凡人见半边。”（《水沤》）

审美主体的主动性还表现在，主体状况不同，发现、捕捉的审美对象也不同。一般情况下，主体状态往往与观赏对象相对应，如人在悠闲自在时喜爱空中自由舒展的孤云，在心境宁静时喜欢静穆的寺庙和空灵的山景，在称心满意时特别瞩目远处的流水。“人幽想灵山，意惬怜远水。”（高适《宴韦司户山亭院》）人心里沉沉压着游子的思乡之情时，讨厌见到山的重负感；人心里洋溢着归家喜悦时，又特别喜欢流淌的水。“客恨厌山重，归心喜流顺。”（张佑《登香炉峰寄远人》）也有反其道者，“心中逼仄爱山爽，心中崎岖爱水平”（陈书《见山吟》）。主体需要相反的客体来补充，这些相反的景色、艺术品，就成为主体的审美客体。

审美主体是主动的，但审美对象并不是完全被动的，有时也会主动招引、诱使人。审美对象本身具有一种吸引力或“召唤结构”，它不断地向人发出邀请，吸引人们注意，吁请欣赏者进入它的世界。这个特征在达·芬奇的油画《蒙娜丽莎》上体现得最为突出。画面上的女主人公变化莫测的神态，尤其是那神秘的微笑、谜一样的微笑，吸引每个观赏者，召唤人们细细品赏她，仿佛有意要人们猜测和琢磨这“谜一样的微笑”的意蕴和谜底。王阳明与友人游深山时，桃花仿佛瞬间向人敞开，变得明亮鲜艳起来，也体现了审美客体这一特点。

我国古代文学家早就发现了这一现象。南朝文学理论家刘勰在《文心雕龙》中说：“物色之动，心亦摇焉”“物色相召，人谁获安？”在大自然动人景色的招引下，人们不会心如止水，总会被吸引过去，产生美的感受。王昌龄的《闺怨》是一首很有名的诗，其诗云：“闺中少妇不知愁，春日凝妆上翠楼。忽见陌头杨柳色，悔教夫婿觅封侯。”本来不知愁的闺中少妇登上翠楼后，阡陌上杨柳的绿色映入她的眼帘，招引、诱使她欣赏，产生春光无限美好的感受，进而觉得这么美好的季节却不能同自己的夫婿一起欣赏，后悔不该让他出门求官去了。

南宋诗人杨万里有一首小诗《明发房溪》，诗中说：“山路婷婷小树梅，为谁零落为谁开？多情也恨无人赏，故遣低枝拂面来。”意思是，山路旁边有一棵梅花绽放的小树，亭亭玉立，可是她生长在荒山野岭中，有谁来欣赏呢？她只能孤独地自开自落。现在我来了，她多情地低枝拂面表示欢迎哩！这首小诗除了揭示审美客体离不开审美主体以外，还说明了以上一个美学道理：审美客体也具有吸引人去审美的无穷魅力，“多情也恨无人赏”；见到人来了，马上就“故遣低枝拂面来”。很多艺术家认为，自己之所以去观赏风景，并不是自己主动的，而是被面前的景色所吸引，不得不欣赏。北宋诗文革新运动的先驱王禹偁有一首《东邻竹》诗：“东邻谁种竹，偏称长官心。月上分清影，风来惠好音。底枝疑见接，进笋似相亲。多谢此君意，墙头诱我吟。”意思是说，他之所以观赏、吟咏竹子，完全是竹林招引、诱使的：月夜里竹林吸引我看它的影子，有风的时候，竹林给我送来美妙的音乐，它底下伸出的枝条好像是在招手迎接我，新长出的嫩笋似乎要与我亲近。总之，东邻的竹林对我有情意，隔着墙头引诱我观赏、吟诗。

人具有主动性，一旦人发现并开始欣赏审美对象时，立即与之形成了审美关系。其中，人就变成审美主体，被发现被欣赏的审美对象就成为审美客体，美也由此产生了。同样，审美对象招引、诱使主体，当主体开始注意、欣赏审美对象时，被主体欣赏的审美对象就成为审美客体，主体就成为审美的主体，审美关系立即形成，审美活动由此而展开。可见，美是在审美活动中产生的，是审美关系的产物。现代诗人艾青有一首小诗，生动描绘了这个过程：

不知道有多少亿年
被深深地埋在地里
存在等于不存在
连希望都被窒息

一个姑娘深翻土地
忽然看见它跳出来
姑娘的眼和钻石
同时闪出了光辉

像扭开一个开关
在一刹那的时间里
两种光互相照耀
惊叹对方的美丽（《互相被发现》）

诗人讲的钻石，就是后来根据出土地点被命名为“常林钻石”的国宝。这颗钻石在被发现前，“被深深埋在地里”，没有人欣赏它。“存在等于不存在”，无所谓美不美。终于有一日碰到一位姑娘挖土挖出了它，它夺目的光辉与奇异的质地，映入爱美姑娘的眼帘，招引、诱使姑娘注意。姑娘被闪闪发光的奇石吸引，弯腰捧起这颗奇石，擦去上面的泥土，仔细端详、欣赏它。先是惊异，然后是赞叹，赞叹它的光彩、它的晶莹剔透。这时，审美主体与审美客体互相沟通，人与钻石发生了联系，美这才被发现。钻石以它动人的感性形象呈现在姑娘面前，姑娘以审美的态度观赏它，即刻直觉到它的美。在这一时刻，客体潜在的审美价值之光与主体审美能力的“光”相遇，“互相照耀”。

美，就在互相作用中产生了。它不需要理性的思索与推理，就像扭开了电流的开关，华灯突然点亮一样；就像按下了卫星发射的按钮，火箭立即腾空一样。艾青的小诗，形象地昭示了审美主体与审美客体互相作用的过程，揭示了美何以产生的规律。

何可一日无此君？
——审美价值

我国的文人，对竹子有一种特殊的感情。王维经常“暮持筇竹杖”“看竹到人家”，喜好“独坐幽篁里，弹琴复长啸”（《竹里馆》）。李白喜欢“绿竹入幽径，青萝拂行衣”（《下终南山过斛斯山人宿置酒》）。杜甫喜欢种竹，“平生憩息地，必种数竿竹”（《客堂》）。他寓居成都浣花溪时，曾经亲自植竹无数，院内院外冬夏青翠一片，成为一大景观。梅尧臣认为，“买山须买泉，种树须种竹”，整天欣赏竹子，还是“潇洒看不足”。陆游在雪溪观竹时，手舞足蹈地唱道：“溪光竹色两相宜，行到溪桥竹更奇。对此莫论无肉瘦，闭门可忍十年饥。”爱竹之情溢于言表。

许多文人竟然爱竹成癖。东晋的王徽之爱竹到了不可思议的地步。他一天也离不开竹子，每新到一地就命人栽竹。有一次，他暂时借住别人的宅子，刚安排好行装，便嚷着要在宅子周围种竹子。有人劝他：“暂住一时，何必如此麻烦呢？”他傲然不答，吟啸良久，指着竹子叹息道：“何可一日无此君？”可见他对竹子爱到何等痴迷的程度！一次，他路过吴中，看见有户人家宅院中有一片极美的竹林，便命令停车。宅院主人知道来人是鼎鼎大名的王徽之，就赶快吩咐人洒扫庭院，准备酒饭。王徽之下车直奔竹林，徘徊、欣赏、吟咏很长时间，然后扬长而去。主人愕然，命仆人关上大门，不让王徽之出去。直到这时，王徽之才猛然省悟过来：自己贪恋竹林，还未与主人说过一句话，太失礼了。王徽之爱竹，竟到了见竹不见人的可笑地步。

北宋的苏东坡、清朝的郑板桥也是出了名的竹癖。郑板桥一生与竹为伴，

《墨竹图》　郑板桥

种竹、赏竹、画竹成了他的至爱。“惟有竹为君子伴，更无众卉与同栽。”“从今不复画芳兰，但写萧萧竹韵寒。”

为什么文人对竹子如此偏爱、寄予如此深厚的感情呢？文人喜爱竹子，主要是因为竹子对于人具有审美价值。白居易有首咏竹诗：“不用裁为鸣凤管，不须截作钓鱼竿。千花百草凋零后，留向纷纷雪里看。”（《题李次云窗竹》）白居易认为竹子的价值不在于实用方面，比如制作笛箫、鱼竿等，而在于审美的方面：千草百花凋零了，它还那么青翠，虽然风吹雨打，雪压霜侵，它还是那么坚挺。这是多么让人喜爱啊！

所谓审美价值，是指事物对人所具有的审美意义和心理效能。一个事物或对象如果对人的精神生活有益，它的内容、形式具有独特的审美功能，能被人所把握，满足人的精神需要，我们就称它具有审美价值。竹子的审美价值不但体现在它的外在形式上，竹叶青翠常绿、竹竿修长挺拔、竹根盘桓流连，而且还体现在内在方面，竹子的颜色、形态和习性，使得它成为精神美的化身，从竹子的偃而复伸、竹身有节、外坚中空等，使人联想到人的许多美好品德情操，如坚守气节、坚贞顽强、虚怀若谷、简约淡泊、清高孤直等。

审美价值看似无用。例如王曙的《枣花》诗中就说：“枣花至小能成实，桑叶惟柔解吐丝。堪笑牡丹如斗大，不成一事只空枝。”意思是枣花虽小能结果实，桑叶柔弱可养蚕吐丝，都是有用的；而牡丹长得像斗那么大，又有什么用呢？什么用也没有，白白长在树枝上！但是，人们的生活中却离不了审美价值。清代赵翼在一首诗中就坦言：“世间无用物，莫若红紫花。食不如橡栗，衣不如苎麻。偏能令人爱，宴赏穷豪奢。”（《静观二十五首》）红红紫紫的鲜艳花朵，是天地间最没有用的东西，既不能像橡栗那样当粮食吃，也不能像苎麻那样能织成衣服穿。但是它偏偏让人们特别喜爱，有的人还为之设宴欣赏极尽豪奢呢！从这些诗中，我们可以看到，世间事物有两种主要的价值：实用价值和审美价值。枣花、桑叶、橡栗、苎麻具有实用价值，而像牡丹花这一类东西虽然没有实际用处，人们非但离不了它，而且非常喜欢它，因为它让人喜爱，给人间平添景色，给人以愉悦的情感，能满足人的精神需求，具有审美的价值。

在古代文人的眼中，审美价值要远远高于实用价值。苏轼在一首诗里写道："可使食无肉，不可使居无竹。无肉令人瘦，无竹令人俗。人瘦尚可肥，士俗不可医。旁人笑此言，似高还似痴。若对此君仍大嚼，世间那有扬州鹤！"（苏轼《于潜僧绿筠轩》）

没有肉吃，人会变瘦，但是居住环境没有竹子，就会让人变俗。人一时瘦点不要紧，可以再肥起来；但是人一旦变俗了，那就没有办法可以治了。在苏轼看来，竹子是非常宝贵的，让人精神愉快、清爽，脱去俗气。以竹子为特色的环境之美，有着重要的审美价值。对人来说，它比肉一类的实际价值更重要。

重视审美价值，是中国文人的一大特点。很多文人像苏东坡那样，轻视物质享受，看重审美价值。北宋哲学家邵雍，字尧夫，很有学问，常年隐居苏门山百源之上，朝廷屡授官而不赴。后来隐居洛阳某地，一年四季赏莺花，吟风月，沉浸在美的享受里，觉得自己是人间最快乐的人："尧夫何所有？一色得天和。夏住长生洞，冬居安乐窝。莺花供放适，风月助吟哦。窃料人间乐，无如我最多。"（《尧夫何所有》）

欧阳修曾将天下人生之乐，分为山林者之乐和富贵者之乐。他在《浮槎山水记》中说："夫穷天下之物，无不得其欲者，富贵者之乐也。至于荫长松，藉丰草，听山溜之潺，饮石泉之滴沥，此山林者之乐也。"富贵者之乐就是物欲满足的快乐，山林者之乐即审美世界的快乐。他认为人应该牺牲一些物欲的享受，去追求审美快乐，追求审美价值。所以欧阳修邀请和招待客人，不用什么值钱的东西，而是请客人与他一起在新秋的凉风中，在洁净宽敞的庭院里，赏月景，沐浴明月的清光，让人有一个美好的夜晚。他认为这比什么都有价值，这才是最好的款待："欲将何物招嘉客？惟有新秋一味凉。更扫广庭宽百亩，少容明月放清光。"（《招许主客》）

审美价值是主客体相互作用的结果。它取决于对象结构和主体需要。任何自然事物、自然现象，本身不可能构成现实的审美价值，只能构成审美价值的潜在条件。只有当它对社会中的人、对人类的社会生活具有某种意义时，能愉悦人的感官和精神、激发审美感受、美化人的生活的时候，它才能实现其审美价值。事物愈具有鲜明独特的审美特性，愈被人认识，其审美价值愈大。审美价值决定事物对人的审美意义，制约人的审美态度。人可以通过创造性的实践，发现、认识和增加、扩大事物的审美价值。

住山未必知山好
——审美距离

审美距离在审美活动、审美关系中具有重要作用。在美国曾经发生这样一件事：

有一年，美国纽约上演古典名剧《奥赛罗》。消息一传出，市民奔走相告，纷纷涌入大剧院，争先恐后地前来欣赏美国著名剧团的精彩演出。

《奥赛罗》是英国著名剧作家莎士比亚的四大悲剧之一。戏剧题材来源于意大利古代一个爱情故事：摩尔人奥赛罗是威尼斯的将军，他和一个元老的女儿苔丝德蒙娜相爱。苔丝德蒙娜对爱情无限忠贞，她勇敢地冲破等级、种族的偏见，与奥赛罗结了婚。奥赛罗把苔丝德蒙娜的爱情看作人世间真诚关系的体现，非常珍惜。元老歧视奥赛罗的肤色，反对这门婚事，并诉诸威尼斯公爵。这时，土耳其入侵威尼斯领地塞浦路斯，公爵需要奥赛罗领兵御敌，因此对婚事不加追究。奥赛罗率兵去塞浦路斯，任命凯西奥为副将。旗官伊阿古嫉恨凯西奥的地位，诬陷凯西奥与苔丝德蒙娜有私。他利用苔丝德蒙娜的天真，设下许多圈套，引起奥赛罗对妻子的怀疑。奥赛罗中计，愤怒地将苔丝德蒙娜掐死。这时，伊阿古的妻子揭发了丈夫的罪行。奥赛罗发现真情，悲愤自杀。伊阿古被押回威尼斯，受到应得的惩罚。

大剧院中，演员们在台上表演得惟妙惟肖，剧情扣人心弦，引人入胜。观众们鸦雀无声，全神贯注，把注意力集中在舞台上。随着剧情的发展，人们的心情跌宕起伏，时而喜悦，时而愤怒，时而赞赏，时而叹息。这次扮演伊阿古的是美国著名演员威廉·巴支，他素以扮演丑角而蜚声剧坛。在剧中，威廉·巴支以艺术家的独创性，深入角色，把伊阿古这个野心家的卑鄙、阴险、狠毒，揭露得淋漓尽致，观众无不恨之入骨。

当演到奥赛罗听信伊阿古的阴谋诡计，用双手掐死了他美丽而善良的妻子苔丝德蒙娜时，台下一位军官怒火万丈，“刷”地站了起来，迅速拔出手枪。“呯”的一声，一颗子弹从枪膛中射出，击中了扮演伊阿古的威廉·巴支。威廉·巴支当即中弹身亡。顿时，剧场内一片混乱。

“你怎么把演员打死了？”

“这是在演戏啊！”

“你这是干了些什么呀？”

愤怒的指责声在这位军官耳边响起，这位军官此时才清醒回来，悔恨地说：“我怎么做出了这样糊涂的事？竟然打死了人！”他意识到这是无法补偿的过失，懊悔不及，羞恨难当，又“呯”的一声，开枪将自己打死了。

大剧院里躺下了两具尸体。

事情发生后，人们把两位死者埋葬在一起，立了一座墓碑。碑上刻着：“最好的演员与最好的观众。”

为什么会发生这样的惨案？这是因为这位军官混淆了艺术世界和现实世

《奥赛罗》话剧剧照

界，错把舞台的演出当做现实生活，把舞台上的人物当做现实生活中的人物。这里涉及审美距离问题。审美距离是指审美主体与审美客体之间的距离、间隔。审美距离包括时空距离和心理距离。

审美距离中最重要的是心理距离。心理距离是指审美主体与客体之间在情感、观念、经验、态度上的距离。“心理距离”这一概念是瑞士美学家布洛提出来的。他说：“美，最广义的审美价值，没有距离的间隔就不可能成立。”他认为审美要有恰当的心理距离。对象没有被人感知到，或者人们对它太隔膜，心理距离太远，便激不起美感；但对象与人的实际利益、功利态度紧密联系，或者人们对它太熟悉，即心理距离太近，也激不起美感。他举例说，一个人乘轮船在大海上遇到漫天大雾，该是怎样的心情？浓雾像一座庞大的绝壁，像一道从海里升起的高墙，迅速压向轮船。轮船顿时陷在冰山式的雾气里，在死寂海面胡乱飘动，耳边不断响起刺耳的警报。假使我们身临其境，一定会感到恐怖，处在紧张状态，根本不会有宁静的心情来欣赏它。但是如果我们换一种情景，站在海岸上，和那些身处雾中的人的心情就会根本不同了。因为他们不会感到危险，没有忧虑，就会把注意力转向浓雾中的种种风物。这时，海雾就可成为浓郁的趣味与欢乐的源泉。那壮丽的奇观，多么令人神往！若隐若现的一切，显得那样神秘和奇特。这时就会获得强烈的美感。心理距离太近，功利关系介入，就感到海雾可怕，无法对对象产生美感。但一拉开距离就美。布洛的“心理距离”理论，揭示了审美的一个重要规律：审美确实需要恰当的心理距离。没有一定的心理距离，主体就不能处于非功利的状态，不能成为审美主体；同样，没有一定的心理距离，对象也不能成为审美对象、审美客体，也就不能形成审美关系，展开审美活动。

保持恰当的心理距离，是获得美感、领悟对象意蕴的重要前提。对旅游者来说，湖光山色是美的，然而居住在山里的人却并不认为它们美。游九功有一首诗：“烟翠松林碧玉湾，卷帘波影动清寒。住山未必知山好，却是行人仔细看。”住在山里的人，天天面对翠绿如烟的松林、澄碧如玉的水湾、临水而居的人家以及卷帘摇动的波光云影，往往浑然不觉其美；倒是新来乍到的游人如醉如痴地仔细欣赏，沉迷在如画的山光水色之中。为什么“住山未必知山好”？这是因为住在山里的人们，成年累月在山里劳动生活、作息起居，与山林天天见、时时见，太熟悉了。山林对于他们来说，只是饮食柴薪之源。他们为生活所困，总是以功利的态度看待山林，对待山里的一切。许多日常的纠葛、烦恼，也总是与山水相联系。一句话，他们与山林的心理距离太近，所以对山水的美感觉不到。而到山里旅行的人，之所以感受到山林的美，是因为他们不为生计所虑，摆脱了对山林的功利态度，所以能把对象放在一定的距离以外去观照，尽情地欣赏起山中的美景。清人袁枚诗云：“鸟啼花落，皆与神通。人不能悟，付之飘风。”现实中许多人，由于与鸟啼花落心理距离太近，所以很多美被人一次次地错过了。

在艺术欣赏中，人们与对象保持一定的心理距离，就必须掌握艺术表现的情景与实际生活的距离。有时以旁观者的身份、态度，理智地评判对象，并不全身心地介入对象的特定情绪，这是为了保持物我之间的距离、差异；有时则以分享者、参与者的身份介入对象，同对象发生情感上的交流、互融、共鸣，这是为了消弭物我之间的距离和差异。这些都是运用审美心理距离，更好地领悟美的事物。在艺术欣赏中，如果没有保持恰当的心理距离，那么就不能获得美感，甚至还会犯错误。那位美国军官的过失就在于他与剧情的心理距离太近，混淆了艺术与实际生活的距离和差异，把威廉·巴支扮演的伊阿古当做生活中真正的坏人而仇恨，并开枪打死了他，在艺术欣赏中丧失了理智。从这一点来讲，他并不是“最好的观众”。

由于心理距离太近而混淆艺术世界与现实世界的界限，西方国家发生多起。就拿莎士比亚四大悲剧的演出来说，已经发生多起惨案和趣闻。据历史记载：1822 年 8 月，在法国巴耳地冒尔剧场演出《奥赛罗》这出戏，当演到第五场奥赛罗扼住了苔丝德蒙娜的脖子时，担任剧场警卫的士兵激愤地喊道：“我决不许一个该死的军人，当着我的面杀死一个女人！”士兵边喊边开枪。幸好这个士兵射击技术不佳，只是打伤了扮演奥赛罗的演员。在美国某个城市演出《哈姆雷特》时，也曾经发生一件很有意思的新闻。剧中有哈姆雷特与奥菲丽亚的哥哥比剑的情节。这是哈姆雷特的叔叔、那个杀兄夺嫂的丹麦国王设下的一个狠毒阴谋。他事先叫人把比赛用剑放在毒药里浸泡，想借机杀死哈姆雷特。有一次演到这场戏时，观众席上有一位善良的老太太，不由得紧张地站了起来，大声提醒哈姆雷特："当心啊，孩子！那剑是上过毒的！"

在我国，也发生过混淆艺术世界与现实世界的事。解放战争时期，著名艺术家陈强在歌剧《白毛女》中扮演恶霸地主黄世仁，他把黄世仁的凶恶表演得栩栩如生。有一次演出中，当演到黄世仁逼死杨白劳，抢走喜儿时，一个战士义愤填膺，猛地站了起来，端起枪就要瞄准。旁边的班长一把拉住了他，对他说："你想干什么！？这是在演戏！"这位战士一听，恍然大悟："啊？是演戏。"连忙坐了下来。这位战士没有与戏中人物保持一定距离，要不是班长提醒，差点酿成大祸。这样的事发生了不止一次，于是有的部队就规定战士看《白毛女》时不准带枪。我国某地演出《秦香莲》，当演到包公起先因为顶不住皇太后一再施加的压力，为息事宁人，只得包了二百两银子送给秦香莲，劝她放弃惩处陈世美时，一位很有骨气的老太太气愤地站起来打抱不平，大声喊道："香莲，俺们不要他的臭钱！"

心理距离能产生美、影响美，时空距离也能产生和影响美。距离的远近能直接影响审美的内容与感受。郭六芳有一首《舟还长沙》的诗："侬家家住两湖东，十二珠帘夕照红。今日忽从江上望，始知家在画图中。"诗中的女子长期住在风景宜人的两湖之东，却并不觉得家乡有多美。有一次她离家归来，从船上远远望去，只见晚霞中两岸人家珠帘闪烁，大江、帆影、珠帘、夕阳组成一幅诗意盎然的图画，她这才惊喜地发现，自己原来生活在这么美丽的地方！同是一个地方，过去没有发现它美，现在却发现它像画图那般美丽，这就是空间距离不同的缘故。因为过去与家乡空间距离太近，成年累月生活在那里，朝夕相处，感觉不到它的美；现在外出归来，从江上远眺，距离家乡有一段距离，所以才"始知家在画图中"，发现了家乡之美。可见，空间距离能产生美。

空间距离太近不能产生美，许多人都有这个体会。苏轼游庐山时，感慨"不识庐山真面目，只缘身在此山中"；而随着距离的变化，"横看成岭侧成峰，远近高低各不同"，空间距离造成了不同景观。从地球看月亮，皎洁美丽；宇航员登上月球，见到的却是一片荒凉。我国宇航员杨利伟从太空返回地球时说，从太空看地球，蓝色球体在黑色天鹅绒般的太空衬托下，美丽极了。地球的这种形体色彩之美，在地球上是怎么也欣赏不到的。如画的风景，一旦当你身临其境，反而觉得不如你同它保持某种距离时看到的那么引人入胜。从岸上或山上看江湖，船帆是十分优美的；而在船上的乘客，往往很难觉得船帆有什么美的。俄国诗人莱蒙托夫的名诗《帆》就是在陆地上写的，而不是船上写的。

我们往往有这样的体验：近景不美远景美。春天我们到城外踏青，远远地看过去，发现那里一片葱绿的树木、一块碧绿的草地和一条晶亮的小河，感到非常有诗意。但是，如果你走近了那个风景，你的感觉就立即大变，因为你会发现那里还有泥沼，还有湿热，还有蚊子、蚂蟥，甚至蛇。远处的风景为什么很美丽？因为距离消解，掩盖了事物丑的方面，而突出展现了事物美的一面，所以人们感觉远景美丽如画。观景是如此，看人也不例外。青春女子往往远观比近看更显得漂亮。远观过去，可充分见其身材体态之美、仪容表情之美；一旦近观，各种缺陷，例如雀斑、突牙、皮肤粗糙之类，全都在面前“原形毕露”，自然要减弱美感。当然，距离要恰当，太近不好；太远了，什么都看不清楚，也失去美。比如乘宇宙飞船从太空看长城和黄河，什么也看不到，就无所谓美丑了。

由于距离能产生美、影响美，所以欣赏者就要充分利用这个规律，去发现美、捕捉美。南宋诗人杨万里提出，观赏山水需要恰当的距离。看山要从湖中看，水中看山山更美：“烟艇横斜柳港湾，云山出没柳行间。登山得似游湖好，却是湖心看尽山。”（《游湖》）而欣赏湖景水色，则须岸上观。岸上观湖湖亦奇：“岸上湖中各自奇，山觞水酌两相宜。只言游舫浑如画，身在画中原不知。”（《游春湖上》）山中看山或水上观水，人与审美对象的距离太近，只能见到单一的局部的景致；山外看山或山上观湖，人与审美对象的距离太远；而湖上看山或岸上观湖，人与对象拉开了一段距离，能观赏到山或湖的整体形象，观赏到山和湖之间的巧妙组合，山色映湖，湖映山色，相得益彰，所以山和湖就显得更美了。

欣赏自然山水需要恰当距离，欣赏艺术品更是这样。欣赏绘画，特别是油画和水彩画，离得太远和太近都不好，必须要与画面拉开一定的空间距离。俗话说："近看一块疤，远看一朵花。"观画如果不拉开一定的距离，那么映入眼帘的是线条、色块，很难看到它的整体形象和艺术韵味。有这样一个故事：人民大会堂内有一幅傅抱石和关山月共同创作的巨幅国画《江山如此多娇》。当初吊装这幅国画时，周恩来总理从上下左右远近各个角度审视了这幅画，提出了增加高度和宽度的具体意见。周总理是懂得距离的远近与审美效果关系的。

空间距离能产生美，时间距离也能产生美。旧物、往事经时间的间隔，往往具有某种美的力量，让人感到情意依依。东晋时石崇王恺斗富的故事，大家都知道。富豪石崇当年寻欢作乐的金谷园，耗资无数，逼得多少平民百姓家破人亡、流离失所。它本是享乐奢靡的代名词，但是随着时间的流逝，渐渐淡去了它的社会属性，人们不再将它与巧取豪夺、享乐奢靡联系起来，而将它视为历史回忆的凭证，作为富豪美女生活悲剧的遗迹，引得很多诗人前来凭吊并写诗记游，成为故都洛阳的一景。"缓步洛城下，轸怀金谷园。昔人随水逝，旧树逐春繁。冉冉摇风弱，菲菲裛邑裳露翻。歌台岂易见，舞袖乍如存。戏蝶香中起，流莺暗处喧。徒闻施锦帐，此地拥行轩。"（陈通方《金谷园怀古》）不少诗人还赞叹舞女绿珠："金谷园中数尺土，问人知是绿珠台。绿珠歌舞天下绝，唯与石家生祸胎。"（徐凝《金谷览古》）"石家旧地聊登望，宠辱从兹信可惊。鸟度野花迷锦障，蝉吟古树想歌声。虽将玉貌同时死，却羡苍头此日生。多积黄金买刑戮，千秋成得绿珠名。"（李成用《金谷园》）

苏联戏剧家斯坦尼斯拉夫斯基说："时间是一个最好的过滤器，是一个回想和体验过的忆想的最好的洗涤器。不仅如此，时间还是最美妙的艺术家。它不仅洗干净，并且诗化回忆。"时间使古代使用的钱币、兵器、器皿，变成了绚丽夺目的文物；使流淌着无数人民鲜血而建筑起来的宫殿、长城、金字塔，成为世人骄傲的历史名胜；使过去的悲惨、不幸、离合，演化为悲歌。朱光潜说：

金谷园图

> 一件本来惹人嫌恶的事情，如果你把它推远一点看，往往可以成为很美的意象。卓文君不守寡，私奔司马相如，陪他当垆卖酒。我们现在把这段情史传为佳话。我们读李长吉的“长卿怀茂陵，绿草垂石井。弹琴看文君，春风吹鬓影”几句诗，觉得它是多么幽美的一幅画！但在当时，卓文君失节却是一件秽行丑迹。（《朱光潜文集》第一卷第456页）

时间距离还能使往日伤痛、悲哀的情感，转变为感人肺腑的艺术精品、艺术之美。唐代诗人元稹原配妻子韦蕙丛既慧且美，诗人与她是贫贱夫妻，感情很好，但在元稹未出仕时她就亡故了。韦蕙丛死时，诗人悲痛欲绝，觉得毕生都对不起她，但当时却连一句悼亡诗也写不出。但是，四年之后，他一连写了八首，追忆夫妻情爱，抒写怀念情怀，将人生的哀痛变成意真情切的艺术之美。他怀念亡妻的名句“曾经沧海难为水，除却巫山不是云”（《离思五首》其四），至今还感染世人。诗句由《孟子·尽心上》“观于海者难为水，游于圣人之门者难为言”蜕变而成。意思是说，曾经到过大海见过海水，觉得其他的水就难说是水了；除去巫山上的神女之云，再也没有如此奇美的云了。诗人用夸张手法“索物以托情”，语近思远，风情宛然，强调了抒情对象的无与伦比，表达了对亡妻韦惠丛的无限仰慕及忠贞不贰的爱情，从而既表明心迹，又告慰亡妻。最后一首，他写道：“同穴窅冥何所望？他生缘会更难期。惟将终夜长开眼，报答平生未展眉。”（《遣悲怀三首》）觉得纵然同穴也无法回报妻子在生前对自己的怜爱，更加显得真挚、纯洁和深沉。

苏轼十九岁与同郡王弗结婚，后来出蜀入仕，夫妻琴瑟调和，甘苦与共。十年后王弗亡故，归葬于家乡的祖坟。爱妻王弗死时，才思如涌、出口成章的苏轼也没有诗词悼念。十年岁月过去了，在密州，苏轼一次梦见了王弗，写出了凄美之歌《江城子》：

> 十年生死两茫茫。不思量，自难忘。千里孤坟，无处话凄凉。纵使相逢应不识，尘满面，鬓如霜。
>
> 夜来幽梦忽还乡。小轩窗，正梳妆。相顾无言，惟有泪千行。料得年年断肠处，明月夜，短松冈。

上片写诗人对亡妻的深沉的思念，是写实。下片记述梦境，抒写了诗人对亡妻绵绵不尽的深情。全词情意缠绵，字字血泪。既写了爱妻，又写了诗人自己。词中采用白描手法，出语如拉家常，却字字出自肺腑，十分诚挚，自然而又深刻，平淡中寄寓着真淳。这首词思致委婉，境界层出，情调凄凉哀婉，表现出生者对死者惓惓不已的思念，是脍炙人口的名作。十年的时间距离，使悲痛的往事变成诗意之美，给人以强烈的审美感受。

人们都有这样的体验，经时间的间隔，很多事物就变得美起来。爱情是最纯洁的感情，时间的间隔会增添夫妻之间的美感。俗话说“小别如新婚”“久别胜新婚”，就是这个道理。乡情是一种人情美，时间隔得愈久，其情愈烈。长期离开故乡的人，往往对故乡有很深的眷恋之情；而从不离开故土的人，就未必有这种情感。回忆童年，追忆往事，也往往会获得美感。

在审美过程中，时空距离与心理距离是互相联系、互相作用的。审美者的心理条件不同，心绪心境不同，主观感受上的空间距离就可能有所不同。有时美在咫尺却令人有远在天涯之感，有时远在天涯却又令人有近在咫尺之感。这就是所谓的“美在咫尺天涯”。在《西厢记》中，坠入情网的莺莺与张生都住在普救寺内，可谓近在咫尺；但由于封建礼教的森严阻隔，却使莺莺产生远在天涯的感觉。“系春心情短柳丝长，隔花荫人远天涯近。”纵然百般爱慕，却也难以传递，深感情丝之短远不如柳丝之长，彼此虽仅相隔一丛花荫，却远如遥遥天涯。审美心理对时间距离也能起微妙作用。坐在一个美丽的姑娘身边，明明坐了一小时，心理上却感到只有短暂的一分钟；坐在一个丑陋的姑娘身旁，虽然只坐了一分钟，心理上却感到有漫长的一小时。这就是审美心理影响时间距离。那个美丽的姑娘，使你产生了强烈的美感，所以时间上的长距离，心理上却缩短了；那个丑陋的姑娘，使你产生了难忍的丑感，所以时间上的短距离，在心理上却被拉长了。同样是一个夜晚，在时间的距离上是完全相同的，但由于人的心理条件不同，“缱绻苦夜短，愁肠知夜长。”在情人的怀抱里，“春宵一刻值千金”，所以嫌夜太短；而发愁的人，“愁盼百结难入梦，数听更漏知夜长”，所以嫌夜太长。这也是心理距离影响了时间距离。

审美对象

一 形式美

鲁迅谈女人穿衣服
——形式美

鲁迅先生非常关心青年作家的成长。萧红就是被关心者之一。萧红是现代女作家，黑龙江呼兰人。她的小说《生死场》生动描写了东北农民悲惨生活和抗日斗争，被列入鲁迅主编的《奴隶丛书》，并于1935年出版。1934年10月，萧红来到上海后，经常向鲁迅先生请教。鲁迅也非常关心她这样的年轻人。

一天，萧红穿了件红上衣，配上一条咖啡色的裙子。她对这种穿法比较满意，见到鲁迅后，就情不自禁地问："先生，我的衣裳漂亮不漂亮？"

萧红

鲁迅看了一眼，立即说："不大漂亮。"

"为什么？"萧红瞪大了眼睛，鲁迅的回答出乎她的意料。

"你的裙子配的颜色不对，并不是红上衣不好看，各种颜色都是好看的。红上衣要配红裙子，不然就是黑裙子，咖啡色的就不行了。"

"为什么红上衣不能配咖啡色的裙子？"萧红又问。

"这两种颜色放在一起很浑浊，所以把红衣裳也弄得不漂亮了。"

萧红点了点头，说："先生说得有些道理。"

"还有，"鲁迅先生继续说，"人瘦不要穿黑衣裳，人胖不要穿白衣裳；脚长的女人一定要穿黑鞋子，脚短就一定要穿白鞋子；方格子的衣裳胖人不能穿，但比横格子的要好。横格子的，胖人穿上，就把胖子更往两边裂着，更横宽了；胖子要穿竖条子的，竖的使人显得窄，横的使人显得宽……"

萧红惊奇地问："周先生怎么也晓得女人穿衣服这些事情呢？"

鲁迅谦虚地说："看过书的，关于美学的。"

当时，萧红对鲁迅在美学方面的造诣并不了解。早在五四运动前后，鲁迅就积极支持蔡元培倡导美育，撰写和翻译了不少美学著作，积极倡导艺术教育，支持创办艺术院校、主办艺术展览，为我国美育的普及作出了贡献。他在《摩罗诗力学》《拟播布美术意见书》《再论雷峰塔的倒掉》《〈艺术论〉中译本序》《答（戏）周刊编者信》《批评家的批评家》等文章中，提出了许多美学思想。回答萧红的这些提问，当然不成问题。

鲁迅与萧红谈话中谈到的衣服颜色的美、线条以及它们之间的搭配原则，这些都是属于形式美的问题。所谓形式美，是指构成事物外形物质材料的自然属性以及它们的组合规律所显示出来的审美特性。构成事物外形物质材料的自然属性简称为自然美形式因素，主要是指形状、声音、色彩及材质、味道、气味。形状、声音、色彩等这些感性质料的组合规律，称之为形式美的规律，主要有整齐一律，对称与均衡，比例与尺度，调和与对比，节奏与韵律、和谐等。形状、声音、色彩及其组合规律，都具有相对独立的审美价值，是人的审美对象。

形式美既具有自然性、客观物质性，又有社会性、主体性；有时代性、

列宾像

民族性、差异性，又有跨越时空的全人类性和共同性。

形式美以它绚丽的色彩、悦耳的声音、美丽的形状，吸引人的眼球和耳根，拨动人的灵魂，从而感动人。苏联作家高尔基在意大利看到一个雕塑，线条的和谐与清晰，竟使他感动得流下眼泪。俄国画家列宾有一次观赏一幅《庞贝城的末日》画，竟也为那幅画的色彩和“辉煌的技巧”感动得哭泣起来。

形式美普遍存在于自然物、社会物和艺术作品之中，是自然美、社会美和艺术美的组成部分。形式美是事物美被人感知的前提。人的感官首先直接感知形式美，并唤起审美快感和愉悦感，然后才能激起人去探讨事物的内容美，从而全面把握事物的美。所以，人们欣赏美的事物，往往首先感知的是形式美。比如，我们一看到红旗，马上就被它的形式美所吸引。它那鲜红的颜色，使人产生精神上的愉悦，引人产生一种热烈的情感，生发出战胜困难、战胜敌人的崇高感情；它那符合“黄金分割”原则的长宽比例，看上去就有一种稳重、庄严、肃穆的美。形式美是进入艺术殿堂的大门和向导。京剧可以说是我国高雅艺术门类，也是最讲究形式美的艺术。人们看京剧常有这样的体验：有时你听不懂唱词，但觉得演员的唱腔非常好听，一套程式动作非常好看。京剧大师梅兰芳就有这样的体会：“我在幼年时代，曾经看过很多著名老前辈的表演。最初我还不能完全领略他们的特点……我看了只觉得他们的声音好听，动作表情好看。究竟好到什么地步，我还是说不出来。”只要我们领会理解了这些形式美，就会由此及彼、由表及里，逐渐理解京剧的内涵和韵味。

形式美可以用来美化环境和改善劳动条件。噪音和空气污染，紧张的工作，都可能造成人的片面发展或畸形化。如果我们运用形式美原理，美化环境、美化劳动场所，合理调节色彩和光线，使人们在环境中处处获得审美体验，就可以消除疲劳，调节精神，提高工作效率，提高生活质量。比如在需要人聚精会神的场所，就要用黄色和橘黄色；在给人温暖热烈的地方，宜用红色；在易发噪音和拥挤的地方，使用淡绿色和蔚蓝色，就能产生镇静和舒适的效果。对于工作紧张、精神疲劳的劳动者来说，播放节奏缓慢、幽雅的轻音乐，会使精神松弛、情绪愉快；播送一支明快、节奏感强的进行曲，会鼓舞人们把工作坚持到底。厂区绿化、厂房道路布局合理和谐，各种物件堆放整齐，也能引起精神振奋。有人统计，将美学原理，主要是形式美原理，运用于劳动，可普遍提高工作效率15%～60%，减少劳动时间浪费20%～25%，减少工伤事故40%～60%。

形式美是审美创造的主要内容。古今中外的艺术家，无一不在形式美方面下工夫。且不说以形式见长的绘画、雕塑、音乐、舞蹈，这些艺术特别讲究色彩、线条形状、音律的运用；就拿文学创作来说，也绝对少不了形式因素的运用。比如诗词文章要讲究音乐美，要讲究整齐、对比、和谐，要给人色彩感、运动感等等。“言而无文，其文不远。”没有形式方面的创新，他的文章是没有魅力的，也流传不了。

万绿丛中一点红
——点和线的美

在几何学中，点、线、面、体是主要研究对象。我们把点、线、面、体称之为形状。形状是重要的形式因素。形状美是形式美的重要内容。在点、线、面、体四要素之中，点和线是最基本的，面和体是点和线的展开。所以，我们重点研究点和线条的美。

雨点、珠点、星点，凡是点，都可以给人带来美感。点是美的起点。绘画是从点开始，然后变成美丽的图画；大厅里的一个乐音，意味一首动听乐曲的开始；平原上出现一个人，标志一个妙趣横生的故事开始。花蕾初现，是一个点，是春的第一个音响；点展开为花，成了春的乐章。雨开始是雨点，发展为雨丝，展开为重重叠叠的雨帘。

点可以成为美的中心。有一次，北宋皇帝宋徽宗以“万绿丛中一点红”的诗句作画题。许多应试者均构思以绿叶红花装点春色来表意，有的画绿草地上开一朵红花，有的则画绿树丛中露出一段红墙；也有的画一片松林，树顶立一只丹顶鹤。宋徽宗看到这些画连连摇头，说：“这些全无诗意，毫无令人深思之处。”有两幅画被宋徽宗选中了。一幅画的是在高高翠楼上，一位少女凭栏而立，略有所思。她那鲜红的唇脂在丛丛绿树的交映中显得特别鲜亮魅人，把那动人的春色含蓄地表现出来了，画出了“万绿丛中一点红，恼人春色不须多”的诗意。另一幅画的是万顷碧波中涌出一轮红日，构思新颖，气魄宏大，境界辽阔，独树一帜。这里的红点，给了人一种悠悠无尽的情思，成了艺术美的焦点，起着点睛破题的重要作用。这样的例子还有很多：齐白石用浓墨给虾点上眼睛，虾马上有了生命；张僧繇给龙点了睛，壁上的龙就破壁而出。中国画中有所谓“苔点之美”，凡画山水树石都少不了苔点。有的画家把苔点称之为“山水眼目”，即苔点犹如一只闪闪发光的眸子。苔点的多少、疏密、浓淡，如能巧妙处理，整幅画就给人一种特殊的美感。

点是美的，点可以装点或显示人的美，装饰或美化环境美。姑娘们脸上有颗美人痣，往往显得特别漂亮。婚礼上，新郎和新娘胸前佩戴的红花，把新人装点得更可爱；几桌上点燃的那对喜烛，烘托出喜气洋洋的气氛。解放军战士军帽上的红五星，点燃了战士的英武气概。孩子们布鞋上的彩色绒球、眉心间涂的胭脂点，姑娘们发卡上的饰珠，这些点，把孩子和姑娘们装点得更活泼可爱，惹人喜爱。我国农村逢年过节或办喜庆事时，在蒸馍、豆包等食品上点上红点，煞是好看，烘托出一种喜庆气氛。没有这些红点，就会觉得缺少一点什么，不大像过新年或办喜事的样子。

在文学作品中，蓝天下的太阳，夜幕上的流萤，夜空中的月亮、星星，夜色中的灯光、火把，这些“点”常常是诗人歌颂赞美的景物。古诗词中，关于“点”的景物的描写与抒情，比比皆是。辛弃疾在《踏莎行》中写落花：“乱红点点团香蝶”；苏轼在《水龙吟》中写杨花：“细看来，不是杨花，点点是离人泪”；李清照在《声声慢》中写秋雨：“梧桐更兼细雨，到黄昏，点点滴滴”；杜牧在《村行》中写雨：“袅袅垂柳风，点点回塘雨”；刘长卿在《湘中纪行十首·斑竹岩》描写斑竹是“点点留残泪，枝枝寄此心”，都是描绘“点点”之景，创造出情景交融的意境，显示了“点”的美。

“点”的运用很有讲究。它所处的位置以及在色彩方面，有其独特的要求，要受形式美的规律所制约。乱来一气，就会破坏了“点”的美及整体的美。如女性面部装饰的“点”，多为红点，而且要点在眉心，点在其他部位就不美。书画中的“点”更有讲究，不仅要考虑它的位置和色彩，而且还极需功力。据传，王献之经父亲开导后，发愤钻研，刻苦练习，书法大有长进。一天他把自己的得意之作拿给父亲看，王羲之看了，没有表态，只是在他写的“大”字下，加了一点。献之又拿给母亲看，老妇人看了半天，叹了一口气，指着那个“太”字，说：“只有这下面的一点写得好，像你的父亲。”王献之脸一下子红了，这一点正是他父亲写的呀！自己写的点，离父亲的水平还远着哩！王献之于是更发愤练习，终于成为与父亲齐名的大书法家。可见，要使一个“点”美起来，可不是一件容易的事。

点的运动，就产生了线。线条主要有两类：直线和曲线。线条有表现能力，能唤起人们的美感。线条美就是指线条所具有的审美特征。每种线条都有它一定的审美特性。直线使人产生坚硬、力量、刚劲、坚毅的感觉。其中的水平线，是大地之线。物体处于与大地相连的水平状，就宁静、平稳、坚实。绘画中，表现“静”的境界，往往近景有一长长的水平线；希腊神庙、中国宫殿等坚实的建筑，都以水平线为主。垂直线指向天空，表示升腾、挺拔和庄严。凡是表示静穆严肃的画、建筑（如纪念碑），都以垂直线为主线。哥特式建筑、金字塔、清真寺，以垂直线为主，体现了对天空的渴望。斜线是一种不安静的线，使人感到危急。风浪里的船、狂风中的树、奔跑中的人，主要用斜线表达。

曲线表示优美、柔和，给人一种变化的动感，起伏回荡，对人的视觉有一种奇妙的魅力，最能悦人眼目，使人感到一种节奏美和旋律美。比如西湖的碧波，漓江的水，那飘动的曲线，有似力学的梦幻，既像颤抖的笑靥，又像闪动的媚眼，给人无限美好的遐想。美丽的曲线无处不在。人体是曲线，水波是曲线，花朵是曲线，树叶是曲线，建筑的拱顶是曲线，拱桥下的洞孔还是曲线。规则的曲线，如波状线、蛇行线、螺旋线、抛物线，给人一种古典的美。不规则的曲线，可以表现为奔放、浪漫的美，如张旭、怀素的草书，吴道子的绘画。线条在绘画、雕塑、建筑、摄影中具有主要作用，能够表现作者精神和情志。我国的书法艺术就是线条的艺术。在书法中，线条的运动能够表示人的情志：喜则气和而字舒，怒则气粗而字险，哀则气郁而字敛，乐则气平而字丽。唐代大书法家颜真卿《祭侄季明文稿帖》和《刘中使帖》，就寄托了他的强烈思想情感。《祭侄季明文稿帖》，是颜真卿追祭从侄季明的文章草稿。唐玄宗天宝十四载（755）爆发安史之乱，叛军很快攻占了东都洛阳。当时任平原太守的颜真卿和他的从兄常山太守颜杲卿毅然起兵讨伐叛军。不久，常山被叛军攻陷，杲卿父子被俘，先后遇害。唐肃宗乾元元年（758），颜真卿令人到河北寻访杲卿一家的下落，得知他们全家死于战乱，带回的仅有季明的尸骨。颜真卿悲愤填膺，顿作祭文，国恨家仇全倾注在笔端，一气呵成。它把颜真卿大气磅礴、忠贞凛冽、愤怒痛切之情跃然于纸上。而《刘中使帖》，又名《瀛洲帖》，作于唐代宗大历十年（775）。当时颜真卿身在湖州，得悉唐军在军事上获得胜利，感到无比快慰，禁不住欣然命笔。全帖共四十一字，字迹比他过去的一般行书要大得多，重笔浓墨，大幅写意；笔画纵横奔放，苍迈矫健，有龙腾虎跃之势；前段最后一个“耳”字独占一行，末画的一竖以渴笔皴擦，纵贯天地，洋溢着欣喜奋跃之情。

在各种艺术中，绘画与线条联系最密切。中国国画是线条为主的艺术。南宋画家马远有一幅名作《水图》长卷，用流畅的线条勾勒出从溪流到湖海的十二种水波。线条圆转，或放或收。水浪用战笔，逆流用断线。把《寒塘清浅》《洞庭风细》《长江万顷》《黄河逆流》等景观栩栩如生展现在人们面前。法国画家米勒的名作《拾穗者》，充分显示了线条美：中间的农妇由不流畅的轮廓线组成，使我们感到她的朴实性格；左边年轻的农妇用优美的圆润线条描绘，显示出少女的风姿和魅力。右边老妇运用了倾斜的曲线，突出了她的年迈和艰辛。

线条美是人们审美欣赏和审美创造的主要内容，特别是充满线条美的中国书画，更是为大家所青睐。王羲之父子的书法，主要以线条给人以形式美，古往今来不少人对它着了迷。东晋的桓玄“雅爱羲之父子书，各为一帙，置左右以玩之”。王羲之手写的《〈兰亭集〉序》被公认为，“天下第一行书”。唐太宗对它朝思暮想。当他得知真迹藏在浙江会稽辨才和尚手里时，曾三次向辨才讨要，辨才都推说不知下落。唐太宗设下一计，派监察御史萧翼扮作儒商，去接近辨才。等到两人混熟后，萧翼故意拿出王羲之的墨迹请辨才欣赏。辨才看了，不以为然地说：“真倒是真的，但不是最好的。我藏的那本真迹才是最好的。”萧翼连忙追问：“什么帖？”辨才脱口而出：“《〈兰亭集〉序》。”萧翼听了，故意装作不相信。辨才赌气地从房梁上取出珍藏多年的《〈兰

《拾穗者》 米勒

亭集〉序》真迹。萧翼喜出望外，一面将真迹纳入袖中，一面拿出皇帝的诏书。辨才顿时傻了眼，眼睁睁看着自己珍藏的瑰宝被人夺走。就这样，《〈兰亭集〉序》的真迹从民间传到宫中。唐代大画家阎立本，根据这个故事创作了一幅名画《萧翼赚兰亭图》。画中，萧翼斗智用谋和辨才仁慈忠厚、坦诚待人的神态，跃然纸上。遗憾的是，唐太宗酷爱《〈兰亭集〉序》，竟用它陪葬，致使得这件稀世珍宝失传，存世的只有摹本。

由线成面，由面成体，人们一般把面与体通称为形。形中最基本的是三角形、方形和圆。正三角形具有稳定性，倒三角形具有危险性，斜三角形具有冲击感。在建筑中，三角形稳定于大地，并指向天空。三角形的建筑如古埃及的金字塔、玛雅文化的金字塔、哥特式教堂，显示出稳定、庄重、崇高的美。正方形是大地的象征。北京的地坛、印度的吉尔·马哈尔陵、罗马圣彼得教堂早期平面、姆夏达宫殿等这些正方形建筑，则显示出淳朴、威严之美。方形还能展开为各种风采。中国的宫、殿、亭、台、楼、阁、榭、轩等就是方形的演化。圆具有柔和、圆滑、运动、周而复始等美学意味，而圆顶是天的象征。西方和伊斯兰主流建筑的中心主体一般都是圆的。

太阳的彩衣
——色彩美

色彩是形式美的重要因素。色彩是怎样来的？有一个童话故事叫《太阳的彩衣》。故事说，有一回，太阳想做一件美丽的新衣。他的七个孝顺女儿都献上了最美的布，其颜色各不相同。从大姐到七妹，其色分别为赤、橙、黄、绿、青、蓝、紫。太阳高兴地用这些布缝缀成了一件七彩新衣。从此，太阳就穿上这件七彩衣，每天在天空中巡游。因为太阳身穿七色彩衣，所以，当它发光普照时，就放射出了赤、橙、黄、绿、青、蓝、紫这七色彩光。这就是传说中色彩的来源。

现代科学证明：色彩确实来源于光。不同波长的光就形成了不同的色彩。

太阳就是色彩的母亲。所谓色彩，即颜色，就是由物体发射、反射或透过的光波，通过视觉所产生的印象。色彩可分为红、橙、黄、绿、青、蓝、紫。这些色彩，按感觉的冷暖，可分为冷色调和暖色调。红、橙、黄为暖色调，青、蓝、紫是冷色调。按积极与消极划分，分为积极色彩，如黄、红黄、黄红；消极色彩，如蓝、红蓝、蓝红。按颜色混合与否，又可分非混合色和混合色。

色彩美是指色彩的审美特性。色彩美首先表现在它的表情性上。各种色彩有其美学意味，能够向人们传达出一定的情感意味，传达出能够引起人情感反映的信息。

红色与太阳、鲜血、火相联系，它的基本意味是热烈，引申为严重、危险、崇高、严肃；绿色与植物相联系，基本意味是安静，引申为和平、朝气、青春、温柔、凄凉、孤独、安全；蓝色与天空、海洋相联系，基本意味是深沉，引申为悲哀、绝望、空虚、抑郁、秀丽、安静；黄色与土地相联系，在我国基本意味是尊贵，引申为卑鄙、羞耻、屈辱、明朗、温和、快乐；白色与白昼相联系，基本意味是明朗，又有纯洁、肃穆、叛逆、神圣、清爽等意义；黑色与黑夜相联系，基本意味是严肃、恐怖，又有罪恶、神秘、悲哀、静寂、不幸、死亡、高雅、渊博、超俗、威严、庄严等意义。

大自然的美、社会生活的美、艺术作品的美，都离不开色彩。色彩给了我们多种美感。大自然是彩色缤纷的：蔚蓝的天空，洁白的流云，赭紫的山冈，黄褐的土地，翠绿的树木，艳红的花朵，五彩斑斓的贝壳和珊瑚，色彩衍射的蝴蝶和热带鱼……

生活的色彩比自然的色彩更浓更美，也更纷繁多样化：各种颜色的建筑物，各种色彩的服装，人的深浅不一的各种肤色，或黑或黄的发色，姑娘们洁白的牙齿、樱红的嘴唇、闪着青春色泽的脸庞，孩子们手中的十色积木和五彩气球。当春雨淅淅沥沥飘洒的时候，街头上就出现了各色各样的花伞：橙黄的、嫩绿的、粉红的、天蓝的、银灰的、浅紫的……这些伞，重重叠叠、高高低低，透过雨水的濡湿洗涤，更显得色彩鲜艳明丽，组成了一个彩色的新天地。

艺术领域中，绘画是色彩的世界。在国画艺术中，主色调是墨色。但墨分五色：焦、浓、重、淡、清，讲究色彩的枯润浓淡。齐白石的《墨虾图》，

《虾》 齐白石

用淡墨画头部，次淡墨画身躯和尾部，用浓墨点睛和脑。墨色互相交融，淡浓相间，有层次，有节奏，达到墨沉淋漓、气韵生动的艺术情味。油画、水彩画更是讲究色彩的运用，特别是印象主义画派，把色彩的美丽展现到新的高度。

1874年的一天，在法国巴黎这座美丽城市的中心，卡普辛大道与杜鲁街的转角处一幢楼房里，正举行一个新画展。一群被当时上层画家沙龙所排斥的中年画家，以莫奈为代表，以“无名画家协会”的名义，展出了与传统审美形式完全不同的绘画。他们大胆、新颖、独特的艺术形式，特别是对色彩的敏感和捕捉，引起一场风波。评论家对莫奈的《日出·印象》风景画，大肆攻击嘲弄，说他们是一群“印象主义者”。有人还挖苦说：“这是一些粗糙的速写，看了后真懊悔没有把买门票的钱送给一个穷要饭的。”

《日出·印象》其实是一幅色彩极美的油画，它描绘的是法国勒阿佛尔港口一个多雾早晨的景象。海水在晨曦的笼罩下，呈现出一种橙黄和淡紫的色彩，微红的天空映照在平静的水面上，水中反射着橙色的太阳光以及淡黄色、橘黄色的天空倒影。水天朦胧，朝雾迷漫，三只小船在水中晃悠。远岸，似乎是厂房和建筑支架，但模糊不清，几笔墨色、淡蓝色的写意物抹出，也无确定的形状，仿佛一切的物体都在晨光中融化了。

面对种种非难，莫奈等画家不仅不介意，反而接过“印象主义”称号，以“印象派”自居，继续努力。他们观察自然时，只忠实于自然中“光”与“色”

的关系；他们为之陶醉的，是那强烈的光色变化。为了寻找日光的印象，他们整年整月在户外游荡写生。每天太阳刚升起，莫奈就携带20多张画布出去。每画一定时间就换一张画布。第二天再照此重复一遍。他画《草堆》，从9点到10点，捕捉阳光照射在草堆上的极微妙变化；一到10点，就换另一张画布；到11点，再在第三张画布上画……连续追踪色彩的变化，一直到太阳落山。他所画的《草堆》《睡莲》《教堂》及先前的《日出·印象》都成了世界名画。“印象派”也以对色彩的深刻把握而在绘画史上留下光辉灿烂的一页。

不仅绘画离不开色彩美，其他艺术如雕塑、舞蹈、建筑、戏剧、电视电影等，也需要色彩美。有人认为，文学作品与色彩美的关系不大。这种观点是不对的。清朝“扬州八怪”之一的金农作诗时，就巧妙运用了色彩，这使他写的诗光芒四射。一日，某富商为了附庸风雅，在平山堂设宴请客，推金农首座。席间，有人提议以古人诗句“飞、红”二字行酒令。当轮到富商时，他苦苦思索，竟想不出一句诗来。众人正要罚他酒时，富商突然说：“有了！柳絮

《日出·印象》 莫奈

飞来片片红。”大家一听，哈哈大笑，认为违反生活常识——谁人见过柳絮是红的呢？这时金农站起来说：“这是元朝人咏平山堂的诗句，没有什么好笑的。”大家不信，请金农念出全诗来。金农当即念道：“廿四桥边廿四风，凭栏犹忆旧江东。夕阳返照桃花坞，柳絮飞来片片红。”大家听了，都说是好诗，柳絮在这首诗中应该是红的。其实，这是金农为富商解围而随口咏出的，并非元朝人所作。不过，从这首诗中，我们可以体会到，金农确实是运用色彩美写诗的高手。

色彩美在日常审美中也具有奇妙的作用。有这样一个故事：西方某国乌斯克足球队战绩不好，主教练尤里被迫下课，接替他的是伊凡。

“老朋友，你对我有什么忠告？”伊凡与尤里曾在国家队踢过球，两人关系很好。伊凡一上任，首先拜访了尤里。“这个球队嘛，球员在上半场进入状态慢，前十五分钟总是打不好，而下半场体力又不支，所以老是输球。”尤里沉痛地说。“为什么？”“我也弄不明白！”“比赛前提前多少时间做准备运动？平时训练的量有多少？”尤里一五一十地如实说了。“看来平时训练的量不小，赛前球员也有足够活动身体的时间，那怎么会这样？”伊凡皱了皱眉头。“这个难题留给你了。伊凡，祝你好运！”尤里说。

伊凡到训练场、比赛主场以及运动员宿舍走了一圈，回来后对工作人员说：“你们立即去把更衣室、休息室涂成蓝色，接待室涂成红色！”工作人员一听就不高兴，主教练怎么管起涂料来了？伊凡看见他们站着不动，大声叫道：“你们必须今天完成！还有，运动员宿舍的颜色太刺眼，也得改一下。”工作人员不敢违抗，只好照办。

伊凡就任乌斯克足球队主教练后的第一场主场比赛，对手是可怕的符拉克队。伊凡把球队领进更衣室。球员看着蓝色的墙壁和衣橱，心里特别平静，原来紧张的情绪松懈了。换好衣服后，球队来到接待室，听主教练的动员。

队员一踏进接待室，一个队员就叫了起来：“墙上的红色多美啊！”另一个说：“我感到了温暖！”

红色的墙把球员的脸都映红了，大家精神振奋。

伊凡开始动员：“小伙子们！今天我们主场作战，有几万名现场观众为我们加油！对手并不可怕……”伊凡慷慨激昂的语言和红色的墙把大家的情绪引向高潮。

“大家有没有信心？”伊凡问。

“有！”喊声几乎冲破红色的天棚。

果然，队员一上场，就如小老虎下山，立即进入了最佳状态。对手原以为乌斯克队进入状态慢，开始总是漫不经心、慢腾腾的，没想到他们一开始就猛烈进攻，一下子被打蒙了。上半场，主队 1∶0 领先。

上半场一结束，伊凡就将队员带入休息室。队员们躺着望着蓝色的天花板、墙壁，一面静心休息、养精蓄锐，一面听伊凡布置战术。

下半场，乌斯克队球员由于得到较充分的短暂休息，体力充沛。最后这场球，乌斯克队以 3∶2 胜了。观众向主教练伊凡致以热烈的掌声。

后来连续几场比赛，乌斯克队都取得了不俗成绩。

这是发生在欧洲某国足球俱乐部的真实故事。故事的主人伊凡真不愧为色彩大师，他巧妙地运用了色彩的审美意味，用红色振奋情绪，调节兴奋点；用蓝色稳定情绪、放松精神，帮助球队克服了原来的弱点，获得了成功。

哥兰特的朗诵
——声音美

有一次，意大利著名的表演艺术大师哥兰特到巴黎演出。公演前，法国上层社会名流为哥兰特举行盛大招待会。招待会上，有人提出请哥兰特为大家朗诵诗歌，得到所有人的一致赞同。哥兰特推脱不了，只好应允，随即朗诵了一首《无题》诗。由于他不会讲法语，只好用意大利语朗诵。他朗诵时，时而悲愤，时而泣不成声。他那抑扬顿挫的音调，好像在向听众倾诉一场难以叙完的悲惨遭遇。一时感动得四座的名流与贵妇，怆然而涕下。他的朗诵完全征服了巴黎上层社会的名流。哥兰特讲的是意大利语，而听众都是法国人，他们根本听不懂意大利话。而且哥兰特朗诵时，手里拿着一张纸，没有任何动作，不可能靠面部和形体动作来征服听众。一位好事者，通过翻译，非要知道哥兰特朗诵的内容。最后，哥兰特向朋友公开了这首《无题》诗的秘密。令人惊奇的是，朗诵的内容竟是一张意大利式豪华型的宴会菜谱。大家听了，气氛异常热烈，掌声再次响起，无不为哥兰特高超的语言表达技巧所折服。

哥兰特征服巴黎名流，奥秘就在于音调的变化和节奏，以及声音的力度对比。人们的听觉接受之后，在心理上产生了一个悲惨的命运的联想，甚至有的人从心理上产生悲惨的图像。这就是声音表情性的威力。

声音的表情性，就是我们所说的声音美或音响美。

声音是物体运动所产生的振动。人类能够听到的声音是每秒振动 20 至 20000 次的声波。声音是构成形式美的重要因素。声音并不是纯物理现象。声音中包含着某种人生意味，具有表情性，即有审美属性，可以成为独立的审美对象。所谓声音美，就是指声音的审美属性。声音美是构成形式美的基本要素。

声音的高低、强弱、快慢、纯与不纯，都可以显示某种意味，传达某种信息，表达某种情感。一般而言，高音高亢激昂，低音凝重深沉；强音振奋，轻音柔和；急促音紧迫、急躁，缓慢音舒展；纯正音悦耳动听、令人愉快，不纯正音不悦耳、令人不快；低声细语柔和亲切，狂吼、巨响激昂愤怒。

英国的鲍威尔曾对音乐的表情性作过研究，发现不同的乐调对人产生不同的影响。C 大调：纯洁、果断、沉毅；G 大调：真挚的信仰、平静的爱情、田园风味，带有若干谐趣，为少年最爱听；G 小调：有时忧伤，有时欣喜；A 大调：自信、希望、和悦，最能表现真挚的情感；A 小调：女子的柔情，北欧民族的伤感和虔敬心；B 大调：用时甚少，极其嘹亮，表现勇敢、豪爽、骄傲；B 小调：十分悲伤，表现恬静的期望；升 F 大调：嘹亮、柔和、丰富；升 F 小调：阴沉、神秘、热情；降 A 大调：梦境的情感；F 大调：和悦、微带悔悼，宜于表现宗教的情感；F 小调：悲愁。

声音美运用于艺术创作，就会构成艺术美的重要因素。例如文学作品，有了对声音的生动描写，会增添作品的魅力。朱自清的散文《绿》中，对瀑布声音是这样描写的：

> 梅雨潭是一个瀑布潭。仙岩有三个瀑布，梅雨瀑布最低。走到山边，便听见花花花花的声音；抬起头，镶在两条湿湿的黑边儿里的，一带白而发亮的水便呈现于眼前了。……而瀑布也似乎分外的响了。那瀑布从上面冲下，仿佛已被扯成大小的几绺，不复是一幅整齐而平滑的布。岩上有许多棱角，瀑流经过时，作急剧的撞击，便飞花碎玉般乱溅着了。那溅着的水花，晶莹而多芒；远望去，像一朵朵小小的白梅，微雨似的纷纷落着。

通过对瀑布声音的描绘，把瀑布的欢乐和生命刻画了出来。充满情感的瀑布形象就凸现在我们面前，使人久久不能忘却。

音乐属于听觉艺术。音乐的物质媒介是声音。所以也可以说，音乐是关于声音的艺术。在音乐美中，声音美的地位极其重要。音乐同其他艺术相比，其长处在于表情性。声音的表情性在音乐中得到充分运用。音乐最能展现声音美。

聂耳的《义勇军进行曲》雄壮、激昂。唱着它，使人昂扬振奋，勇往直前。它激励着千百万战士，冒着敌人的炮火前进，终于赢得了民族解放的胜利。贝多芬的《命运交响曲》，是一首以英雄意志力量战胜宿命论、以光明战胜黑暗的壮丽凯歌，给了无数懦弱者和屈辱者以鼓舞力量，使他们勃然奋起。一曲《松花江上》，使那些背井离乡的流亡者，听来涕泪横流，产生强烈共鸣。音乐可以给人温馨、甜蜜的柔情。舒伯特的《摇篮曲》、印尼民歌《宝贝》，使人感受到妈妈慈爱的深情。电影歌曲《花儿为什么这样红》和《康定情歌》，使人感受到爱情的温馨与缠绵。

在音乐乐器中，小提琴的琴声最动听，最能展现声音美的魅力。19 世纪意大利小提琴家帕格尼尼被称为“旷世奇才”“最伟大的小提琴大师”“小提琴魔神”。他那烈火般的激情，崇高和世俗情怀的强烈对比，高超娴熟的技巧，把小提琴演奏得出神入化。有一次在卢卡举行演奏会，竟引起听众狂喜得连声高呼万岁！他到维也纳几个月，维也纳音乐界刮起一阵帕格尼尼旋风。贫穷的舒伯特卖掉仅有的藏书去听他的演奏，并称赞道：“在帕格尼尼

帕格尼尼像

演奏中，我听到了天使的声音。”李斯特在巴黎听了帕格尼尼的演奏，被他那惊人的美音所震动，下决心要成为“钢琴的帕格尼尼”，后来终于成功。帕格尼尼曾被召见入宫演奏。他那无比美妙的琴声，一下子就俘虏了埃莉斯公主的心，以至使这位多情善感的公主产生了迷恋，好像一天不听到他的琴声就无法生活似的。一次演出，一阵寒风将谱架旁照明的蜡烛吹倒了，乐谱被烧着了，然而帕格尼尼异常冷静，凭借非凡的记忆继续演奏。美妙的旋律，从他那双瘦长而充满魔力的手指间倾泻出来，就像激情的河水向前奔流。突然，“嘣”的一声，小提琴的一根弦断了。台下观众一阵骚动。可他似乎并不在意，运用高超的技巧，坚持演奏，直到乐曲终了。听众先是惊叹不已，然后全场爆发热烈的掌声和欢呼声。在听众的一再请求下，帕格尼尼再次登台，重新演奏刚才施有“魔术”的乐曲。他一时兴起，从口袋里掏出一把小刀，割断了小提琴的三根弦，然后用仅剩的一根弦奏完这首乐曲，并且非常完美。人们大惊失色……鲜花纷纷抛向舞台，狂热的掌声和欢呼声经久不息。教会甚至怀疑有魔鬼暗中帮助帕格尼尼，他的琴声才如此精妙。所以，帕格尼尼断气前，一个神父一个劲地追问他：“你的小提琴中放了什么？”帕格尼尼十分气愤地说：“魔鬼。”教会竟信以为真，不让帕格尼尼安葬。帕格尼尼的儿子和好友多方奔波，并花尽了帕格尼尼的巨额财富，几十年后他的遗体才得以安葬。

拉奥孔的右手臂
——对称美与均衡美

有一天，哲学家莱布尼茨对人们说："没有两片树叶是相同的。"此言一出，引起大哗。大家议论纷纷，都说莱布尼茨疯了，世界这么大，树叶多得不计其数，怎么会找不到两片相同的树叶呢？国王为了证明莱布尼茨的愚蠢，吩咐宫女分头去找。宫女们找了好几天，果真没有找到两片相同的树叶。国王很失望，一位聪明的宫女对他说："虽然两片完全相同的树叶没有找到，但我却找到了宫内所有树叶的相同点，就是每片树叶都是对称的。"国王一听很高兴，把莱布尼茨叫来，说："我已把所有树叶的相同点都找出来了，这就是它们都具有对称美。至于有没有两片相同的树叶，这难道还重要吗？"对于国王的巧妙回答，莱布尼茨哭笑不得。

实事求是讲，国王没有找到两片相同的树叶，但他的发现同样也是了不起的。因为他发现了美，发现了树叶的美是由于对称引起的。所谓对称，就是以一条线为中轴，左右两侧相等。对称美就是指对称所具有的审美特性。它能给人稳定、牢固、严肃、沉着、庄重的审美感觉。

对称是世界上最常见的现象。人体是对称的，动物是对称的，很多植物是对称的，不少建筑物是对称的。对称是这些物体美丽的原因。自然物的对称，来自自然界的进化。地球上一切事物都受重力影响，最稳定的一种形态就是对称。对称的物体由于两边相等，与地球引力达到了最好的平衡。生物、动物和人依照宇宙的平衡规律，进化成对称的形态。对称也逐渐在人们心目中产生稳定、牢固、严肃、沉着、庄重、大方的感觉。社会物体的对称，来自人的创造。人们在创造建筑、工具、用具等物体时，为了表现稳定感、庄重感、秩序感、神圣感，往往都采用对称外观。

有人认为，现代社会人们已不讲究对称美了。有这样一个寓言故事：近来，汽车对自己的形象越来越不满意，抱怨说："现在到处流行不对称。房子哥哥左右不对称，多有派头；服装妹妹的纽扣钉在一边，多时髦；连办公桌也一头圆，一头方，多有艺术！而我，哼哼，全身都是对称。轮子对称，座位对称，车灯、门还是对称，单调、呆板极了！哎，我这副样子，真不好意思上街！”汽车把主人送到公司后，决定改变一下自己的形象，给主人一个惊喜。于是它悄悄来到修理部“整容”，把左面的轮子换成小一号，把方向盘旁边的座位撤掉，将车灯卸下一只，右面车门全封死。然后哼着小曲，得意洋洋往公司赶。汽车走在向左弯曲的弧形公路上，行驶得十分顺利，汽车更加得意：“哈哈，我的方向盘也不用打！”进而猛踩油门，加快了速度。说时迟，那时快，道路已变成直道。汽车这时发现，方向盘需要拼命往右打，非常别扭。突然，前面来了一辆大货车，汽车想避让，使劲打方向盘，结果汽车翻下车道，摔得面目皆非。这个寓言告诉我们，对称仍然是世上最基本的美的形式，对称形式是取消不了的。

均衡是对称的变种，是不规则的对称。如果说对称是同量同形，那么均衡就是同量不同形。均衡比对称自由，它使人感到既稳定、庄重，又活泼。均衡具有的审美特性就是均衡美。

艺术家们在艺术创作中非常注意艺术形象的均衡。雕塑的造型、绘画的布局、舞蹈的动作、建筑的结构，无一不讲究均衡。不论是米洛的《维纳斯》雕像，还是安格尔的绘画《泉》、澳大利亚悉尼歌剧院建筑，都是均衡美的典型。我国甘肃武威出土的东汉铜奔马，也是均衡美的杰作。这尊艺术品马的头部、健壮的身躯与马的飞奔细腿，极容易造成一种不平衡感。艺术家在它的后脚蹄上设计了一只飞燕，并把马的重心放在这只踏飞燕的蹄子上。这样，奔马的造型上下左右都取得了平衡，使铜奔马矫健优美。

1506 年 1 月 14 日，一个意大利人佛列底斯在挖葡萄园（古罗马皇宫旧址）时，挖掘出雕像群《拉奥孔》，献给了教皇朱理乌斯二世。拉奥孔是希腊神话中特洛伊城的祭司。希腊大军攻打特洛伊九年不下。第十年，希腊军队施用了木马计，把精兵埋伏在一匹大木马的腹内。特洛伊人准备将木马移进城去。拉奥孔识破计谋竭力劝阻，并用矛去刺木马，因此得罪了偏袒希腊人的女神雅典娜，她驱使两条巨蛇将拉奥孔及其两个儿子活活缠死。希腊雕刻家据此

拉奥孔

创作了《拉奥孔》雕像群。可惜，原迹中拉奥孔的右手臂已残缺。教皇请米开朗琪罗加以修复。米开朗琪罗对这件作品十分神往，并发出“雕刻艺术真是不可思议”的赞叹。米开朗琪罗研究后认为，拉奥孔的右手臂膀向头部举起，并触及后脑勺，这样才能体现均衡美。米开朗琪罗精心打好了草图，但以能力不足而避退不就。后来，由蒙托索里和考提勒陆续修补完成，拉奥孔的右手举得很高。近年来，人们从地下挖掘出拉奥孔的右手臂，拆除后补部分将它安装上去，正好同米开朗琪罗的设想不谋而合。可见，米开朗琪罗对均衡美的把握何等高明。

毕达哥拉斯的发现
——匀称美

均衡，讲的是一个整体要有力的平衡。比例，就是进一步讲，这种平衡应该摆在什么地方才是美的。所谓比例，就是事物形式因素部分与整体、部分与部分之间在度量（长短、大小、宽窄、多少、浓淡、明暗）上的比较关系。如果事物的部分之间，以及部分与整体之间的比例，合乎一定数理规律的组

毕达哥拉斯

合关系，或者说比例恰当、优美，就是比例匀称。匀称的比例关系，就会使事物的形象具有严整、和谐的美，即具有匀称美。匀称美就是恰当、合乎美的比例所具有的审美特性。比例失调就会出现畸形，破坏形式美。

比例这一形式规律，可能是人类最早发现的形式美规律，它早在两千多年前就被发现了。公元前六世纪末，四处游历的哲学家、数学家毕达哥拉斯，终于定居在古希腊南部的克罗顿。他在那里收了许多门徒，组织了一个秘密社团——毕达哥拉斯派。毕达哥拉斯派的成员在一起学习生活，研究讨论哲学、数学、艺术等问题。有一次，毕达哥拉斯路过一铁坊，听到几个铁锤一起打铁时发出了和谐的声音，他感到惊奇，就停下来观察研究。他把几把铁锤逐一比较，发现这些铁锤的重量成一定比例。为验证这一结论，毕达哥拉斯用一个有活动弦马的单弦做实验，结果竟有了新的进展。他发现弦长成一定比例时，发出的声音是和谐的。如 1∶2 得八度音，2∶3 得五度音，3∶4 得四度音。毕达哥拉斯为这个发现手舞足蹈。他得出结论：音乐的和谐是由数的比例所决定的，比例产生美。从此，比例这一概念走进了审美领域。

其实，人们在实践中，早就认识和掌握了事物的比例关系。我国木工祖传的制作圆和方形的“周三径一，方五斜七”的口诀，古代画论中的“丈山、尺树、寸马、分人”之说，人物画中的“立七、坐五、盘三半”之说，画人面部的“五配三匀”之说，都是对景物、事物、人物结构匀称比例关系的概括和总结。文艺复兴时期意大利绘画大师达·芬奇认为，美感是建立在各部分之间神圣的比例关系上，并对人体的神圣比例作了探索，提出各部分与身高的比例是：人平伸两臂时的宽度等于身高，从发际到下颌为人身高的十分之一，从下巴到天灵盖顶部为身高的八分之一，从胸部顶端到发际为身高的七分之一，肩宽为身高的四分之一。符合这种比例关系的形体，是协调和谐的美的形体。

世界上万事万物的形式是丰富多样的，因而其恰当的、优美的比例关系也是多种多样的。在各种各样的比例关系中，有一种比例关系特别重要，也特别美丽，这就是大家熟知的黄金分割律。

黄金分割律也是古希腊人毕达哥拉斯发现的。毕达哥拉斯弄清音乐美与比例的关系后，继续研究在建筑、雕刻艺术中，按什么样的比例才会产生美的效果。一天，毕达哥拉斯取出一根木棒，问他的学生："在这根木棒什么地方刻下记号，能使木棒左右两段比例最令人满意？"这个问题把他的学生难住了。

一个说："在木棒中间取一点，使木棒左右两段相等。"

毕达哥拉斯摇摇头说："不美。边长相等的门窗是正方形，它漂亮吗？"

另一个学生说："在木棒三分之一处取一点。"

毕达哥拉斯还没有说话，其他学生就表示反对，理由是宽度为长度一半的长方形也不美。

讨论了半天，大家都没有找出答案。这个有趣的问题让毕达哥拉斯师生费尽心思。一次，毕达哥拉斯师生在研究五角星时，一个学生突然来了灵感，他指着五角星一条边说："这条边被其他两条边分割。其中，中间最短线段与左面较长线段之比，似乎等于较长线段与两线段和之比。"一句话提醒了大家。大家反复计算，终于找到了毕达哥拉斯提出的最令人满意的分割比例：短 ÷ 长 = 长 ÷（短 + 长）。这样比例关系的比值大致为 0.618 ∶ 1。其近似值为 2 ∶ 3，或者 3 ∶ 5，5 ∶ 8，8 ∶ 13。毕达哥拉斯以这样的比例，画出长方形。大家一致认为这样的图形最美。毕达哥拉斯将这个分割点称之为黄金分割点。从此，比例中的黄金分割律诞生了。

“黄金分割”这个名称取得好。我们知道，黄金光灿夺目，无比瑰丽，历来被人看得异常珍贵。现在，人们还常用它去比喻许多美好事物，如“黄金时代”“金色理想”“金子般的心灵”“金灿灿的太阳”等。在“分割”前边冠以“黄金”二字，正说明这个分割点是最美、最佳的。

毕达哥拉斯派虽然发现了黄金分割律，但是它的数学证明却是在 1854 年由德国数学家蔡辛完成的。蔡辛断言：“宇宙万物，不论花草树木，还是飞禽走兽，凡是符合黄金分割比例的，总是最美的形体。”

毕达哥拉斯派发现了黄金分割后，人们把它用在建筑、雕塑等艺术中。古希腊的许多建筑都符合黄金分割律，连门窗比例也严格按黄金律。古希腊的雕塑作品如《维纳斯》都是黄金律的代表作。在今天，黄金分割不仅被建筑、工艺、雕塑、绘画等造型艺术广泛采用，而且为工业产品设计、日常生活用品造型广泛服务。例如，摄影艺术中讲究将一张胶片分为九个黄金格。中间一格的四角为四个黄金点。主体越靠近黄金点，主体越鲜明，形象越突出。许多著名音乐作品，其乐曲高潮往往出现在黄金分割点上。自然主义大师米勒的名画《牧羊女》，画中少女正是处在黄金分割线上，所以看起来具有和谐美、匀称美。中国美学虽不讲黄金分割，但许多作品，如齐白石画的《樱桃》、任伯年画的《杨柳八哥》，其中主体形象都在黄金分割线上。

黄金分割具有普遍性。在我们生活中，黄金分割处处存在。比如许多书和书架的长与宽比例，电视机、电脑荧屏的长宽比例，都接近黄金分割。人的躯体，肚脐眼就是黄金分割点。

黄金分割被人们认为是美的比例关系，这是长期历史积淀和文化积淀的结果，也是与人的生理特征——眼睛横向生长有关。视觉生理学已证明，黄金律与人们的视觉比例（1 ∶ 1.62）最接近。人的视觉对黄金分割形式所做的扫描运动是最省力的，所以符合黄金分割比例的形式能让人感到美。

黄金分割虽然很美，但它只是匀称比例中的一朵奇葩，并不是全部，我们不能将其绝对化。例如，小提琴盒子、台式钢琴就不能按照这一比例设计制造。

管仲回国歌声急

——节奏美与韵律美

《吕氏春秋·顺说》中记载，齐桓公即位以后，立即发兵打败了鲁国，逼迫鲁庄公杀死公子纠，将辅助公子纠的管仲押送回齐国治罪。管仲被关在囚车里往齐国进发，但道路崎岖，行走很慢。管仲害怕鲁庄公改变主意派追兵杀害自己，想尽快离开鲁国，摆脱险境，就在囚车里对押送人员说：“大家太辛苦了，我为诸位唱首歌，我唱你们和。”说完就唱了起来。他的歌声嘹亮，节奏明快，押送人员受了感染，一边听一边和，一点也不感到疲劳。随着歌声的节奏，士兵们不由自主地加快了行走速度，很快翻过一座又一座山头，到达了齐鲁边界。果然不出管仲所料，管仲押出不久，鲁庄公就后悔放虎归山，马上派兵追杀管仲，以绝后患。没想到押解队伍行进速度如此迅速，当鲁兵追到边界时，管仲一行人已进入了齐地。有节奏的歌声，帮助管仲脱离了险境。管仲回到齐国，很快就被慧眼识才的齐桓公重用，并帮齐桓公成就了霸业。

节奏，原为音乐术语，指音响运动合规律的周期性变化。后引申为泛指形式质料（形、色、声等）有规律地重复出现，反复变化。节奏能引起人们精神上心灵上的律动，产生美感。节奏美，指节奏这种周期性的连续不断交替出现的运动形式所具有的审美属性。节奏之所以能唤起人的美感，是由于能引起人的生理节奏和心理节奏的有规律的变化，产生和谐的感觉。人通过优美的节奏感到和谐美。

节奏美首先表现在声音上。各种音高、音调、轻重音周期性的变化，就造成了回环复沓、抑扬顿挫的节奏美。音乐毫无疑问是最具节奏美的。每一首音乐作品，都有自己独特的节奏，有强有弱，强弱有序；有快有慢，快慢协调；有疏有密，疏密相间；有主有次，主次相宜；构成整体的和谐美。

诗的节奏也很明显，由音节的长短、轻重、音节之间的停顿以及押韵形成。

管仲像

中国古诗的节奏靠“顿”来安排。四言诗每句两顿，五言诗每句三顿，七言诗每句四顿，每隔两句押尾韵。律诗的节奏主要靠平仄格律，不同的音调（平声仄声）作合规律的交替，间以押韵，造成强烈的节奏感和韵律美。词曲的语言不仅要合平仄，而且要论宫商，加之长短句交错，更富音乐性。散文的节奏，除部分地体现于声乐系列外，还涉及结构布局上的开合变化、收纵起伏，以及语调、情绪、气势等方面的节奏变化。节奏使用得好，就是美文，能够使读者更好地理解作品的意义。

有这样一个故事：抗战时期，重庆有一次举行诗歌朗诵会，许多诗人和演员都到会参加。著名演员赵丹也来了，有人要求他也朗诵诗歌一首。赵丹马上站起来，手里拿着一张纸，疾徐有致，强弱有序，抑扬顿挫地朗诵着，节奏感极强，娓娓动听，举座为之动容。人们不知道他朗诵的是谁的诗歌。有个诗人上前一看，才弄清他手里拿的原来是一张菜谱。赵丹像演戏似的，倾注了感情，驾驭着音调、音响周期性变化，竟把那张菜谱朗诵得出神入化，仿佛是什么戏剧台词一样。这个极端故事说明，诗歌的生命在于节奏和韵律。只要把诗歌的节奏感展现出来，人们就会从中受到感染。至于诗歌的内容，有时倒是无关紧要的。

在绘画、雕塑、建筑等造型艺术中，节奏也是重要因素。形体的凹凸起伏、色彩的枯润浓淡、构图的疏密开合、线条的曲直横斜、形象排列组合的动静态势，是绘画的节奏；造型形象的错落有致、错综交叉，是雕塑的节奏；建筑物的高低错落、疏密相间、绵延断续，是建筑的节奏。这些节奏，给人以流畅的节奏感及和谐流动的美感。

我国建筑大师梁思成说过："节奏和韵律，是构成一座建筑物的艺术形象的重要因素。""例如，从天安门经过端门到午门，天安门是重点的一节或一个拍子。然后，左右两边的千步廊，各用一排等距离的柱子，有节奏地排列下去。但是每九间或十一间，节奏就要断一下，加一道墙，屋顶的脊也跟着断一下。经过这样几段之后，就出现了东西对峙的庙门和社稷门，好像引进一个新的主题。这样有节奏、有韵律地一直达到端门，然后又重复一遍达到午门。"

节奏是韵律的基础。在节奏的基础上，赋予一定的情调色彩，就形成韵律。韵律，实际上就是节奏的律动产生的一种情调或意味。古诗词押韵、平仄、对仗的音乐美，构成诗词的韵律。中国画的线条勾勒、墨团设置、有起有伏，气韵生动，强调色、线、形的统一和有序的排列组合，使画面富有韵律感。建筑艺术中，万里长城那蜿蜒曲折并于一定距离设置烽火台的节奏，表现出雄健的飞腾之势，富有豪壮坚强的韵律感。中国的天坛以层层盘旋式向上的节奏，欧洲的哥特式建筑以层层尖顶向上的节奏，表现出不断升腾、通达上苍的韵律感。

韵律美原指诗、词、曲等语言艺术中，声韵、格律构成的和谐声音有规律回环的美。声韵包括声调、平仄、押韵，格律包括格式、节奏、对仗。通过声音的高低、轻重、长短的组合，匀称的间隔与停顿，一定位置上相同音色的反复出现及句末同韵同调的音相押，使作品显得和谐，更有节奏感。在其他艺术如音乐、建筑、摄影、绘画的一些作品中，有时借用韵律美，来凸现声音、线条、色彩的有规律变化。韵律美体现形式美法则，有助于作品的整体性统一，使人产生变化中有和谐的感觉。

天坛

节奏美和韵律美在艺术中，是艺术美的一种成分。它能强化艺术内容的传达，增强艺术形象的鲜明性和有机整体性；同时，它本身又有相对独立的欣赏价值。如音乐中节奏的快慢、强弱，造型艺术中线条的流动和形体、色彩的变化，诗歌中的韵律，电影中的蒙太奇组接，戏剧中情节进展的起伏等，都体现着节奏美及韵律美。

艺术大师在运用节奏、韵律方面，有时还会独具匠心、别出心裁，以增加艺术感染力。在古希腊索福克勒斯的悲剧《俄狄浦斯王》中，每当为民除灾的俄狄浦斯似乎很有道理地怀疑自己是杀害先王的凶手时，索福克勒斯就穿插进王后伊俄卡斯忒理由更充足的安慰，以及忒拜人要立他为王等轻松的情节，几次三番地去打断观众痛苦的感受。直到最后，俄狄浦斯王才从一位牧民口里证实自己是杀害先王的凶手，悲愤欲狂，刺瞎自己的眼睛，离境出走。这时，观众的心一下子掉进了痛苦的深谷中。席勒写的五幕悲剧《阴谋与爱情》也是如此。前四幕，每当即将落幕时，作者总是调转笔锋，安排一个比较欢快的细节或情节，让观众看到贵族青年斐迪南与平民少女露易丝的结合还有一丝希望，打断一下观众痛苦的感受；最后，才让斐迪南和露易丝双尸横陈，以死向封建等级制发出最强烈的抗议，从而将巨大的痛苦闪电般刺透观众的心扉，造成撼人魂魄的悲剧效果。这种“过一时打断一下”的节奏感，不仅能使情节曲折多变，而且也与观众生理的自然节奏相吻合。如果一个劲地给观众某一种刺激，时间一长，观众的神经就会感到疲惫，难以把悲情引向高潮。

秋水共长天一色

——调和美与对比美

唐初四杰中，文采最佳、影响最大是王勃。王勃，字子安，绛州龙门（今山西河津）人。王勃少年时就才华出众，他六岁时写的文章就清才俊发，构思无滞。

唐高宗上元二年（675），王勃南下探望父亲，路过南昌的时候，正值九月九日重阳，洪州都督在这一天降重举行了重修滕王阁落成的庆典。

滕王阁是南昌游览胜地。唐贞观十三年（639），高祖李渊的儿子李元婴

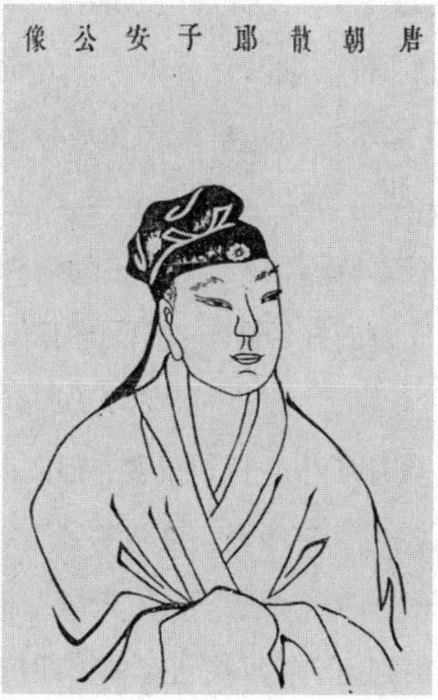

王勃像

受封为滕王，后任洪州都督。他下令建造此阁，故名滕王阁。后来阎伯屿都督洪州，对此阁重加修葺。阎公的女婿吴子章善写文章，阎公为了替他扬名，吩咐女婿提前写成《滕王阁序》，准备在宴会上大出风头。

宴会上，阎伯屿提出要让来宾们为滕王阁作序。那些世故很深的文人们明白都督的用心，都说担当不起，纷纷推辞。王勃当时只有十五岁，以“童子”的身份也参加了这次盛会。当都督请到他的时候，他一点也没有谦辞，将纸笔收下，低头沉思起来。

满座宾客见他无意谦让，很不高兴，纷纷议论：“这个年轻人是谁？竟敢如此无礼！”

王勃的举动一下子打乱了阎都督原先的安排。本来，都督以为众人都不写，可让他的女婿当众写，趁机一鸣惊人。哪知这个后生倒是目中无人，当仁不让。阎都督非常生气，就借故更衣，退出了宴会。可他又不放心，就专门派人去探听王勃写了些什么，随时报来。

开始，探听的人报：“南昌故郡，洪都新府。”都督不以为然，笑道：“这不过是老生常谈罢了。”接着又报：“星分翼轸，地接衡庐……”阎公听了沉吟不语。当听到报“落霞与孤鹜齐飞，秋水共长天一色”两句时，阎公情不自禁拍案叫绝，连声说：“好啊！写得真好！两句不朽的文词。”阎公完全陶醉在王勃描绘的意境中，他自言自语地说：“晚霞飘浮，孤鹜（野鸭）展翅，仿佛一起在天空中飞行，难以分辨出来；清澈的秋水，与蓝天相接，水天一色，也看不出哪儿是水，哪儿是天。真是写景的绝妙佳句啊！这个年轻人真是天才呀！”

满座的人无不惊奇赞叹。阎都督连忙将王勃请到上座。从此，王勃的名声大震，《滕王阁序》亦成为千古名篇。“落霞与孤鹜齐飞，秋水共长天一色”更是历代传诵的名句。

在王勃的名篇《滕王阁序》中，佳句很多，但阎都督最为欣赏的是“落霞与孤鹜齐飞，秋水共长天一色”这两句。这两句到底妙在何处？妙就妙在这两句运用了形式美的规律——调和，把滕王阁附近风景的调和美凸现了出来。

调和，就是把两个相接近的东西并列起来，即把两个相接近的色彩、声音、形体等并列在一起。红与橙、橙与黄、黄与绿、绿与蓝、蓝与青、红与紫，都是邻近的色彩，并列起来就是调和。音乐中用谐音原理使两个以上的乐音同时发响，形成和声，是声音的调和。古典式建筑配上古色古香的古瓶古画，形成建筑物内外格调的调和。调和使人感到融洽、协调、安定、自然，在变化中保持一致，产生和谐、朦胧的美感。调和所具有的这种审美特性，就是调和美。

在王勃的名句中，“落霞”（即飘浮的晚霞，一说“落霞”为鸟名，形似鹦哥）与“孤鹜”都具有在空中飞行的特征（若按“落霞”为鸟说，则二者又为同一种类）；二者“齐飞”，给人以难分其物的协调美、融洽感。“长天”与“秋水”都是清丽景物，从体积与色彩都基本相似；并放在一起，天水一色，显示出青青蒙蒙、融成一体的画面。这幅画面是多么的优美，又是多么的壮阔！它能使人产生无限的联想。所以，这两句是体现调和美、和谐美的佳句。

描写调和美的古诗很多。例如杜牧《鹭鸶》：“雪衣雪发青玉嘴，群捕鱼儿溪影中。惊飞远映碧山去，一树梨花落晚风。”杜牧描绘的景物，其色彩——青、碧、白，都属于冷色系，这些邻近色彩的相互映衬和变化，体现了大自然的调和美。杜甫的《江畔独步寻花七绝句》：“黄师塔前江水东，春光懒困倚微风。桃花一簇开无主，可爱深红爱浅红。”诗里描绘的桃花都是红色，但深浅不一。这种深浅浓淡差异变化，同样也体现出色彩的调和美。

与调和美相对应的是对比美。所谓对比，就是把两种极不相同的东西并列一起，互相比较。有色彩的对比、声音的对比、线条的对比、形体的对比、性质的对比等。“接天莲叶无穷碧，映日荷花别样红”，是红花与绿叶的对比；“野径云俱黑，江船火独明”，是黑与白的对比；“会当凌绝顶，一览众山小”，是形体的对比；“鸟宿池边树，僧敲月下门”，是声音的对比。对比能够使人感到鲜明、醒目、振奋、活泼，使高大者更高大，渺小者更渺小，给人一种对立统一、相反相成、相得益彰的和谐美感。对比所具有的这种审美特性，就是对比美。

雨果曾经指出：“真实的诗，完全的诗，是在相反事物的和谐中。”诗人常用对比的方法来表达自己的情感，营造对比美。例如杜甫的“朱门酒肉臭，路有冻死骨”，运用对比的方式，把封建社会贫富悬殊的阴暗面揭示出来，给人以强烈的精神震撼。在古诗“蝉噪林逾静，鸟鸣山更幽”中，蝉唱、鸟鸣的喧闹与山林的幽静对比，以“动”为“静”，“动”中求“静”，戛然一阵蝉唱，悠然一声鸟鸣，山林的寂静、幽静，就被出神入化地烘托出来了，意境深远，更富于美感。

在《红楼梦》里，曹雪芹将病入膏肓、心灰意冷的林黛玉在病榻前“焚稿”，与喜气洋洋、满怀希望的贾宝玉在鼓乐声中举行婚礼的两个场面安排在同一时间，凄凉与欢乐对比、失望与希望对比、误会与被骗对比，造成了强烈的悲剧效果，撞击着读者的心扉。在电影《白毛女》中，黄世仁凌辱喜儿的实际场景被虚化，却鲜明显示出厅堂上“积德行善”的横幅。这种对比，深深激起了观众对伪善者的义愤和对被压迫者的同情。

音乐中也经常运用对比，表达丰富的情感。瞿琮作词、郑秋枫作曲的《我爱你，中国》，全曲可分为三个乐段。第一乐段是引子，节奏自由、气息宽广、旋律起伏跌宕，在歌词的暗示下，使人们想象到百灵鸟凌空展翅、引颈高歌的艺术形象，情绪是豪迈而奔放的。中间乐段是对祖国的具体描绘与歌颂，节奏转向平稳，旋律由低逐步升高，委婉深沉的旋律与引子乐段形成对比。歌词中具体描绘了祖国的大好河山，把“我爱你，中国”的主题引向深化。最后乐段是富有动感的旋律，用无词的声音“啊”进行抒发激情，将歌曲推向高潮，再次与中间乐段形成对比。结束前，在高音区唱出“我的母亲，我的祖国”，迸发出海外儿女对祖国一片炽热的情感。在这首歌曲里，多次运用了节奏、节拍、音区等的对比，使情感的发展清晰鲜明，给听众以深刻的印象，从而产生共鸣，获得强烈的美感。

为什么要搬走美石？
——和谐美

日本京都有一座知名的禅院，建筑师将这个禅院建造完成后，请皇室人员前来游览。一位皇室人员在禅院里走了一圈说：“这里真美，真是全日本最漂亮的庭园。”他一边赞叹，一边指着池塘边的一块石头说：“这块石头，是整个庭园里最美丽的石头。”

建筑师听完，马上叫人将这块最美丽的石头搬走。

皇室人员诧异地问：“为什么要搬走最美的东西？”

建筑师恭敬地回答：“庭院里如果有一样东西特别显眼，就会破坏这里的和谐。我把它移走，这里总算是完美无瑕了。”

我们应该向这位建筑师致敬，因为他真正领悟了和谐。所谓和谐，就是多样的统一。“多样”，是指构成整体的各个部分形式因素的差异性；“统一”，是指这种差异性的协调一致。在和谐状态中，多样（差异）受统一的制约，不显出多样的各自独立。也就是说，多样不能独立地表现自身，否则就破坏了和谐。比如黄、蓝两色，在对比、调和中还保留各自的差异面；而在和谐中，各自的差异面消除，中和成具体同一。声音的基音、第三音、第五音在对比、调和中，还保留各自的特点；而在和谐中各自的差异面消除，结成一个整体，达到协调一致。万绿丛中的一朵奇葩，如果它破坏了整个绿色丛林里的和谐，那么就成了美的缺陷。禅院的和谐也同样如此。如果这块美石仍然独立存在，没有融进禅院整体中；那么无论它多么绮丽、光彩夺目，还是破坏了和谐美。

多样的统一，在参差中求整齐，在变化中见统一。和而不同，既不单调，又不杂乱，使人感到既丰富，又单纯；既活泼，又有秩序，能够使人产生和谐美、统一感、融和感、协调感。和谐这种审美特性就是和谐美。和谐是最高级最复杂的形式美规律，和谐美也是最高层次的美。和谐与和谐美在自然界和社会生活中普遍存在。事物本身的形状具有大小、方圆、高低、长短、曲直、正斜，质量有刚正、粗细、强弱、润燥、轻重，态势有疾徐、动静、聚散、抑扬、进退、升沉，这些对立的因素却又统一在具体事物上面，显得那么和谐。整个世界的美，也在于它的多样统一。

追求和谐与和谐美是人们的天性。人们追求色彩的和谐、声音的和谐、风格情调的和谐、城市建设的和谐，甚至穿着打扮也要讲究和谐。唐代诗人韩偓有一首诗写一位女子懂得和谐美。她学梳时髦发式，试穿流行新裙，穿着打扮之后，便问身边的人：这样打扮是不是合适？“学梳松鬓试新裙，消息佳期在此春。为要好多心转惑，遍将宜称问傍人。”（《新上头》）还有个美人梳好发髻走出帘来，折得三两枝桃花，刚想将桃花插在头上，却又放下手来。她问身旁的人，花插在头上相适宜么？“梳成松鬓出帘迟，折得桃花三两枝。欲插上头还住手，偏从人问可相宜？”（明人《美人插花》）这位美人也是懂得和谐美的，知道桃花只有与戴花人的年龄、气质、脸色、发式等相适宜，才会增添人的美。如果与自己不适宜、不和谐，就会适得其反，还不如不插花。

在小说《安娜·卡列尼娜》里，托尔斯泰生动描写了一次舞会上两个女子的美。一个是公爵夫人的女儿吉蒂。她年轻貌美，为了参加舞会，作了精心打扮，穿了一身讲究的衣裳，在淡红衬裙外面，罩上网纱，头梳得高高的，头上戴着一朵有两片叶子的玫瑰花，脚上穿着粉红色高跟鞋，金色的假髻浓密地覆在她的头上，黑丝绒带子缠着她的颈项。她自以为这身打扮是最完美的，加上自己的美貌，一定会成为舞会的皇后。另一个是青年妇女安娜。她穿一身黑天鹅绒敞胸连衫裙，露出丰满的肩膀和胸脯，连衣裙上镶了威尼斯花边。她那天然的乌黑头发中间插着一束小小的紫罗兰。一圈圈倔强的鬈发散露在后颈和鬓边，增添了她的妩媚。当安娜出现在舞会大门口时，竟把所有在场人的视线吸引到她的身上，对她的美丽惊叹不已。吉蒂看到安娜的装扮后，立即泄了气，强烈地感受到安娜比自己美。

为什么美丽的少女吉蒂输给了青年妇女安娜？并不是吉蒂不漂亮，而是吉蒂的打扮出了问题。她明明是少女，衣着打扮应该显示出少女的天真、纯洁，但她却戴假髻，插上带叶子的玫瑰花，穿花哨的衣服，这与她的少女形象不和谐。而安娜打扮简洁，身上没有罩网纱，头上也没有戴假髻，脖子上更没有缠带子。她那黑天鹅绒连衣裙，与她白皙的皮肤相映衬，非常和谐，呈现了一种淡雅的美，把少妇的风韵完全展现出来。

在艺术创作中，和谐是艺术形象塑造必须遵循的规律，和谐美是艺术家追求的境界。贝多芬创作《田园交响曲》时，处处遵循和谐规律显示和谐美。《田园交响曲》有五个乐章，每个乐章都是多样统一，整首交响曲也符合多

柏拉图像

样统一规律。第一乐章“到达乡村时的快乐的感受”，全曲和谐、明朗、纯朴、愉快，人们好像置身在鸟语花香的田野里，沐浴着温暖的阳光，呼吸着新鲜的空气。第二乐章“在溪边”，擅长表现沉思默想的慢板乐章，把作者坐在溪边凝神静思大自然奥秘的情感，作了酣畅的陈述。第三乐章“乡民欢乐的集会”，表现作者与农民的交往和喜悦。这三个乐章调和而平静，到第四乐章“暴风雨”，乐曲发生了变化，它与前三个乐章形成了“对比”。到第五乐章“暴风雨以后愉快和兴奋的情绪”又归于平静，它与第四乐章又形成了“对比”。整个交响曲就是在“对比”中不断推向前进的，最后达到了新的和谐。当第四乐章音乐响起时，人们全身的肌肉绷紧起来，脉搏也加快了。正当人们感到喘不过气来的时候，乐曲进入了第五乐章。这时，人们会感到格外地欣慰，会情不自禁地感叹：“太美了！”美在哪里？美在田园风光、田园风情的多样统一，美在人与境、人与大自然在心灵上的和谐！

古希腊哲学家柏拉图在《大希庇阿斯》中就曾提出：“美就是恰当。”17世纪法国哲学家笛卡儿也说：“美是一种恰到好处的协调和适中。”恰当，实际上强调的也是和谐美，不恰当就破坏了和谐美。宋玉在《登徒子好色赋》中，这样描写其东邻之女的美：“东家之子，增之一分则太长，减之一分则太短。著粉则太白，施朱则太赤……”这位美女已经美到增减一分都不行。新疆有首情歌《阿拉姆罕》，里面有“阿拉姆罕怎么样？也不肥来也不瘦。阿拉姆罕怎么样？也不高来也不低”，这都是赞美她们的适度，其身材、肤色、体态都能恰到好处。恰到好处才美，而过分或不及则都会破坏和谐美。

二　审美领域

河伯的故事
——自然美

相传在遥远的古代，有一个名叫冯夷的水神住在黄河里，人们称他为河伯。很多年来，他一直生活在黄河中游的孟津（今河南孟县西南）一带，从来没有远离过。

一天清晨，一轮红日从东方冉冉升起，灿烂的朝霞把河面映得金光闪闪。河伯站在岸边，望着汹涌奔腾、滚滚东去的浪涛，兴奋地说："黄河真大啊，天底下没有任何一条河流、水泊能够同它相比！"

"不对！"一只老鳖慢慢浮出水面说。

"怎么？我说得不对？难道还有什么比黄河大？"河伯不满地问。

老鳖仰头朝东方望了望，说："从这里向东，走到黄河的尽头。在太阳升起的地方，有个叫北海的地方，比黄河不知道大多少倍！"

"我没有看到，我不信。"河伯的头摇得像拨浪鼓似的。老鳖见他如此自负，叹了一口气，默默地游走了。

秋天来了，连日阴雨。百川猛涨，奔腾着汇入黄河，淹没河中沙洲、岸边洼地，把黄河漫成一片汪洋。河面突然开阔了好几倍，以至两岸相望，辨不清对岸的牲口是牛还是马。望着这种情景，河伯兴奋地说："好啊，天下所有的水都集中到我这里来了。黄河更大了！"

越来越大的洪峰，后浪推前浪，滚滚东去。河伯忽然想起老鳖的话，决定顺流而下，到北海去看看。他纵身跃入黄河，踩着巨浪，直立涛头，只见两岸的青山、树林、房屋、农田，闪电般地向后逝去。经过一昼夜的奔驰，他终于来到黄河入海的地方。

北海海神（名若）突然出现河伯的面前，热情地说："你好，河伯。欢迎你到北海来观光。"河伯向东遥望，只见浩瀚的北海一碧万顷，横无际崖，根本看不到尽头，不由得惊呆了。他完全没有想到，在自己生活着的黄河之外，还有这样辽阔的海洋。

"这海到底有多大呀？"河伯感叹之后，问道。

"它嘛，即使用千里之遥也不足形容它的广大，用千丈之高的山也无法量出它的深。大禹在世时，十年九涝，洪水泛滥，大江大河的水全部投入大海，但海面丝毫不见增高。商汤时，八年七旱，江河干枯，可海水一点也不见降低。"

河伯望着广阔浩瀚的北海，感叹地说："过去我曾听人说过北海之大，但始终不信，今天总算亲眼看见了。如果不是来到这里，恐怕会一直被人取笑啊！"

北海神说："井底之蛙是不知道天地之大的。只有走出狭隘的地方，到大自然中去走走，才能看到辽阔的大海，看到天地之浩大，开阔眼界，认识自己的不足啊！"

河伯看到的黄河日出之美、黄河秋水之美、北海浩瀚之美，这些都是自然美。自然美是指客观存在于自然界中事物、现象的美。日月星辰、山川草木、花鸟虫鱼、繁星皓月、湖光山色的美，就是自然美。自然美、社会美、艺术美、形式美，都是人的审美对象。其中，自然美与社会美合称为现实美。

自然美的表现是非常丰富的。从呈现自然美的自然物种类来看，自然美可分为山水美、动植物美、天象和气候美等。古人云："山以水为血脉，以草木为毛发，以烟云为神韵。故山得水而活，得草木而华，得烟云而香媚。"从自然美不同特征不同审美价值来看，自然美又可分为原始状态的自然风景美，经过人工改造艺术化的自然风景美，和直接经过人的劳动加工的自然风景美。原始森林、极地雪原、人迹罕见的高山峡谷，给人粗犷、怪诞美；西湖风景、桂林山水、滇池西山、昆明石林，让人感受到浑然天成的美；而“风吹草低见牛羊”的草原风光、白帆渔歌的湖海景色、丰收在望的田园风光、茶园果树密布的丘陵景色，使人享受着无穷乐趣。

自然美是非常醉人的。雄壮、开阔、奇特、险峻、秀丽、幽深的自然风景，使人心旷神怡；黄山云海、海市蜃楼、蛾嵋佛光的神奇，叫人浮想联翩；梅、兰、竹、菊的质朴、高雅，让人神往；九华山、峨眉山、普陀山、五台山四大佛教名山，使人百看不厌。当你置身于桂林山水之间观赏漓江东去时，当你登上泰山山巅看红日喷薄而出时，当你荡舟于三峡听两岸猿声时，当你流连于张家界、九寨沟观赏奇景时，你不陶醉其中吗？

自然美的魅力来自何方？

首先，自然美的魅力来源于自然物的形式美。自然美侧重于形式美。自然美的内容朦胧、模糊、宽泛、不确定，但它的形式却清晰而鲜明，具体而生动。自然物以它五彩缤纷的色彩、动听悦耳的声音、千姿百态的形体、沁人肺腑的清香等感性形式，直接唤起人的美感；以对称、均衡、匀称、节奏、韵律、和谐等形式规律，打动人的心魄。

其次，自然美的魅力来源于自然美的多样性和多面性。自然美千姿百态，有山水美、动植物美，还有天象气候的美；有动态变幻的美，也有静态端庄的美。同样是山，又有峰、岭、峦、岫之不同的美；同样是大山，又有泰山如坐、华山如立、嵩山如卧、恒山如行，衡山如飞不同特色。同样是水，既有涓涓细流、淙淙小溪、汩汩清泉，也有黄河咆哮、长江奔腾；静水如镜，动水如龙。至于自然物组合布局的多样性，更是数不胜数。象鼻山与漓江，神女峰与三峡，滇池与西山，山水组合得如此神奇，令人称绝。自然美还具有多层次、多侧面的美。同一自然物从不同的视角、不同的距离去欣赏，能得到不同的美感：“横看成岭侧成峰，远近高低各不同。”一个自然风景区，往往由各种形态的美构成，人们很难穷其全貌，始终成为人们向往之地。

再次，自然美的魅力来源于自然物的变易性。同一自然物，随季节、天气的变化，呈现不同形态的美，令人大饱眼福。云彩有春晃、夏苍、秋净、冬暗，湖水有春绿、夏碧、秋青、冬黑。山，一年四季也有变化：春山淡冶而如笑，夏山苍翠而如滴，秋山明净而如妆，冬山惨淡而如睡。西湖景色有四季变化：春天，西湖垂柳含翠，桃吐丹霞，“湖上春来似画图”；夏日，湖面上阵阵幽香，“接天莲叶无穷碧，映日荷花别样红”；秋天，环湖满眼金银色，桂子香飘云天外；冬日，凭断桥观湖山银装素裹，坐放鹤亭赏寒梅斗雪。一日之内，西湖景色也起变化：清晨，六桥烟柳属流莺，湖水平静如宝镜，分外柔美恬静；傍晚，湖面烟云四起，远山近水融入苍茫暮霭之中；晴天，湖面碧波粼粼，湖光山色相映；雨中，云雾蒸腾，亭台楼阁若隐若现，缥缥缈缈。这些变化莫测的美，使人惊叹。

自然美的魅力还有重要的源泉，这就是它的人文性格。很多自然景物都积淀着丰富的历史文化的内容，留下历史名人的足迹。西子湖畔有忠烈岳飞坟、于谦墓、秋瑾碑，让人感受“青山有幸埋忠骨”的崇高境界；有以苏轼、白居易的姓氏为名的苏堤、白堤，纪念他们对西湖的贡献；有很多名人的诗词，如苏轼的《饮湖上初晴后雨》其二：“水光潋滟晴方好，山色空濛雨亦奇。欲把西湖比西子，淡妆浓抹总相宜。”……这些历史文化的内容，增添了西湖的魅力。很多自然景物，还有神奇的神话传说：华山有劈山救母的神话、普陀山有观音不渡东瀛的故事、三峡有神女的传说、昆明石林有阿诗玛的传说、桂林山水有刘三姐的故事、西湖有白娘子与许仙的爱情故事……几乎所有的风景名胜，都有神话传说。“神话连篇更有情”。这些神话传说，使得自然风景更加迷人，给人以强烈的审美感受。巫山神女的神话传说、楚王游云梦泽梦中与神女相遇的爱情故事，使巫山的风景变得神奇，成为人们向往的仙境。

自然美是人的审美对象和美感的源泉之一，也是艺术表现对象之一，可以成为揭示人物性格、创造意境的手段。欣赏自然美可以使人开阔视野，增长知识；可以陶冶人的性情，净化灵魂；可以使人娱乐享受，消除疲劳；还可以激发人爱自然爱祖国的情思。河伯欣赏了黄河北海之后，视野开阔了，克服了盲目自傲的情结，就是明证。乌申斯基说过：“美丽的城郭，馥郁的山谷，凹凸起伏的原野，蔷薇色的春天和金黄色的秋天，难道不是我们的教师吗？……我深信美丽的风景，对青年心灵的发展具有这样重大的教育影响，教育家的影响是很难和它匹敌的。”

将相和
——社会美

楚国有个叫和氏的人，得到一块未经雕琢的玉石，把它先后献给楚厉王和楚武王，未获赏识，被砍掉了双腿。文王即位后，和氏抱着玉石在荆山脚下悲痛地哭泣了三天三夜。文王命令玉匠把那块玉石剖开检查，得到一块稀世罕见的宝玉，便把它命名为“和氏璧”。

和氏璧转辗多年，到战国后期，流落到赵国。秦昭襄王听说赵国得了和氏璧，便派人送国书给赵惠文王，表示愿以十五座城换取和氏璧。赵王怕得罪秦国，同大臣们商议，想找一个有本事的人出使秦国完成这笔交易，有人推荐了蔺相如。

赵王派蔺相如奉璧出使秦国。临走时，蔺相如说：“秦如给城，我便留璧在秦；秦如不给城，我一定完璧归赵。”

蔺相如到了秦国，谒见秦王，献上和氏璧。秦王见和氏璧洁白无瑕，闪闪发光，果然名不虚传，看了又看，爱不释手。秦王欣赏之后，就把璧递给左右大臣传着看，大臣们都向秦王庆贺。

蔺相如等了很久，见秦王根本没有给赵国十五座城的意思，便上前对秦王说：“这璧上有点小疵，让我来指给大王看。”

秦王信以为真，命侍臣将璧递给蔺相如。

蔺相如拿到和氏璧，后退几步，靠殿柱一站，怒气冲冲地说：“大王说用十五座城来交换赵国的璧，赵王派我把璧送来。可大王并没有交换的诚意，所以我将璧收回。大王如要逼我，我宁可把脑袋和璧一起在柱上撞个粉碎！”说着将璧高高举起，斜看着殿柱，似乎马上就要撞上去。

秦王怕璧真的撞碎，连忙向相如赔不是，并命大臣拿出地图指给他看，哪十五座城割给赵国。

蔺相如知道秦王只不过装装样子，便说：“和氏之璧是天下宝物，大王

蔺相如像

要想接受它，必须斋戒五天，然后举行一个隆重仪式，我才敢献给大王。”

秦王无奈，只好答应。蔺相如料定秦王不可能给赵国十五座城，当天夜里，便叫手下人穿着破衣服，化装成老百姓，偷偷从小道把璧送回赵国。

秦王斋戒五天后，叫蔺相如上殿，把璧交给他。蔺相如神色坦然地说：“我已把璧送回赵国了。”

秦王大怒：“什么？你吃了豹子胆，竟敢耍弄本王！”

蔺相如镇静地说：“只要秦给城，赵是不敢不给璧的。我知欺大王有罪，请大王治我的罪吧！”

秦王见璧已归赵，杀蔺相如也无用，只得苦笑作罢。

蔺相如出使秦国，完璧归赵，立了大功，被赵王封为上大夫。后来又因在渑池会上的出色表现，赵王又拜他为上卿，地位在大将廉颇之上。

廉颇很不服气，说：“我有攻城野战的大功，而蔺相如不过动动口舌而已。我不能屈居在他之下。倘若遇见他，我一定当面羞辱他。”

这句话传到蔺相如耳朵里去了，他就装病不上朝。

有一天，蔺相如出门，老远望见廉颇的车马迎面而来，立即吩咐车子调转方向，退进小巷，让廉颇车马先过去。蔺相如手下的门客很不满意，他们责怪蔺相如胆小怕事。蔺相如笑笑，问他们：“你们看廉将军与秦王哪个厉害？”

“当然是秦王厉害。”

“相如敢在秦国朝廷上当众呵斥秦王，又怎么会怕廉将军呢？只是我想到，强秦不敢侵赵，就是因为我们两个人在。我们两人不和，秦国就会趁机侵犯我国。我之所以避让他，是先国家之急而后私仇啊！”

有人把这些话传给廉颇听，廉颇感到十分惭愧。他连忙脱去衣服，背上荆条，走到蔺相如的家里去请罪。蔺相如赶紧扶起廉颇，说：“咱们两人都是赵国的大臣，将军能体谅我，我已经十分感激了。怎么还来给我赔礼呢？”

从此两人就成了知心朋友，秦国更不敢来侵犯了。

蔺相如的“完璧归赵”、避让廉颇和廉颇“负荆请罪”中所显示出来的精神和行为的美，就是社会美。所谓社会美，就是社会领域中人物和事件的美，它包括社会生活的美、社会活动的美、社会风尚的美，以及生产劳动的美、

廉颇像

科学技术的美和工艺美等等。其中，人的美在社会美中占有中心地位。人们歌颂较多的社会美，往往是人的行为美、语言美、心灵美、人格美、人情美。蔺相如“完璧归赵”中，显示出了不畏强秦的气概和有勇有智的胆略；蔺相如避让廉颇行动中，蕴涵着先国家之急而后私仇的美德；廉颇“负荆请罪”中，展现着知错就改的深厚涵养。这里面既有行为美、语言美，也有心灵美、人格美。

生产劳动的美，也是社会美的重要内容。火箭发射、钢花飞溅、开镰收割、围海造田，都是很美的；即使古代的劳动，也充满着美感。《庄子》中有一个“庖丁解牛”的故事，说的是战国时代，魏国有个著名的厨师，姓丁，是远近闻名的宰牛能手。一天，他被请去为国君魏惠王宰牛。

他宰牛的时候，手碰着的、肩膀倚着的、脚踩着的、膝盖顶着的地方，都发出“哗——哗——”声响；进刀割解，也发出“哗啦——哗啦——”的响声；两种声音交替发出，听起来非常有节奏和音韵，完全合乎商朝名曲《桑林》乐章的舞步，完全符合尧时名乐《经首》乐章的韵律。一会儿的工夫，牛的骨头和肉就分开了。

魏惠王闲来没事，就在旁边欣赏庖丁解牛。他连声赞叹：“啊！妙极了！你的手艺怎么到达了这般境界？”

庖丁放下屠刀回答说：“我所追求的是掌握事物的规律，这比手艺要高一个层次。”他开始向国君介绍自己掌握宰牛规律的经过。他说：“开始时，我对牛的骨骼结构不了解，看到的只是一头囫囵的牛，不知道从哪里可以下刀。三年后，我对什么地方有骨缝空隙，一望便知道。此后宰牛，心领神会，顺势下刀，顺着牛身上自然的纹理，劈开筋肉的间隙，导向骨节的空隙，顺着牛的自然结构去用刀，得心应手，毫无妨碍，很快就把一头牛剖开了。

“一般的厨师一个月换一把刀，因为他们用刀子砍骨头；高明的厨师一年换一把刀，因为他们用刀子割筋肉；我呢，用很薄的刀锋插进骨节的缝隙，当然是游刃有余啊！所以我这把刀已经用了十九年了，还像新磨的一样。”

魏惠王望了望庖丁放下的牛刀，果然光闪闪亮晶晶。

“当然，碰到筋骨交错的地方，”庖丁继续说，“我总是格外小心，眼神专注，手脚缓慢，刀子微微一动，牛就‘哗啦’解体了，如同泥土溃散落地一样，牛还不知道自己已经死了呢！这时，我提刀站立，张望四方，感到心满意足，然后把刀子揩干净收藏了起来。”

魏惠王听完了庖丁这一席话，觉得很有启发，高兴地说：“好啊！有道理！你的话使我深受教益。”

庖丁解牛中那熟练的技艺，像音乐一样的劳动节奏，对生产规律的领悟和驾驭，游刃有余，这些都体现了生产劳动的美，也是属于社会美的范畴。

社会美与自然美合称为现实美。社会美是人类社会实践创造的美，侧重于内容美，同社会历史条件紧密联系。它不同于艺术美，也不同于自然美。社会美是人的审美对象、领域和美感的源泉之一。社会美对于造就高尚的人具有重要意义。对社会美的发掘、提炼和艺术地表现，是创造艺术美的重要前提。

芙蓉不及美人妆
——人的美与人体美

人是社会实践的主体。没有人的美，就没有社会美。所以，在社会美中，人的美占有中心地位。所谓人的美，是指人的形体和精神品格的美。

人的美，古人早就发现，它比山水花草的美还要发现得早。在我国最早的诗集《诗经》中，就有许多对人的美的描写。如“有美一人，硕大且卷”“硕大且俨”（《陈风·泽陂》），即“有个美人好长相，高大丰满俊脸盘”“高大丰满又端庄”。“彼其之子，美无度”“美如英”“美如玉”（《魏风·汾沮洳》），即“那个青年男子，美得无法赞许”“美得像一朵花”“美得像白玉一样”。“手如柔荑，肤如凝脂，领如蝤蛴，齿如瓠犀。螓首蛾眉，巧笑倩兮，美目盼兮。”（《卫风·硕人》）译成现代文则是：她双手像茅草芽一样白嫩，皮肤像脂膏那样光润，脖子像天牛的幼虫那样粉白，牙齿像瓠瓜子一样均匀。方正的前额有一对弯弯眉，带有酒窝儿的微笑真美丽，秋波闪动流露出无限情意。从先秦到明清，艺术家们刻画了许多美人。先秦有毛嫱、西施，汉晋有赵飞燕、王昭君、貂蝉和潘安（男）。汉乐府中有首《陌上桑》，描写一位劳动女子的美：

日出东南隅，照我秦氏楼。秦氏有好女，自名为罗敷。
罗敷喜蚕桑，采桑城南隅。青丝为笼系，桂枝为笼钩。
头上倭堕髻，耳中明月珠。缃绮为下裙，紫绮为上襦。
行者见罗敷，下担捋髭须。少年见罗敷，脱帽著帩头。
耕者忘其犁，锄者忘其锄。来归相怨怒，但坐观罗敷。

不仅夸饰地描写了罗敷的服饰之美，而且别开生面地采用侧面烘托手法，从周围人的强烈反应下笔，展现出罗敷的惊人之美。

唐朝美女无数，被人赞美最多的可能是杨玉环。大诗人李白奉诏入宫之后见到杨玉环，特地写了三首《清平调》赞美她的绝世美色。

其中第一首诗是这样写的："云想衣裳花想容，春风拂槛露华浓。若非群玉山头见，会向瑶台月下逢。"以牡丹花、仙女比拟贵妃的美艳。采用云、花、露、玉山、瑶台、月色等本色素淡字眼，赞美了贵妃的丰满姿容。语言艳丽，句句金玉，字字流葩，却不露痕迹，深为唐玄宗欣赏、贵妃喜爱。白居易在《长

杨玉环像

恨歌》中赞叹杨贵妃的美更具特色："回眸一笑百媚生，六宫粉黛无颜色。"她回头一笑，六宫内所有的美女都不值得一看了。可见，杨玉环已美到极致了。

人是宇宙之精华，万物之灵长。人的美是世上的最美。人们往往用最美的花来形容人的美。比如芙蓉，它亭亭玉立、莹润秀雅、高贵大方、风情万种。娇嫩的花瓣和粉红花色与女子的脸色接近，所以人们常常拿它比喻女子的美："爱君帘下唱歌人，色似芙蓉声似玉。"（白居易《醉题沈子明壁》）"美人出南国，灼灼芙蓉姿。"（李白《古风其四十九》）"美人芙蓉姿，狭室兰麝气。"（高适《效古赠崔二》）其实，最美的荷花哪有人美？"芙蓉不及美人妆。"（王昌龄《西宫秋怨》）有一首小诗这样写道："芙蓉花发满江红，尽道芙蓉胜妾容。昨日妾从堤上过，为何人不看芙蓉？"（《潭畔芙蓉》）诗人借用一位女子的口吻说："潭畔荷花盛开的时候，满江一片耀眼的红色。你们都说荷花美过我的容貌，但是我昨天从堤上走过的时候，人们为什么都用眼睛看我而不去看荷花呢？"显然，荷花的美比不上美女之美。

"唯有牡丹真国色，花开时节动京城。"有国色天香之称的牡丹，是花中之王。它含苞欲放的时候，娇艳无比。很多人把美女比作牡丹花，"美人如白牡丹花"（贯休《富贵曲二首》）。但是，有的女子却认为牡丹比不上自己。在牡丹花盛开的季节，有个女子摘了一朵牡丹花，含笑问爱她的男子，花美还是她人美。男子为了气气女的，故意说花比人美丽。女的马上就生气了，把花撕碎掷向男子。很显然，这位女子认为自己比牡丹花美，原以为定能得到男子的赞许，没想到期待落空，怎能不生气呢？这个故事记载在唐代一位无名氏的词《菩萨蛮》中：

牡丹含露真珠颗，美人折向庭前过。含笑问檀郎：花强妾貌强？檀郎故相恼，须道花枝好。一面发娇嗔，碎挼花打人。

上面这个故事只是暗示，人比花美，但为什么人比花美，或者说，人比花美在哪里？宋初词人张先另一首内容类似的《菩萨蛮》巧妙回答了这个问题："牡丹含露真珠颗，美人折向帘前过。含笑问檀郎：花强妾貌强？檀郎故相恼，刚道花枝好。花若胜如奴，花还解语无？”这位女子认为牡丹不如自己美，理由是花不会同人说话交流情感。她的看法是非常有见地的。人能“解语”，确实是人胜过牡丹花的主要原因。事实上，人的美之所以胜出花的美，这是因为人不但有自然质料的美，如容貌、肤色、身材、声音美等，而且有各种质料之间的组合规律之美，如对称、比例匀称、节奏韵律、和谐。除此以外，人还具有花朵所没有的社会条件之美，如语言、情感、仪态、风度、心灵美等。贯注了精神力量的人的美，当然要胜于自然状态的花朵。

在古代艺术家眼中，花不如人美，几乎是定论。“钱塘江畔是谁家，江上女儿全胜花。吴王在时不得出，今日公然来浣纱。”（王昌龄《浣纱女》）“悠悠风物四时新，冉冉山屏万古春。多少江山人不看，却来江上看行人。”（丁谓《垂虹亭》）

人的美中，最突出的是人体美。人体美也称形体美，它是人的形体结构的美。比如人的身体线条、肤色和容貌的美，人的健康、匀称和充满活力的美。人体美包括两个方面，就人的形体、体态、容貌而言（由形式美法则决定），要求人体线条挺拔，富于变化，匀称、有魅力，各部分的比例，以及肤色、动作、姿态符合人类的普遍尺度；就人体美的本质而言，美的人体是健、力、美的统一，能展现出人的活泼、勇敢、热情、蓬勃向上的精神状态。人体美属于形式美、自然美范畴，但带有社会性。人体美是自然性质的美和社会性质的美在人身上的和谐统一。它是世界上最美的东西。马雅可夫斯基说过：“世界上没有任何一件衣衫，能比健康的皮肤和发达的肌肉更美丽。”

人体美是人的重要审美对象，能使人愉悦，坚定人对自身本质力量的自信。它是艺术表现的重要对象，是艺术美的重要源泉。人类很早就注意到人体美。对人体美的欣赏和创作都早于自然美。古希腊人特别崇尚人体美。《维纳斯》《掷铁饼者》《刮汗污的运动员》等人批裸体雕像，就是那个时代人们欣赏人体美的历史见证。我国辽西红山文化遗址出土的二尊泥质红陶女裸立像，说明我们老祖宗早就开始欣赏人体美。马王堆出土的帛画中，敦煌壁画及龙门石窟艺术中，也有不少人体画和人体雕塑。可见，人体艺术并不是舶来品。只是由于受到封建文化，特别是程朱理学的影响，人们不大敢公开欣赏人体

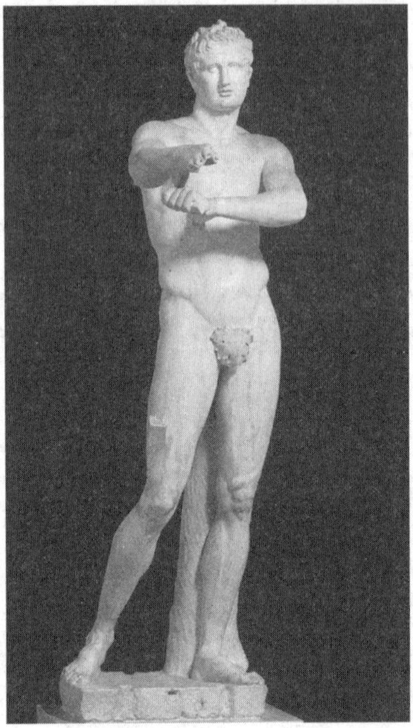

《刮污汗的运动员雕像》 列西普斯

的美。面对裸体雕像和绘画，人们往往会脸红心跳。

在人体美问题上，在上个世纪我国曾经发生过两次大的风波。一次发生在20世纪20年代。我国近代美术教育事业的奠基人、著名国画家刘海粟，同几个画友创办了中国第一所美术学校——上海图画美术院。在课堂教学中，他们首先使用裸体人体模特儿，立即遭到封建势力的激烈围攻。当时的大军阀、自称五省联军总司令的孙传芳，以整顿风化为借口，指令学校取消裸体画，不准使用人体模特儿。刘海粟拒绝接受，因而遭到军阀的通缉。当时不少人指责刘海粟是“艺术的叛徒”。郭沫若支持刘海粟关于人体美术的借鉴与实践。他在给刘海粟一幅画题词时写道：“艺术叛徒胆量大，别开蹊径作奇画。落笔如翻扬子江，兴来往往欺造化。”

另一次发生在我国改革开放初期。当时有几件美术作品引起了争论。一件是大型壁画《青春》，画的是傣族泼水节时，青年妇女裸体泼水的形象；一件是雕塑《猛士》，表现的是张志新烈士的裸体形象。有人认为这种裸体绘画与雕塑容易与色情联系在一起，特别是用裸体表现英雄人物的形象，是对英雄人物的一种“亵渎”，是对外国艺术的庸俗吸收，在中国应当禁止。但也有人认为“人们欣赏美，多半来源于人体本身的美”。西方“造型艺术的精华可以说大部分都存在于人体美之中”，是“有普遍的意义，是属于全人类的，是永恒的”。经过争论，国人逐渐接受人体美。当然也不可否认，时下有的人并不是以艺术的眼光、审美的态度去对待人体美的；这只能说明急需要提高国人的审美素质，而不是否定人体美。一个真正文明的人，有审美修养的人，定能从人体美中汲取精神营养。

洛阳少女的爱慕情
——形体美与心灵美

社会美中，人的美占有中心地位。人的美可以分为形体美和心灵美。形体美是指人的容貌、身材、姿态、风度的美。心灵美是指人的精神世界的美，包括道德情操的美、精神意志的美、智慧才能的美等。人的形体和心灵的关系是复杂的。有的人形体和心灵都美，有的人形体和心灵都不美，有的人形体美但心灵不美，有的人形体不美但心灵美。

一个人如果形体和心灵都美，那么他（她）就是一个完美的人。例如西施、王昭君，不但美若天仙，而且爱国爱劳动，为了国家利益作出个人奉献，名存青史，流芳百世。

一个人如果形体和心灵都不美，就是一个不美的人。人体不美心灵也不美。比如《水浒传》中的蒋门神，昆剧《十五贯》中的娄阿鼠。又如果戈理《死魂灵》中的地主梭巴开维支，外表像一匹中等大小的熊。上帝造他不必多费心机，也用不着精细的工具，只要简单地劈几斧，用大锥子在眼睛的地方钻两个洞就行了；无需把他刨平、磨光。他粗暴、保守、残酷地压榨农民。当他的农奴像苍蝇一样一批一批死去后，他又出卖这些死魂灵去赚钱。

如果一个人形体美而心灵不美，或者形体丑而心灵美，那么该怎么评价呢？

西晋时有两个家喻户晓的人物，一个叫潘安，另一个叫左思。前者形体美而心灵不美，后者形体丑而心灵美。

潘安的大名叫潘岳，字安仁，人们省称为潘安，荥阳中牟（今属河南）人，是西晋时有名的美男子。在中国，“西施”是美女的代称，而美男子的代称则是“潘安”。由于潘安小名檀奴，古人又以“檀郎”或“檀奴”作为对美男子或所爱慕男子的称呼。

潘安自幼受过良好的文化熏陶，聪明有才智。他来到洛阳后，由于年少名高，又长得十分英俊潇洒、风流倜傥、姿仪美好，很受京城少女青睐，成为她们心目中美男子的偶像。潘安经常挟带着弹弓外出游玩。他乘车走在大路上，不少宦家小姐手挽手围过来，不让他的车前进。她们为了表达爱慕之心，纷纷向他车里投掷各种鲜果。潘安很乐意接受她们的青睐，对投来的鲜果统统收下。因此，他每次出游都满载而归。

此时，洛阳城中有一个与潘安年龄相仿的年轻人，叫左思，齐国临淄（今属山东）人，字太冲，面貌丑陋，讲话口吃。他见潘安出游深得漂亮小姐的青睐，也仿效潘安去出游。不料洛阳城少女见了，非常厌恶他，一起向他吐唾沫，扔石子，弄得左思狼狈不堪，抱头鼠窜，逃回家中。

潘安“妙有姿容好神情”，形貌举世无双，无人可比。但他性躁品劣，目空一切，不能以礼待人。更糟糕的是，他趋炎附势，阿谀逢迎。先是巴结当时的巨富石崇，混到了黄门侍郎的职务。后又结交于权臣贾谧门下。每当贾谧出门，潘安与石崇都望尘而拜，连他的老母都对他的行为感到羞愧。他对上极尽献媚之能事，奴颜婢膝；对下、对同事却傲慢无礼。人们背后称他为“卑鄙无耻的文人”。后来，在“八王之乱”中，他被赵王伦和孙秀所杀。

左思虽然丑，但品行高尚，为人处世谦虚识礼。他对当时反动的门阀制度表示不满，而且才华出众。他为了创作《三都赋》（三都就是指三国时的蜀都成都、吴都建业、魏都邺），把家也搬到京城邺（今河南安阳市北）。左思没有去过蜀都成都，就非常谦虚地请教著作郎张载，询问关于岷邛的史实、景色和风情。通过采访、求教，左思开始构思，琢磨文章的结构、内容和语言。他在室内、门前、墙上、厕所里，都挂上纸和笔，不管走到哪里，想到一个

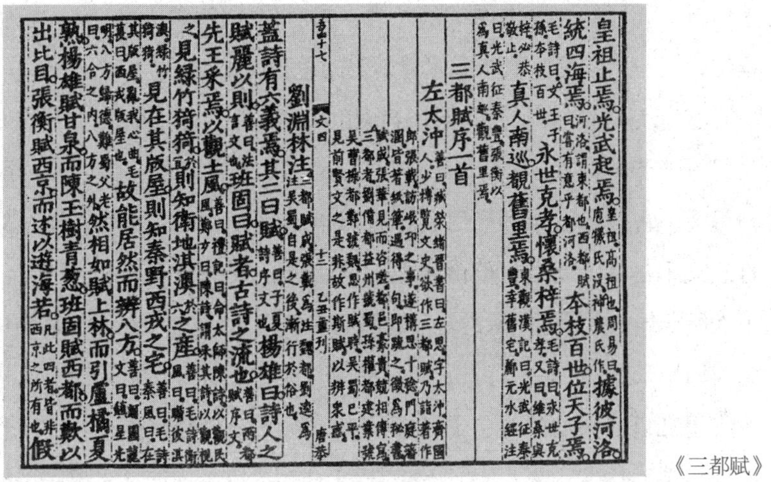

《三都赋》

好句子就记了下来。

在创作过程中，左思感到自己的学问不多，所见不博，就请求担任秘书郎的职务。秘书郎掌管图书经籍。他任职后，废寝忘食地阅读、摘抄，呕心沥血地积累材料。

左思花了整整十年工夫，终于写成了《三都赋》。司空张华看后说：“左思的《三都赋》可与班固的《两都赋》、张衡的《二京赋》媲美，读后余味深长。”

著名文学家陆机本来看不起左思，读了《三都赋》之后，拍案叫绝。

经过这些名家的推崇，许多豪门贵族、文人墨客都竞相传抄左思的《三都赋》。这样一来，洛阳的纸价也就贵了起来。这就是“洛阳纸贵”典故的由来。

潘安的形体引起洛阳少女的青睐，左思的人品、才气使得“洛阳纸贵”。这两个人到底谁美？答案是不言而喻的。这个故事告诉我们，一个人美不美，重要的不是看他的外貌，而是看他的心灵。因为心灵美是人美的根本，形体的缺陷可以用品德、修养、学识、智慧才能的美来弥补，就像左思那样；而心灵的卑劣却不能用形体美来抵消。在现实生活中，当我们对一个人内心世界还不了解时，往往会赞美这个人的形体美，就像洛阳少女青睐潘安那样；但当我们认识到此人灵魂丑恶时，对他（她）的形体就不感到多少美了。奥斯特洛夫斯基说：“人的美并不在外貌，衣服和发式，而在于他本身，在于他的心。要是人没有内心的美，我们常常会厌恶他漂亮的外表。”潘安巴结上司、卑躬屈膝，配上漂亮的外表，只会使人倍增厌恶之情。当然，这并不是排斥人的形体美。单从形体看，美的总比丑的好。

有审美修养的人，很容易分辨出人的美丑。《红楼梦》中的王熙凤容貌长得“恍若神妃仙子”，为人却“明是一盆火，暗是一把刀”，没有人认为她可爱。古代的夏桀和商纣，身材魁梧、外表姣美，筋骨和气力都很劲健，打起仗来是百人之敌。但由于他们的腐败，致使国家衰亡、身败名裂，被天下人所痛恨，为后世所厌恶。人们都把他们作为前车之鉴。而面貌丑陋的钟馗，为人们伸张正义，捉鬼除奸，大家都喜爱他。贝多芬相貌不美，长得短小臃肿，一张土红色宽大的脸，鼻子又短又方，嘴巴更显得奇特，下唇比上唇突出，而且耳聋。但他坚毅、沉着，不屈服于命运，以坚强的意志战胜了种种困境，充满英雄气概，以音乐美照亮了黑暗世界。罗曼·罗兰说他是“靠心灵而伟大的人”。可以说，没有人不感到他的伟大。

有的年轻人，在人的形体美和心灵美问题上，往往经验不足，太看重人的形体美，以貌取人。这是审美素质不高的表现。俄国大诗人普希金的经历就是一个教训。在一次舞会上，普希金认识了美貌、迷人的少女冈察洛娃。诗人一见钟情，先后两次向冈察洛娃求婚。婚后，普希金夜以继日地漫游在诗的王国里，而冈察洛娃则是白天睡觉，晚上赴宴。跳舞和无休止的交际是

普希金像

她生活的一切。诗人写了一首好诗，激动地朗诵给冈察洛娃听，她却用双手捂住耳朵，大叫“讨厌”。为了应付妻子无止境的挥霍和享乐，普希金债台高筑；为了取得妻子的欢心，普希金不得不抽出宝贵的时间，陪伴妻子去赴宴、跳舞和参加庸俗的交际活动。即使如此，他仍没能赢得妻子的忠诚。冈察洛娃的不贞和放荡到处传扬，使普希金陷入极大的苦痛之中，加上沙皇对这位民主主义诗人的有意毁谤，终于使普希金忍无可忍。他决定同冈察洛娃的情人法国男爵毋特士决斗，结果，白白送掉了珍贵的生命。

如果以貌取人，不仅会犯类似普希金那样的错误，而且还会湮没许多真正美的人。据荀子在《非相》篇中记载，古代许多圣人、贤人的形体并不美：西周时徐国的国君徐偃王的眼睛可以看到自己的额头，西周初期的政治家周公，身形像一株枯折的树干；孔子的脸形凶恶，像古时驱逐疫鬼，或出丧开路所用的方相；虞舜时掌管刑法的官吏皋陶，皮肤的颜色像是削去了皮的瓜；商初大臣伊尹，脸上没有须眉；大禹半体偏枯，要跳着走；而尧舜那样的圣人，眼睛里竟有两个瞳仁。这些人的外表，都是很丑的。如果以此来论长短、辨美丑，那就大谬不然了。

许多艺术作品，为了表现人物的美，往往把要歌颂的人物塑造成其貌不扬的样子，从而衬托出他的精神美。文学大师雨果在《巴黎圣母院》对敲钟人加西莫多的描写，就是借用丑怪人的外表残缺，塑造了一个与其外表完全相反的美的形象。在雨果的笔下，敲钟人形体虽然极其丑陋，但具有一颗金子般的高尚人道心灵。《七品芝麻官》中的唐九经、《济公》中的济公、《水浒传》中的李逵都是丑角或净角。他们形貌方面的丑，使人感到他们更加可爱，心灵美更加鲜明。

“我不能为侵略者演奏！”
——人格美

人的美主要体现在人的高尚的人格。

近代最伟大的作曲家贝多芬只活了57岁，但他留给了人类无限的精神财富。他的交响乐被后人称为“永恒的九部交响曲”；他的32部钢琴协奏曲被称为“钢琴的新约全书”；他的17部弦乐四重奏曲和歌剧《弗德里奥》等都是无价之宝。

贝多芬在世时，尽管艺术造诣很深，闻名遐迩，但地位很低，穷困潦倒。不过，贝多芬从不向达官贵人低头。他蔑视权贵、坚贞不阿，永远昂起自己不屈的头。

1806年秋季的一天，贝多芬在李希诺夫斯基公爵的庄园里作客。贝多芬在维也纳时，曾受到李希诺夫斯基公爵的照顾。公爵每年都给贝多芬一大笔钱，并把一部分房子让给他住。贝多芬敬重公爵，非常感谢他的照顾。

当时，有一群占领维也纳的法国军官也住在公爵家里。晚上，公爵邀请贝多芬给这些法国军官弹钢琴。没想到，贝多芬拒绝了：“不，我不能为侵略者演奏！”拿破仑军队占领维也纳后，贝多芬非常憎恨这些侵略者，他曾对人说过：“如果我通晓战术，一定要给他们颜色看看。”现在，公爵请他为这些占领者演奏，他当然不能接受。

公爵没想到贝多芬会拒绝他，让他下不了台，便恼羞成怒，大声说：“你必须为我的客人演奏！”

贝多芬厌恶公爵阿谀逢迎的态度和盛气凌人的样子，“砰”的一声，将公爵关在门外。

公爵不能容忍贝多芬这样做，让人强行打开了门。贝多芬愤怒得像一头雄狮，举起凳子便要向公爵砸去，只是由于别人奔过去才将他拦住。

这时，外面正下着大雨，狂风怒吼。贝多芬毅然决然离开了公爵的庄园，冒着倾盆大雨步行到附近一个小镇。这时他已浑身湿透，然后搭马车回到维也纳。

贝多芬在家中给公爵写了一封大义凛然的信。信中说：

> 公爵：你可以使人成为七品官，但不能使人成为歌德和贝多芬。你所以成为一个公爵，完全是由于偶然的出身；而我所以成为贝多芬，却由于自己的努力。公爵现在有，将来也有；而贝多芬却只有一个！

贝多芬像

1812 年，在风景如画的波希米亚游览胜地，贝多芬与歌德邂逅。他们是德国当时文艺界的两位巨人。贝多芬是歌德作品的崇拜者，曾说：“歌德的诗使我幸福。”因此，贝多芬见到了歌德，心里很是激动。但是这一次见面却使贝多芬失望。他们愉快地见面，却怒气冲冲地分手。事情经过是这样的：

贝多芬与歌德挽着手，热烈地叙谈着时，奥国的皇后、皇太子和他们的侍臣们来到了他们身边。贝多芬在这些皇室贵人面前，从不低三下四。当皇太子（贝多芬曾教过太子的钢琴）装出很热情的样子向他脱帽致敬时，皇后也跟着亲热地向他点头招呼，贝多芬却把头一昂，似乎什么也没看见。但歌德却不同了，他赶紧挣脱贝多芬的手，赶忙抖抖身上的灰尘，整整自己的衣领，把帽子脱下拿在手中，诚惶诚恐地迎了上去，深深地弯着腰，向皇后、太子致敬，恭候他们从自己面前经过。

看见歌德这副卑躬屈膝的样子，贝多芬只觉得先前心目中这位诗人的高大形象顿时土崩瓦解。当那群皇族队伍过去后，贝多芬毫不客气教训了他：“你不是我想象中的《浮士德》的作者，你是一个可笑的庸人！”歌德听后，连耳根都红了。这次会见，成了他们生平第一次，也是最后一次会见。

贝多芬是非常有骨气的人，在权贵面前永不低头。他的这种精神，就是人格美。人格美是指人的品德、品格的美，是人的心灵美的重要方面，也是社会美之一。人格是人的主体性和自我意识的内在凝聚，是人的精神力量的最高表现。因此，一个人的人格美，标志着他在自我修养和自我完善方面所达到的高度。人格美是最令人激动、感动和讴歌的社会美，它能使审美主体产生崇高感。

贝多芬的人格美还表现在崇尚民主、向往共和理想上。他曾十分尊敬拿破仑，把他比作古罗马的执政官，看作是肩负确立共和体制使命的理想英雄的化身。当久慕贝多芬大名的法国公使拜访他，并托他创作一部赞美拿破仑的交响乐时，贝多芬爽快答应了。为了歌颂拿破仑这个他心中寻找了很久的英雄，贝多芬呕心沥血，花了整整三年时间，终于在1804年春完成了这部无比激动人心的乐曲——《第三交响曲》（也称《英雄交响乐》）。曲谱刚誊写出来的时候，第一页的最上方写着“波拿巴（Bonaparte）交响曲”。

但就在这时（1804年5月），拿破仑公然举起复辟的旗帜，修改宪法，宣布法国为帝国，并自称皇帝。贝多芬心中的偶像一下子轰然倒塌，他感到自己的一片痴情受到了嘲弄。贝多芬怒不可遏，喊道：“难道他不是一个凡夫俗子吗？如今他竟然放纵自己的野心而不惜践踏所有的人权。如今他自认为优于所有的人而成为一个不折不扣的暴君！”说完，走近桌旁，拿起曲谱，用力撕下第一页，把它撕成碎片扔在地上。然后，他在这部曲谱新扉页上重新写上：“《英雄交响曲》……为纪念一位无名伟人而作。”贝多芬并且预言，这位野心家的倒行逆施终将破产。事实果然不出贝多芬的预料，拿破仑很快被推翻了。1821年，贝多芬听到拿破仑在一个荒岛上死去的消息时，意味深长地冷笑道：“我早已为他的没落作了曲，《英雄交响乐》的第二乐章的送葬曲，不就是在17年前就暗示了他的命运么？”可见，贝多芬的善恶是多么分明。

具有人格美的艺术家，不仅外国有，我国也有。且不说古代的“不为五斗米折腰”的陶渊明，也不说“留取丹心照汗青”的文天祥，就拿现代历史来说，鲁迅、梅兰芳、齐白石等都是人格美的典范。1937年7月9日北京沦陷后，日寇和汉奸的大小头目鉴于齐白石的名气，经常登门“拜访”。齐白石一律不见，并在大门上贴出“停止见客”的纸条；不久再贴出一张“画不卖与官家，窃恐不祥”的告白；后来又在大门上贴出四个大字：“停止卖画。”湖

齐白石像

南家乡的一些老朋友关心画家的生计，纷纷来信询问他的近况。他回答朋友们一首诗："寿高不死羞为贼，不丑长安作饿饕。"一位朋友拿自己所画的山水卷子，请齐白石题诗，他信笔写了一首七绝："对君斯册感当年，撞破金瓯国可怜。灯下再三挥泪看，中华无此整山川。"表达了画家的忧国情。他曾画《鸬鹚舟》，并题有诗文，讽刺汉奸们同鸬鹚一样，"一饱别无知"；指出"鸬鹚不食鸬鹚肉"，不自戕同类；而汉奸们却为虎作伥，残害自己的同胞，连鸬鹚这样的禽兽还不如。齐白石就是这样，正气凛然，坚守了艺术家的气节。

余音绕梁，三日不绝
——艺术美

在《列子·汤问》中，有一个"余音绕梁，三日不绝"的典故。说的是古时候，秦国有个喜欢唱歌的青年叫薛谭，他非常仰慕歌唱家秦青，就跋山涉水，走了很多路，来拜他为师。

薛谭的嗓音很好，学习也非常刻苦，学了一阵子，就自以为把秦青的全部技艺都学会了，再也没有什么可学的了，于是就向秦青老师辞别，准备回家自谋出路。

秦青听了感到惊愕，因为他知道薛谭还有许多歌唱技巧尚未学过，但又不好说什么，只是说："好吧，你走的时候，我在郊外为你送行。"

这一天，春风习习，杨柳依依，灼灼桃红，秦青在郊外为学生饯行。

秦青说："咱们师徒一场，我也没什么东西送你，让我唱一首歌作为临别留念吧！"

秦青击节引吭高歌，歌声悠扬婉转，悦耳动听。歌声传入林中，鸣鸟为之静听；传至天空，行云为之不动；传之田野，行人驻足，洗耳聆听。薛谭见此情景，十分惊讶，方知自己比老师还差得很远。他急忙跪倒在老师面前，说："学生无知，不知高深，请先生海涵，我要继续向老师学习。"

秦青见学生有所省悟，非常高兴。为了让他加深印象，明白他离名歌手还差得很远的道理，又给他讲了个故事：

"从前韩国有个歌手名叫韩娥，她歌艺超群。一次她到齐国去，路费花光了，不得不在雍门这个地方卖唱谋生。她的歌声清脆婉转，甜美动人。歌唱完了，韩娥走了，可大家都觉得她的歌声还在房梁上绕来绕去。过了三天，那美妙的歌声仿佛还在，以致人们还以为她没有离去。

"韩娥辗转来到一家客店，店主见她是一个卖唱的，不让她进店，还臭骂了她一顿。韩娥遭此大辱，加上衣宿无着，不禁放声悲歌，把她心里的哀怨、悲凄、悲苦全部唱进了歌声中。周围的老老少少听了，都为歌声所感动，相对流泪，难过得三天也吃不下饭。

"大家同情、怜悯韩娥的不幸遭遇，乘驿车把她追了回来，送给她许多食品、衣服和钱财。这时韩娥转悲为喜，敞开美妙的歌喉，为乡亲们唱了一首欢快的歌。大人小孩听了，都被她甜美的歌声所打动，情不自禁地手舞足蹈起来。

"韩娥离开后，雍门这一带的人们都竞相仿效韩娥唱歌的音律和声调。从此，雍门人也以擅长歌唱而闻名。"

薛谭听完这个故事后，很受启发，决定虚心向老师学习，唱出像韩娥那样美妙的歌声，能够余音绕梁，三日不绝。

后来，秦青、薛谭师徒二人都练成了名传千古的优秀歌唱家。

秦青击节引吭高歌，歌声悠扬婉转，悦耳动听；韩娥唱歌“余音绕梁，三日不绝”，这些就是音乐美。音乐美属于艺术美。所谓艺术美，就是艺术家根据自己的审美意识，通过一定的物质媒介，对社会生活进行集中、概括加工、提炼所创造出来的具有鲜明个性的艺术形象、意境的美。简言之，艺术美就是艺术作品中所具有的美，如雕塑美、绘画美、音乐美、舞蹈美、戏剧美、电影美、文学作品的美等。

艺术美是与现实美相对的一种美的形态。与现实美相比，艺术美是再现与表现的统一，内容与形式的统一，真善美、知情意的统一。艺术具有真实性、形象性、典型性、完善性、情感性等特征，它源于生活又高于生活。所以，艺术美最集中体现了美，是人的主要审美对象，也是美育的主要手段和美感的主要源泉。艺术美具有巨大的魅力。它以美的形象感染人，寓教于乐，动之以情，使人在灵魂震撼中得到美的享受和教益，激发人改造世界、创造世界。黑格尔说：“在日常生活中我们固然常说美的颜色、美的天空、美的河流，以及美的花卉、美的动物，尤其常说美的人……不过，我们可以肯定地说，艺术美高于自然美。因为艺术美是由心灵产生和再生的美。心灵和它的产品比自然和它的现象高多少，艺术美也就比自然美高多少。”（《美学》第一卷）

艺术美对于读者往往具有勾魂摄魄的作用。许多人读小说废寝忘食，观画流连忘返，听音乐如痴如醉，看戏拍案叫绝。秦始皇读了韩非的文章，禁不住叹道：“寡人得与此人同游，死不恨矣！”汉武帝读了司马相如的《子虚赋》，惋惜地说：“朕独不得与此人同时！”《世说新语·豪爽》记载了东晋大将军王敦对曹操诗歌的热烈赞赏情景。他赞赏的方式很特别，不是“拍案”，而是“打壶”：“王处仲（王敦）每酒后，辄咏‘老骥伏枥，志在千里。烈士暮年，壮心不已’，以如意打唾壶，壶口尽缺。”可以想象曹操这首《龟虽寿》对王敦具有多么大的吸引力。欧阳修读梅尧臣的诗时，感到“陶畅酣达，不知手足之将鼓舞也”。

贝多芬的《第九交响乐》，又名《合唱交响乐》，是贝多芬的一部规模最宏大、形象最丰富的交响乐，1824 年 5 月 7 日在维也纳首次演出。这部充满了关于人类命运思想的作品，以其美妙的音乐打动了听众，演出获得空前成功。贝多芬出场时，受到群众五次鼓掌欢迎（在严格讲究礼节的国家，对皇族的出场，也不过只用三次鼓掌礼），因此警察不得不出面干涉。交响乐引起狂热的骚动，许多人哭起来。贝多芬在终场以后感动得晕了过去。

据传，巴枯宁有一次在剧院听了这部交响乐，激动得全身打战。演出一结束，他立即跳上台，激动地说："假如有一天发生了世界水灾，所有的乐谱都要丧失，我们还得冒着生命危险去抢救这一部交响乐。"贝多芬之后另一个大音乐家瓦格纳感叹道，有《第九交响乐》存在，人们无从再写交响乐了。

三 美的形态

“大江东去”和“晓风残月”
——崇高美与优美

戊戌变法失败后，不少人劝谭嗣同出逃，都被他一一拒绝。他决心为变法流血，用自己的牺牲来唤起后来者的觉醒。他说：“各国变法，无不从流血而成。今日中国未闻有因变法而流血者，此国之所以不昌也。有之，请自嗣同始！”1898年9月24日，谭嗣同被捕。在狱中，他抚今追昔，神态自若，从地上拾起煤渣，在牢房的墙壁上欣然作诗：

望门投止思张俭，忍死须臾待杜根。
我自横刀向天笑，去留肝胆两昆仑。

谭嗣同像

9 月 28 日，年仅 33 岁的谭嗣同慷慨就义。为了自己的理想，为了祖国的强盛，他献出了宝贵的生命。谭嗣同这种惊天地、泣鬼神的气概和壮举，就是一种崇高美。

美从表现形态上划分，可分为崇高美、优美、悲剧美和喜剧美等。崇高是一个美学范畴。崇高，也是一种美。所谓崇高，是指形体上巨大有力或精神上伟大雄浑，令人惊心动魄、崇敬奋发、心向神往的事物审美特性。崇高美是人类在实践活动中，主体和客体的对立斗争过程中所显现出来的美。它与"壮美"相接近，有物体的崇高美和精神的崇高美之分。

物体的崇高美如自然物、社会物质产品等的崇高美，在形式上，表现为高大、广阔、粗犷、挺拔等形态和磅礴、突兀等不可阻挡的气势，往往突破了均衡、比例、节奏、和谐等形式美规律；在性质上，表现为刚强、有力、坚韧，具有超凡的物质力量，是使人震慑、惊惧，但又使人惊喜、感奋的美。狂风暴雨、电闪雷鸣、凶猛野兽、深谷奇峰、悬崖绝壁、浩浩海潮等等，以其数量上与力量上的巨大，引起人们的惊讶和赞叹，显现出崇高美。苏东坡曾经描述过海潮的崇高："八月十八潮，壮观天下无。鲲鹏水击三千里，组练长驱十万夫。红旗青盖互明灭，黑沙白浪相吞屠。"（《催试官考较戏作》）那排山倒海、雷霆万钧的海潮，生动而典型地展现了崇高美。八月大潮那天，站在钱塘江的海堤上，面前是一片静穆的广袤无垠大海，忽然，有人喊道："潮来了！"极目远眺，只见东方的地平线上，隐隐出现了一道白线。不久，白线飞疾滚来，越滚越粗，越滚越快，越滚越猛。风大潮急，潮借风势，白线变成白虹，白虹变成白浪。白浪滚滚，呼啸而起，涌成一道数丈高的白色城垣。潮水犹如万马奔腾，势不可挡。"轰"的一声巨吼，犹如冰山爆炸，数十丈高的浪头撞向海堤，又向后涌去……唐代诗人刘禹锡写诗赞道："八月涛声吼地来，头高数丈触山回。须臾却人海门去，卷起沙堆似雪堆。"（《浪淘沙》）这就是海潮的崇高美。

精神的崇高美，是人在为进步事业而斗争中所表现出来的博大胸怀、坚强意志、非凡才能和勇敢行为等高尚伟大的思想、品格、行为，是人本质力量的最充分的显现。它使人信服、赞叹、神往、感奋。夸父追日、精卫填海、波澜壮阔的农民起义、董存瑞舍身炸碉堡、黄继光英勇堵枪眼，这些都是精神的崇高美。谭嗣同为国捐躯也是一种精神的崇高美。

表现崇高美，塑造崇高美的形象，是艺术的重要任务。在艺术作品中，崇高美得到最集中的反映。艺术的崇高美以其感人肺腑、动人心魄的形象感染人。例如贝多芬的《第五交响曲》，又称《命运交响曲》，展现了英雄一生与命运搏斗的艰苦历程。第一乐章，威严的命运主题与明朗抒情的英雄主题处在尖锐对立的冲突之中，威风凛凛的命运暂时占了上风。第二乐章，英雄在沉思默想中获得了信心和勇气，并转化为有力的行动。第三乐章，决战前夕，在各种力量的对比较量中，由于人民大众的参战，胜利的曙光就在眼前。第四乐章，在与命运的决战中，英雄和人民以胜利而告终。这部交响曲气势恢宏，撼人魂魄。德国诗人歌德在听这部交响曲演奏时，竟然担心房子会被震塌。许许多多不甘心忍受命运摆布的人，被这部交响曲中的崇高英雄形象所鼓舞，增强了直面人生、战胜困难挫折的信心和力量。

与崇高美相对应的是优美。宋人俞文豹在《吹剑录》中记载了一个故事：东坡在玉堂，有幕士善讴。因问："我词比柳词何如？"对曰："柳郎中词，只好十七八女孩儿，执红牙拍板，唱'杨柳岸晓风残月'；学士词，须关西大汉，执铁板，唱'大江东去'。"公为之绝倒。

"大江东去"是豪放词人苏东坡《念奴娇·赤壁怀古》中的首句。在这首词中，作者以铿锵有力的诗句描绘了汹涌奔腾的长江壮景，再现了著名的赤壁之战，塑造了年轻将领周瑜雄姿英发的形象，整首词豪壮激越，充分展现了崇高和壮烈。这样的作品只能由英豪的壮士来歌唱，才能把豪迈之气表现出来。"杨柳岸晓风残月"是婉约词人柳永《雨霖铃》中的诗句。在这首词中，作者以一幅冷落凄清的秋景来衬托与情人难分难舍的依依别情，风格幽婉纤柔。只有娇柔的少女来浅唱低吟，才能把男女离别之情表现出来。如果说苏东坡的《念奴娇·赤壁怀古》体现的是壮美、崇高美，那么柳永的《雨霖铃》则显现的是优美。

所谓优美，就是事物呈现出纤巧、雅致、秀婉、柔和的审美特性，常被人称为阴柔美、秀美、典雅美等。优美以和谐、均衡、自由、统一为特征，偏重于静态的美。其形式一般较为小巧、柔和、精致，秀丽、淡雅、光滑、圆润、轻盈、灵巧、舒缓等。其美学的最基本特征是和谐，表现为主客观的统一、内容与形式的统一，能使人产生单纯、柔和、平静、舒展的感受，使人心旷神怡。优美表现在各个领域。自然中的优美，如春风细雨、清风朗月、绿水青山、鸟语花香，偏重于形式，使人沉醉于宁静温馨、怡情悦性的环境中；社会生活中的优美，则偏重于内容，突出地体现着真与善的和谐统一，如融洽和睦、情真意厚、金子般的心灵、优美的语言、文雅的举止、文明的行为等；艺术中的优美，如轻歌曼舞、婉约诗文、工笔绘画等，则集中而鲜明地显示出优美的审美特性。优美是最常见的美的形态，也最容易被人接受欣赏。

有价值的毁灭和无价值的撕破
——悲剧美与喜剧美

古希腊悲剧家埃斯库罗斯，被人们称为“悲剧之父”。他一生写过 70 部悲剧，《普罗米修斯》是少数流传至今的著名悲剧。《普罗米修斯》取材于希腊神话。主神宙斯曾在普罗米修斯的帮助下，推翻了他的父亲。宙斯把各种权力分给众神，但他认为人类太愚蠢，要把人类毁灭，另造新人。普罗米修斯非常同情人类的苦难，把天上的火偷来送给人类，并传授给人类科学知

埃斯库罗斯

识，给人类聪明才智，使他们有了技能、智慧，战胜困难，享受文明和幸福。这下触怒了宙斯，他把普罗米修斯绑在高加索悬崖上，每天派一只鹰来啄食他的肝脏。晚间又使他的肝脏长好，使他再遭受折磨与痛苦。剧中，普罗米修斯是个顶天立地的英雄。他所做的事业是伟大而正义的事业。但是在强大的宙斯面前，他不得不每天遭受巨大折磨与严重苦难。普罗米修斯就是一个悲剧性人物。在他身上展现出悲剧美。

所谓悲剧美，就是社会生活或文学艺术中那些具有肯定性的社会力量或个人，在具有必然性的社会冲突中，遭到不应有的、但又不可避免的失败、毁灭，从而激起人们悲痛、同情、奋发的一种审美特性。悲剧的主要特点是悲，以正面人物或有价值人物的严重苦难或死亡为结局。鲁迅先生说："悲剧将人生的有价值的东西毁灭给人看。"正义、抗争、崇高的死或失败，构成了悲剧的主要内容。然而悲剧的美并非在于美的毁灭，而在于以美的毁灭的形式来肯定美、否定丑，在美的毁灭的过程中歌颂美。在悲剧冲突中，善的、正义的一方虽然失败，先进的理想在现有条件下不能立刻实现；但是它符合社会发展的方向，总有一天会实现；能使人从悲痛中惊醒过来，激起为正义、真理而斗争的信心和勇气。

西方把悲剧分为命运悲剧、性格悲剧、社会悲剧。古希腊时期主要是命运悲剧，《俄狄浦斯》是其代表。俄狄浦斯注定有杀父娶母的命运，无论他怎么反抗也逃脱不了这个命运。文艺复兴时期，主要是性格悲剧。悲剧的原因在于悲剧人物性格上的弱点。莎士比亚《哈姆莱特》中，哈姆莱特因为犹豫，一再拖延，错过了多次复仇良机，最后在比剑中，随同篡位者、皇后等的死，自己也中毒身亡。近代主要是社会悲剧，大多描写邪恶而强大的社会力量与善良美好的愿望和理想的冲突。易卜生的《人民公敌》中，上层资产阶级只为赚钱而不顾人民健康，竟把坚持正义的医生宣布为"人民公敌"。

悲剧具有值得肯定的审美价值。它对陶冶人的情操、升华精神境界，对鼓舞人们的斗志、增强人们为美好生活而斗争的信心和勇气，对提高人们对历史必然性的认识，坚定地追求真善美，都有特殊的作用。悲剧美是悲剧艺术的基本要素，悲剧美是人的审美对象之一。

喜剧美与悲剧美相对应。如果说悲剧美是通过“悲”获得美，那么喜剧美就是通过笑、滑稽、幽默等得到美的享受。

西班牙作家塞万提斯在长篇小说《唐吉诃德》中，塑造了一个处处闹笑话的骑士形象。西班牙有个老绅士唐吉诃德，年约五十，因受侠义小说影响，要出去当骑士。他物色了邻村一个养猪姑娘为自己的心上人，并发誓为她终身服务。他仿照骑士的做法，骑上一匹瘦马，穿上盔甲出发了。他为了取得“骑士”的爵号，在一个客店里闹了许多笑话。最后，店主人以对疯人的态度封他为“骑士”。唐吉诃德来到十字路口，遇见一队商人。他以骑士的勇敢精神策马前往，不幸因马失前蹄摔倒在地，被商人打成重伤。好心的农民把他送回家。朋友们烧毁了他那荒唐的书，希望他能回心转意，但唐吉诃德并不灰心。

唐吉诃德又骑上驴子，带上一个忠实的仆人桑丘·潘沙出发了。他们来到田野，四面竖立着许多风车。唐吉诃德以为遇上了大敌，手持长矛向前冲去，被风车抡倒，身负重伤。他们又遇到装运狮子的笼车。唐吉诃德为表现勇敢，打开了笼子，幸而狮子没有伤人；唐吉诃德把羊群当成军队，又经历了一场奋战，身负重伤；他还把苦役犯当做受迫害的骑士，不顾一切地冲杀过去，弄得头破血流，被人抬回家。直到临死的时候，他才醒悟过来，立下遗嘱，不许他唯一的亲人——侄女嫁给骑士，否则她就得不到遗产。

唐吉诃德就是一个喜剧人物。所谓喜剧美，就是将假恶丑的事物或有缺陷的事物，在矛盾冲突中暴露其自身的矛盾、空虚和无价值，从而令人发噱，在笑声中遭到否定的这样一种审美特性。在资本主义曙光已经照亮欧洲的时代，唐吉诃德还在按骑士方式改造社会，结果在现实面前，被碰得头破血流。这是多么可笑。人们用这种胜利的笑声告别历史、告别骑士制度。喜剧体现着美对丑的直接否定和揭露。正如鲁迅先生所说：“喜剧将那无价值的撕破给人看。”骑士制度这种无价值、没落的东西，就是通过唐吉诃德这个人物，在笑声中被人们一一撕破。

喜剧美的特点是喜，即笑。喜剧笑的是无价值的东西，主要是对丑陋、虚假、陈旧的事物嘲笑和讽刺。这种笑声，包含着善恶、美丑的价值判断，是充满智慧的笑；在笑声中，人们充分体验美取得胜利所带来的喜悦。

喜剧可表现为滑稽、幽默、讽刺、诙谐、揶揄、打诨、闹剧等形式。这些形式又可以分成若干小类。例如滑稽，可以是明知自己是假恶丑，却偏要用真善美掩盖起来，甚至炫耀自己。民间故事中，怕老婆的男人躲在床下不敢出来，老婆嚷道："有本事出来。"他厉声回答："男子汉大丈夫说不出来，就不出来！"主人公炫耀自己是男子汉，造成其行为和语言不伦不类的组合，最具喜剧性。滑稽喜剧还可以是不知道自己偏离正常的历史轨道，而一本正经地将偏离作为正常来进行。唐吉诃德把风车当巨人，把羊群当军队，就是意识不到自己的偏离，却把偏离作为正常的东西显示出来，所以显得特别滑稽。

人间万象模糊好
——朦胧美

小时候听过"猴子捞月亮"的故事。说的是夜晚，一群猴子在井边玩耍，突然发现井里有一个摇曳着的可爱的月亮，以为天上的月亮掉落到井里了。于是乎猴子们倒挂在大树上，一个拉住一个，到井里捞月亮，结果"井底捞月一场空"。后来发现月亮仍然挂在夜空中，并没有掉进井里。那时，我觉得这些猴子真有趣、很可爱。后来认为这些猴子真傻，到井里捞什么月亮。再后来，又感到猴子捞月亮值得，因为水中的月亮比天上的月亮更美丽。

水中的月亮确实要比天上的月亮更有魅力。唐朝诗人张瀛把水中月与美丽的芙蓉并列起来，称赞它的美："波上莲花水中月。"（《赠琴棋僧歌》）大诗人李白有好几首诗是描写水中月的："秋浦多白猿，超腾若飞雪。牵引条上儿，饮弄水中月。"（《秋浦歌》其五）"银箭金壶漏水多，起看秋月坠江波。"（《乌栖曲》）

为什么水中的月亮要比天上的月亮美丽呢？这不能不提到朦胧美的问题。朦胧是指月光不明，模糊不清。朦胧的现象往往能够给人带来美的感受，这就是朦胧美。美从表现形态上划分，可分为崇高美、优美、悲剧美和喜剧美等，如果从审美对象的特征划分，还可以分为朦胧美、含蓄美、缺陷美、质朴美、富贵美、幽默美等等。所谓朦胧美，是指可意会而难以言传的含蓄蕴藉的美。其特征是形象的模糊性、抽象性，内容的多义性、不确定性，形式的扑朔迷离、变幻莫测、诡谲离奇。朦胧美可以造成特定的意境，诱发人的好奇心，激起人的探究心理，使人在似明白又模糊中通过揣测、想象、意会而获得一种特殊的审美享受。

自然界中的朦胧美是最诱人的。轻纱般的晨雾，淡烟似的暮霭，沐浴在月光下的稀疏梅影，倒映在湖水里的纤柔柳枝；这些朦胧的景色，能给人隐约、迷离、飘忽、悠远的朦胧之美。雨丝迷蒙中的西湖，云雾缭绕的巫山，烟雨迷茫的漓江，雨雾弥漫的黄山，富有神秘、梦幻、含隐之美，使人浮想联翩。月夜、黄昏的朦胧美最令人神往。“疏影横斜水清浅，暗香浮动月黄昏。”静谧的意境，朦胧的月色，疏淡的梅影，缕缕的清香，多么令人陶醉。“数点雨声风约住，朦胧淡月云来去。”（李煜《蝶恋花》）扑朔迷离的风云变化，隐隐约约的雨声，朦朦胧胧的月色，构成了一幅美妙神奇的意境，多么令人神往。“烟笼寒水月笼沙，夜泊秦淮近酒家。”（杜牧《泊秦淮》）烟雾笼罩着寒凉的江水，月色笼罩着江边的沙滩。这种朦胧的景色是很美的，使人难以忘怀。

自然界中的朦胧美还表现在倒影中。倒影把景物的正身倒转过来，经过波光的折射和水纹的推荡，呈现出一种朦胧、变形、虚幻的情态，让人感到新鲜有趣。“水中月”之美，就是由于波光的折射和水纹的推荡，显示出其无比妩媚。元好问有诗云：“看山水底山更佳，一堆苍烟收不起。”李白也写过一首赞美倒影的诗：“日落沙明天倒开，波摇石动水萦回。轻舟泛月寻溪转，疑是山阴雪后来。”（《东鲁门泛舟》其一）把山水、舟、月的倒影描绘成朦胧的仙境，别有一番幻趣之美。

社会生活中的朦胧美也是诱人的。骑马冲锋的勇士、刀光剑影的搏杀、硝烟滚滚中飘扬的军旗，显示的是朦胧的崇高美。爱情中的含蓄、羞涩、温情脉脉的朦胧色彩，理想憧憬的隐约、模糊的图画，展现的是朦胧的优美。梦境中的恍惚迷离、玄妙变幻，同样令人感叹。

在艺术中，往往用象征、隐喻、借喻、曲笔、变形等手法，创造朦胧的艺术形象或意境。具有朦胧美的艺术作品往往特别吸引人。在诗歌中，朦胧诗是最具魅力的。唐代诗人李贺、李商隐偏爱朦胧美，创作了大量表现朦胧美的诗。在《锦瑟》中，李商隐描绘的是一幅朦胧、缥缈的境界：“沧海月明珠有泪，蓝田日暖玉生烟。”在暖日的映照下，蓝田蕴玉之山，升起丝丝缕缕的轻烟，远观如在，近察却无，可望而不可即。作者借用难以捉摸的意象，表达自己朦胧隐秘的情感，显示朦胧美的魅力。现代诗人戴望舒的成名作《雨巷》，是一首象征、暗示的抒情诗，由于感情隐蔽、朦胧，感觉的不可捉摸，内心状态的飘忽不定，形象的模糊朦胧，深受人们的喜爱。他本人也由此被称作“雨巷诗人”。

具有朦胧美的美术作品往往更胜一筹。宋代画家任安擅长画建筑物，而画不好山水人物。因此，他常常请著名的山水人物画家贺真同他合作，想起到双美合璧、相得益彰的效果。然而事与愿违，人们在欣赏他们合作的画时，赞美的是贺真画的山水，而对他画的楼台亭阁很少提及，任安心中不快。一次，他有意要压倒贺真，便先在画幅上将建筑物画得满满的，只留下很少空白处让贺真点缀山水。心想：就算你贺真再有本事，我不给你用武之地，看你怎么逞能？哪知贺真并不在乎空白多少，提笔在仅有的地方淡淡地勾了几笔，让人若隐若现地感觉到远山近岫和江岸的形状。结果，观赏的人依然只注意画中那几笔山水，赞美其笔少意长，颇有朦胧含隐之美。这时，任安彻底服气了。在这幅画中，贺真的艺术才能就在于能利用极小的空间，创造出朦胧的意境。

朦胧美如此招人喜爱，难怪清朝诗人蒋士铨曾感叹：“人间万象模糊好。”（《题画》）人们为什么喜爱朦胧美呢？原因是多方面的，除了朦胧美可以造成特定的意境，诱发人的好奇心，激起人的探究心理外，还在于模糊朦胧的东西往往比清晰的东西显得更单纯，许多琐屑的东西包括不美的东西，在朦胧的条件下从人们的视野中隐去了，只剩下主体物象、美的物象，这容易使人获得美感。有一个故事：

有个男孩住在山上。每当日出时，他总要爬到自家屋后的山顶。在那里，他透过薄雾，依稀望见远处一幢金色的房子，房子上有闪闪发光的窗子。男孩想房子里面肯定有令人神往的东西。他决定以后一定要亲自到那里看个究竟。一天，男孩的父亲给了他一天假。利用这个机会，男孩带上干粮，喜滋滋地上路了。男孩翻过几个山头，开始意识到实际的路程远比他想象的要远。不过最使他伤心的是，当接近目标时，他并没有见到金色的房子。映入眼帘的是一座再也普通不过的民房，过去看起来闪闪发光的窗子，也是破破烂烂的。男孩既失望又困惑。于是，他去敲这户人家的门，里面出来一个跟他年纪相仿的女孩。他问她是否看到了一幢金色的房子。女孩一听就乐了：“原来你也知道！”于是领他爬上她家的屋顶。“看，在那儿，我天天都能看到。”顺着女孩手指的方向望去，在落日的余晖下，透过暮霭远处果然有一幢闪着金光的房子，那正是他自己的家！

普通的房子，在朦胧条件下，它变美了；而走近它，原有在朦胧之中所看到及想象的美，反而遭到破坏。人们常说，“马上看勇士，月下看美人”，也是这个道理。朦胧模糊条件下，勇士、美人的缺点都遮掩了，看到的全是优点。

蝴蝶梦中家万里
——含蓄美

宋代曾施行考画取士制度，由皇帝或者翰林画院出诗句，让考生根据诗句的内容作画。有一次出的诗句是“蝴蝶梦中家万里，杜鹃枝上月三更”。其中描写梦境的诗句是很难用图画形象化地表现出来的。大多数考生就避开梦境，在画卷上画些明月栖鸟什么的，只表现了“杜鹃枝上月三更”的情景。有个考生却独辟蹊径，不受诗句的束缚，借题发挥，不画鸟，只画人。他画了这样一幅画：月影朦胧之时，草木荒凉之地，身陷匈奴的苏武，怀抱节旌，在冰天雪地里打瞌睡。——睡觉必然要做梦。苏武的梦，当然是怀念远在万里的故国家园，而且又暗合了杜鹃啼血之意。此画很快被主考官录为第一。

人们常说：“林子大了，什么鸟儿都有。”这次也不例外。偏偏有个高个子考生对此不服气，他认为这幅画太晦涩，不通畅明了，应该在苏武头顶上方画出故国家园，并用蝴蝶形状的虚线圈起来，意为蝴蝶梦的内容。说完，此人就当众另画了一图，并洋洋得意地说："我画得怎么样？！"考生中当然也有人为其叫好的，但多数人不赞成他的观点。有的说："原画寓意深长，含而不露。你画上梦的内容，虽然通俗好懂，但是太直、太露，没有味道。"有的指责他说："你这是画蛇添足，败笔啊！"在大多数人的批评声中，高个子考生觉得自讨没趣，卷起了自己的画，悄悄地溜走了。

清人方薰在《山静居画论》中有一段耐人寻味的记载。清初画家王翚画了一幅《风雨归舟图》，笔法简练，意境深长。画中，堤上数条细嫩的柳枝迎风飘扬，湖中一穿戴着蓑笠的渔翁，正驾着一叶扁舟，往岸边驶来。有人看了这幅画，见图中没有画雨丝，就责问道："既然是《风雨归舟图》，那么雨在何处？"王翚回答说："雨在有画处，又在无画处。"迎风的柳枝和孤舟蓑笠翁，给欣赏者提供了一种深远的意境和广阔的想象余地，其中已经含蓄地表达了风雨，欣赏者完全可以从中意会。如果把风雨画出来，就没有趣味了。

这两个故事涉及含蓄美的问题。所谓含蓄，就是把意图、意蕴、情感、意境隐藏起来、蕴涵起来，让别人去自己体验、琢磨、意会。简言之，就是含有深意，藏而不露，耐人寻味。含蓄的对立面就是直露，即把意图、情感、意蕴、意境，明明白白、直接告诉大家，一览无余，没有波澜，没有曲折，没有起伏。含而不露的语言和艺术作品，能够给大家带来意味深长的含蓄美。朦胧美的意蕴往往是含蓄的。从这个意义上讲，朦胧美也是含蓄美的一种表现形式。

人们的审美心理，一般喜欢曲，喜欢含蓄；忌直，忌一览无余。崇尚含蓄和含蓄美，是中国人的民族性格和魅力。古人云，"贵直者人也，贵曲者文也。天上有文曲星，无文直星""文似看山不喜平""意贵透彻而语忌直率"。中国的年轻人谈恋爱，表达爱情的语言往往很含蓄，不像西方人那样，经常把"我爱你"挂在嘴边。例如江苏民歌《茉莉花》以含蓄的手法借花抒情，"我有心采一朵戴，又怕旁人笑话"，把青年男女的纯真爱情，柔美委婉地表达出来。云南民歌《小河淌水》的歌词："月亮出来亮汪汪，亮汪汪，想起我的阿哥在深山；哥像月亮天上走，天上走；哥啊，山下小河淌水清悠悠。"用比喻的手法，寓情于景，含蓄深沉地表达了少女的深情，体现了智慧的魅力，给人以美的联想和遐想，带来一种诗情画意般的美感。

中国人表达喜事委婉含蓄，表达悲情也讲究含蓄。现代著名散文家秦牧有一次搭乘公共汽车时，见到一个老年妇女和一个中年妇女在小声交谈。那中年妇女头上扎着一朵白绒线花，显然正在戴孝。老年妇女同情地问道："董嫂，你为什么这么'素'呢？"中年妇女黯然回答说："董兄不在了。"漫不经心的人可能听不出她们话中的含义。这一问一答的意思，原来是这样："董嫂，你为什么戴孝呢？""董兄死了。"这两位妇女运用委婉含蓄说法，不仅准确表达她们的思想，还体现了她们的文化修养和文明程度。

表现含蓄美的艺术作品数不胜数。一次，某美术馆展出一幅摄影作品《春雨绵绵》，画面上是浓郁的江南春雨景色：远山、河水、丛树、翠竹等都被笼罩在迷蒙的春雨细丝中。小河边出现了两把交边相挨的雨伞，一把是粉红色的，一把是天蓝色的。伞下的人物被这两把醒目的伞面完全遮住了。雾蒙蒙的河水，或隐或现地映着两把伞的倒影。这幅作品含蓄地表达了情意绵绵的意境。许多人都在这幅画前停留欣赏，大家看着两把不同颜色的伞，联想到伞下一对情侣偎依相坐，诉说着心声，情意正浓；透过春雨绵绵的景色，领略到情意绵绵的意境。

含蓄的诗歌，能使人回味无穷，这是很多诗人所梦寐以求的。唐代诗人韩翃的《寒食》："春城无处不飞花，寒食东风御柳斜。日暮汉宫传蜡烛，轻烟散入五侯家。"这是一首讽刺诗，内容含而不露。意思是说，寒食节禁火，然而受宠的宦者，却得到皇帝的特赐火烛，享有特权。这是借汉事讽刺唐事，由于含蓄，至今仍有艺术魅力，人们能从平淡的诗句中意会到它的言外之意。

据古书记载，宋代萧楚才在溧阳做官的时候，他的好朋友张咏作了一首诗，其中有一句："独恨太平无一事，江南闲杀老尚书。"萧读了后，说："这个'恨'字用得不好，太平景象有什么可'恨'呢？违背了人之常情，非改不可。不如把'恨'字改作了'幸'。"张咏一听，觉得很有道理，因为把"恨"

改为“幸”后，既不违反人情物理，同时联系到下句，恨无建立功名机会的意思仍然包含在字里行间，只是更为含蓄，也更有诗味了。为此，张咏恭敬地称萧楚才为“一字师”。

含蓄的语言或作品，能启发人想象，使人回味无穷；能使其意义深刻、意境深远；还能展现人的聪明才智，体现人的文化修养和精神境界。据说，北宋大文豪欧阳修在路上遇到一个狂妄自大的书生，两人结伴而行。他们看见道旁有一棵枯树，书生就硬要欧阳修与他对诗。他张口就说：“路边一枯树，树上两个杈。”欧阳修对日：“春来苔为叶，冬至雪当花。”书生说：“你这两句虽然不如我，倒也过得去。”后又遇到一对鹅，书生吟：“前面两只鹅，‘扑通’跳下河。”欧阳修接吟：“白毛浮绿水，红掌拨清波。”书生又把欧阳修贬低了一番。行到渡口时，书生又说：“我们同乘舟，去访欧阳修。”欧阳修这次不客气了，说：“修已知道你，你还不知修（羞）！”书生恍然大悟，原来与己同行的竟是欧阳修，羞愧难当。欧公含蓄幽默的语言，委婉而诚恳地批评了这位目空一切的书生，显得十分机智。

上世纪 30 年代，杨杏佛在上海遭国民党特务暗杀。在追悼大会上，有人书写了这样一副对联：

不可说！不可说！

如之何？如之何？

在当时的黑暗统治条件下，运用这样含蓄的语词来表达人们的愤慨之情，可见此人是何等的聪明！

真正美人有陋处
——缺陷美

我国改革开放初期，一个代表团到香港访问。香港一个记者问：“你们对毛泽东怎样评价？”代表团一个成员回答说：“毛泽东是个伟人。”记者又问：“毛泽东不是犯了很多错误吗？”这位成员没有直接回答记者的话，而是提了一个问题：“法国罗浮宫的维纳斯雕像美不美啊？”“美呀！”记者回答很干脆。“可是，它缺少了双臂！”这位记者对代表团成员的回答表示钦佩。

是的，缺少了双臂的维纳斯仍然是美的，犯了“文化大革命”错误的毛泽东依然是个伟人。这个比喻非常确切。这涉及整体与部分的关系。我们不能因为部分出了问题，就否定整体。

现在，我们打破砂锅问到底，即换一个新的问题：为什么缺少了双臂的维纳斯不仅不影响美，而且还显得特别美？这就是美学上所讲的“缺陷美”或“残缺美”的问题。

人体美的一个重要条件，是身体各部分之间的匀称。假如一个人手臂不一样长，或是跛足，或者缺胳膊少腿，那就很难说这个人的外形是美的。但是，在某种特定的条件下，缺陷或残缺也可以显出美。维纳斯雕像虽然失去了双臂，但仍然保持了上身的平衡与对称；下身侧立，左腿微微抬起，显得潇洒自然；而失去的双臂则留给人们充分的想象空间，诱使人们展开想象的翅膀，去获得美感。缺陷，是指欠缺或不够完备的地方。残缺，是指缺少一部分，不完整，其程度要比缺陷严重。广义的缺陷包括残缺。在这个意义上，为叙述问题方便，姑且将缺陷美和残缺美合称为缺陷美。所谓缺陷美，就是事物的缺陷、残缺，并不影响它整体的美，反而增加其魅力的一种审美特性。

我们知道，正常的美，其形式和内容、外形和内在都是美的，实际上这是一种理想的美。但客观情况却是，人和事物并不是完美无缺的，总是有这样那样的缺憾。比如脸上有雀斑、长了痣，某个部分不对称、不合比例，甚至缺少某些部分。有的事物某些部分不合形式美规律，或者不够完整。在审美过程中，这些缺憾、陋处，往往不影响美的效果；反而能够增添美的光辉，转化为美，给人带来美的享受。为什么缺陷、残缺也能够显示美呢？除了给人们提供了丰富想象的空间外（如断臂维纳斯），其原因还有许多。

美的东西有缺陷、残缺，给人真实感、亲切感。《红楼梦》中有个个性刚烈的女子叫鸳鸯，是贾母跟前的使唤丫环。由于长得漂亮，聪明伶俐，不仅博得贾母欢心，而且被老色鬼贾赦看中，强迫她做小妾。但鸳鸯蔑视封建权贵，宁为玉碎，不为瓦全。对于这样一个该歌颂的人物，书中是这样描写她的肖像的：

> 只见她穿着半新的藕色绫袄，青缎掐牙坎肩儿，下面水绿裙子；蜂腰削背，鸭蛋脸，乌油头发，高高的鼻子，两边腮上微微的几点雀斑。

在一般人看来，美丽少女脸上有雀斑，真是有失大雅。其实，这些雀斑非但不影响鸳鸯的美，反而显得她真实、可爱、亲切。脂砚斋在评点这一段描写时，指出："可笑近之野史中，满纸'羞花闭月''莺啼燕语'，殊不知真正美人方有一陋处。"鸳鸯就是这样一个活生生的真正美人。

美人如此，英雄也不例外。在历史小说《斯巴达克思》中，作者用精雕细刻的笔法，塑造了奴隶起义军领袖斯巴达克思的光辉形象。他骁勇善战，顾全大局，不计名利，视死如归，是一位叱咤风云、统率千军万马冲击奴隶制度的传奇式英雄。但是他也有瑕疵：在残酷的战争环境中，他私自带领三百名骑兵闯入独裁者苏拉的别墅后，他去会见他的情人。这显然是一个严重错误。但是读了作者叙述的这一段，人们还是被感动了——不是被缠绵悱恻的爱情描写所感动，而是被他那为了奴隶解放抛弃一切的伟大精神和高贵品质所感动。斯巴达克思的形象并不因这个严重错误而失去光辉，反而更加丰满高大，更像一个有血有肉的英雄。

狄德罗在谈到艺术真实时，说："画家应该使我看到她额上露出一点轻微的裂痕，鬓边现出一个小瘢点，下唇现出一个小得看不见的伤口才好。这样就会使这幅画马上从一种理想变成一幅画像了。"老舍在《人物的描写》中说过："把一个人写成天使一般，一点都看不出他是由猴子变来的，便过于骗人了。"绘画中有一对概念——入画和不入画。瑞士艺术史家沃尔夫林在他的《艺术风格学》中认为，整洁美丽的东西，比如装潢一新、纤尘不染的房间是不入画的，因为缺少生气；而不那么美丽整洁的东西，比如斑驳的墙壁、有裂缝的地板、缺损了一块的水壶等才是入画的，因为正是那些不完善的地方颤动着生命之光。可见，缺陷或残缺就好比碧玉微瑕，是浑然天成的。这种真实而有缺陷的本色，要比那虚伪的完美形象美得多。

缺陷、残缺，可以形象地突出人物的性格美、人格美。在世界名将肖像中，最美、最震撼人心的肖像，并不是五官端正的统帅们，而是独眼的库图佐夫和一只胳膊的纳尔逊。库图佐夫是俄国大败拿破仑大军的统帅，纳尔逊是英国海军名将。他们都是具有刚毅性格、顽强斗志并且遭受妒忌、压抑、不为人们所理解的人。这种独特的性格、经历、气质、心境，非一般正常的外形所能体现，需要超出通常形式；而独眼、断臂，作为与他们独特经历相联系的生理伤痕，恰到好处地体现出他们的独特性格和气质。所以，独眼、断臂这些残缺，不但没有像通常那样破坏整体的美，相反却构成了一种带悲剧色彩的美。伤残瘫痪的身体不美，但它属于奥斯特洛夫斯基、刘伯承，那就成为美的了。因为正是这伤残的身体，充分体现了他们生命不息、战斗不止的品格，使人产生崇高、深沉的美感。

《水浒传》一百零八将中，几乎没有完美的人。三个女将中，“母夜叉”孙二娘、“母大虫”顾大嫂的长相令人生畏，扈三娘似乎不算丑，但“一丈青”这个绰号似乎也并不怎么恭维其美貌。男性中，都是一群“七长八短汉、三山五岳人”，只要听听他们的绰号，就知道不少有缺陷的人——青面兽、黑旋风、赤发鬼、矮脚虎——但他们个性鲜明，惹人喜爱，有着震撼人心的感染力，给人们留下深刻的印象。《红楼梦》中称得上美人的不下几十个，但给人留下深刻印象的，其魅力主要不是来自“美”，而是来自美中不足的“陋处”；如宝玉的痴、黛玉的弱不禁风、湘云的口吃、凤姐的歹毒等。

残缺的景观、文物等，是历史文化的积淀，既能给人以自然的美感，又能引发人们对历史文化的体验。毛泽东有首《菩萨蛮·大柏地》词：“当年鏖战急，弹洞前村壁。装点此关山，今朝更好看。”诗人看着弹痕累累的残垣断壁，回忆起当年的战斗，感到这些残迹旧址特别的美。北京圆明园遗址上残留的石门石柱，当年它们与其他建筑和谐地结合在一起，构成了美丽的建筑群，而现在只剩下这残破的一门一柱。这残缺不全的门柱，却构成了特殊的美：它们那残缺不全的形式恰好体现了中国近代史上苦难屈辱的内容，它们矗立在昔日繁花似锦、而今荒草丛生的土地上，以其感性的形式唤起人们深沉的痛定思痛、振兴中华的感慨。

缺陷美、残缺美，以特殊的美的形态存在于自然界、社会领域、艺术作品中，作为人们的审美对象，给我们带来了无穷乐趣。但是，现在很多人追求完美无缺，拒绝缺陷美。报纸上曾登载过这样一件趣闻：一个收藏爱好者请古董商到家里做客，拿出三件藏品，请他鉴赏。第一件是块田黄印石，长约四寸。

“这值不了什么钱！”古董商说，“上一段有裂纹，下半截有杂质，只有中间一小块完美！”

“我当年是以高价买的！”收藏者叫苦说。

古董商笑着说：“你如果把上下两截锯掉，只留中段，价格就能翻一番了。”

第二件是一幅古画。古董商说：“是名家手笔，可惜右边破损了一块，修补之后总是看得出来，倒不如将右侧整个切除，价钱要比补了之后还高得多。”

最后一件是收藏者的传家之宝黄瓷盖碗。“这个盖子早该扔了。”

古董商一见便说：“不连盖子，要比连盖子容易卖，价钱也好。”

“怎么会有这种道理呢？”收藏者很不服气，“有盖反比无盖来得便宜？”

“当然！因为盖子有缺损。你想想看，当买主看到这件东西，发现盖子已破，还会买吗？可是去掉盖子，买主就会把它当做一只完美无缺的碗，谁会知道它原来有盖子？”

“同样的道理！”他又指着印石和画，“你切去杂质之后，大家只见那块难得的温润美好的田黄，有谁知道它原来要大得多。而那幅画没有几人看过，切了一半仍是不错的构图，谁会想到已比原来少了半截？”

这个故事告诉我们，有些人只注意那小小的疵缺，而忽略整体的美好，更没有欣赏缺陷美的能力，宁可被骗，也不愿接受缺陷美。

审美心理

一　审美感受

山重水复疑无路
——审美心理和美感

南宋著名的爱国诗人陆游，从小就立志恢复中原，曾积极支持张浚北伐。后来北伐军兵败符离，主和派疯狂打击迫害爱国力量，陆游被加上“鼓唱是非，力说张浚用兵”的罪名，在乾道二年（1166）被罢免了官职。报国无门，抗战有罪，使得陆游十分痛心。他收拾行装，怀着满腔的悲愤，回到自己的故乡山阴（今浙江绍兴）。

陆游像

陆游的家坐落在县城西面九里外的三山，靠近镜湖边，是一个山清水秀、树木成荫的地方，风景十分优美。陆游到家后，心境不好，闭户读书。晚上，常常独坐到深夜。后来他渐渐想开了，经常在村头田野走走。乡间的流水、和风、蛙声、放飞的风筝，引起了诗人的浓厚兴趣。心地如水、感情似火的村民，给诗人带来了慰藉。很快，他在农民中结识了不少人。

1167 年 2 月的一天，风和日丽，气候宜人。农村里吹箫打鼓，准备迎接春社（古代祭土地神的日子），到处充满着欢乐。陆游早早起了床，兴致勃勃地要到大山的西面去游览。他拄着拐杖，独自一人，沿着镜湖边，踏上了登山的路。走着走着，山路渐渐盘曲起来。大约走了一个时辰，人烟越来越少。当他登上一处斜坡时，放眼一望，只见前面山重水复，路断人绝，好像无法再前进了。难道要原路返回吗？兴致正浓的诗人，望着山环水抱的景色，不肯就此罢休。他顺着山坡继续向前走，走了几十步，拐过山角，突然发现前面不远的地方，有一片空旷的谷地，一个几十户人家的村庄在绿柳红花掩映之下，就像传说中的桃花源。

陆游高兴极了，喜滋滋地从山上下到谷地，进村去拜访。村中农民见山外来了客人，连忙端出自己酿制的腊酒，宰鸡杀猪，盛情款待陆游。这些村民衣着简朴，感情纯真，也正在忙着吹箫击鼓迎接春社。纯朴的山中村民给诗人留下了很深印象，陆游表示今后如有空闲，一定再来做客。

眼看天色不早，陆游依依不舍与村民告别。回到家中，他抑制不住心中的激动，挥毫写就了七言律诗《游山西村》：

莫笑农家腊酒浑，丰年留客足鸡豚。
山重水复疑无路，柳暗花明又一村。
箫鼓追随春社近，衣冠简朴古风存。
从今若许闲乘月，拄杖无时夜叩门。

诗中真实地记载了陆游这次难忘的经历和深切的感受。其中，颔联“山重水复疑无路，柳暗花明又一村”成了传诵千古的名句。

在层层重叠的群峦里，在往还奔流的溪涧旁，陆游疑心找不到去路了；然而再走几十步，山回路转，又发现了一个柳树成荫、山花烂漫的村庄。多么美丽的景色啊！这就是一位在迷惘中发现新境界的诗人的审美心理。所谓审美心理，就是人在欣赏美、创造美的过程中的心理活动。美感就是审美中的一种心理状态。审美感知、审美想象、审美情感、审美理解，是审美心理的基本要素。

美感，又称审美感受，是指主体对美的主观感受、体验、理解、评价和所获得的精神愉悦。人们在审美欣赏和审美创造中都能获得美感。陆游游山西村，路上美丽的景色，迷惘中发现新境界，山中村民淳朴的情感，这些都给诗人带来了愉悦、欣喜之情。诗人这种愉悦、欣喜之情，就是美感。我们欣赏陆游的这首诗，细细体味陆游的感受，心中也会产生一种喜悦之情，这种感受也是美感。

刘鹗的《老残游记》是清末四大谴责小说之一。小说虽以揭露清末社会的黑暗为主，却也不乏文笔优美的篇目。如第二回“明湖居听书”一段中，写艺人王小玉说书一段的文字，历来为人称颂。其中，还生动记下了人们欣赏唱歌时的审美感受。

文中写王小玉刚开始唱时，“声音初不甚大，只觉入耳有说不出来的妙境：五脏六腑里，像熨斗熨过，无一处不伏贴；三万六千个毛孔，像吃了人参果，无一个毛孔不畅快。”

王小玉唱了十多句后，“渐渐地越唱越高，忽然拔了一个尖儿，像一线钢丝抛入天际，不禁暗暗叫绝。哪知她于那极高的地方，尚能回环转折；几啭之后，又高一层，接连有三四叠，节节高起。……唱到极高处后，陡然一落。……从此以后，越唱越低，越低越细，那声音渐渐地就听不见了。满园子的人都屏气凝神，不敢少动。约有两三分钟之久，仿佛有一点声音从地底下发出。这一出之后，忽又扬起，像放那东洋烟火，一个弹子上天，随化作千百道五色火光。……那弹弦子的亦全用轮指，忽大忽小，同王小玉的声音相和相合。……正在缭乱之际，忽听霍然一声，人弦俱寂。这时台下叫好之声，轰然雷动。”

此时台下正座上，一个约莫三十岁的湖南人说："当年读书，见古人形容歌声，用'余音绕梁，三日不绝'之词，我总不明白余音怎么能绕梁呢？又怎么会三日不绝呢？听了王小玉说书，才知古人措词之妙。每次听她歌唱之后，总有好几天耳朵里都是她的歌，无论做什么事，总入不了神，反觉得'三日不绝'，这'三日'二字下得太少，还是孔老夫子'三月不知肉味'的'三月'二字用得贴切。"

旁边的人都附和说："梦湘先生说得精辟！'于我心有戚戚焉'！"老残也和众人一样，听得津津有味，没有后悔此行。

众人听王小玉歌唱，只觉得有说不出的妙境；梦湘先生听完王小玉歌唱后的深切感受，就是我们所讲的美感。

这美感不是自然而然产生的，它是由王小玉唱歌引起的、触发的。王安石有一首《南浦》诗，诗中说："南浦东冈二月时，物华撩我有新诗。含风鸭绿粼粼起，弄日鹅黄袅袅垂。"这首诗写得十分生动，告诉我们：美感是由美的事物撩发的。你看，王安石迎着春风来到南浦东岗，那里鸭绿般的粼粼春水与刚刚泛出鹅黄色的丝丝垂柳，使他感受到浓郁的春意，从而产生写诗的强烈冲动，"物华撩我有新诗"。美撩发人的美感，很多诗人有深切的体验。例如宋朝衡山僧人文政《题胜业寺》："山鸟无凡音，山云无俗状。引得白头僧，时时倚藜杖。"是什么吸引白头僧人时时倚杖出寺呢？是山鸟不一般的啼鸣声，是山云奇特的形状，是大自然的美。不仅看美景、听唱歌、诵诗能获得美感，观画、听戏，看小说、电影、电视，欣赏舞蹈、雕塑等，都能得到美的享受，获得美感。

美感的源泉和物质基础是美的事物，其生理基础是人审美感官的感受力和大脑的效应机能，其心理条件是人已有的审美意识、经验、能力和特定的心境、审美需要、审美态度。美感的一般过程是：从对对象具体形象形态的感性直观，产生快适感、愉悦感；在审美心理结构和审美经验基础上，展开联想、想象、判断和情感、情绪等形象思维活动；把握对象特性及其相互联系，使美感的感性认识上升到理性认识，获得更高层次的精神愉悦。在审美活动中，美感是非常重要的。获得美感是人进行审美的目的。情感体验和愉悦是美感的最基本的特征。它可使人获得精神的满足，调节人的心理状态，净化人的心灵，促成人的意志行为，激励人按照美的规律去改造现实、改造自己、创造美，使自己的生活更美。

《二泉映月》的神韵与鸡鸣狗叫
——美感与快感

一提到我国的民间音乐，人们会不约而同想起《二泉映月》和它的作者阿炳。阿炳的大名叫华彦钧，无锡东亭人，是当地雷尊殿道士华清和的儿子，小名阿炳，中年时双目失明，人们习惯叫他“瞎子阿炳”。阿炳一生坎坷，自幼苦学音乐以及各种民间音乐，如锡剧音乐、江南丝竹、广东小曲等，具有很高的艺术造诣。

青年时，阿炳经常游览无锡惠山“天下第二泉”。月夜下，二泉一带神话般的景色，使他难以忘怀。他双目失明后，也常去惠山泉亭上拉二胡。月夜在泉边，他用二胡向人们倾诉他的不幸遭遇，流露出对美好生活的向往，经过多年演奏和锤炼，创作了《依心曲》，后被人们定名为《二泉映月》。

一天，阿炳到崇安寺听松园卖艺，围观的群众很多。小孩的哭笑声，大人的叫嚷声乱作一团。为了使观众安静下来，阿炳使出了绝招，用胡琴模仿动物的声音。先是公鸡打鸣声“喔……”，母鸡下蛋后的叫声“咯咯蛋……，再是小狗的叫声“汪汪……”，又是小鸟的歌声“唧唧……”

鸡鸣狗吠声一出，观众立即静了下来，聚精会神地听。小孩乐了，大人也乐了。

“妈妈，这是鸡叫声，真好玩！”一个男孩直晃脑袋。

“这是小狗叫，真好玩！”一个女孩拍手叫着。

“小鸟叫才有趣呢！”一个老头摸着胡子，啧啧称赞。

人们正在叫好时，胡琴上突然发出了男人女人的哭笑声，还有用无锡土话讲话的声音。阿炳模仿得惟妙惟肖，逗得大家哄堂大笑。从此，无锡人知道阿炳不仅善拉二胡、弹琵琶，而且还会用乐器模仿动物的叫声和人的哭笑声。但是阿炳对后者从不看重，也很少表演这些。他说：“模仿鸡鸣狗叫、男女哭笑这些玩意不能算作音乐，只能偶尔用来凑趣儿。”

一次卖艺时，有人请他模仿鸡鸣狗叫。阿炳听了非常生气，责问他：“你要听这些东西干什么？这又不是艺术！我希望你赏识的是功夫和神韵啊！”说得那位自称音乐内行的人脸都红了，再也不敢提那些事了。

接着，阿炳操起二胡，调准了音，拉起了他得意的《依心曲》。全曲开头是一个短短的引子，像一声深沉的叹息，仿佛作者开始步履维艰地踏上人生之路。接着，音乐变得悲切、激动，仿佛向人们倾诉了他人生道路上几段难忘的历程和辛酸往事。之后，乐曲达到高潮，音乐以势不可挡的力量，抒发了阿炳慷慨的情绪——月光虽明，世道却暗；泉水虽甜，人世却苦；水面虽平，人间不平；世间再暗、再苦、再不平，人们也要抗争到底……音乐越来越激昂，终于在饱含不平之鸣的悲亢音调中结束。

随着二胡音乐的起伏，观众的情绪越来越高涨，有的激动、有的叹息、有的抽泣、有的同情。乐曲一奏完，人们沉浸在悲愤中，过了一会儿，才纷纷喝彩。

那位“音乐内行”连连点头，说道：“神韵，真正的神韵。一把二胡拉出千般苦、万般恨，痛哉痛哉！”

阿炳对美感和快感是分得很清楚的。所以他偶尔用鸡鸣狗叫之类来凑趣儿，而主张人们去欣赏他那高超的功夫和神韵。快感，是指审美活动中所引起的生理上、心理上快适、愉悦和满足的感觉。阿炳模仿鸡鸣狗吠之类，所引起大人小孩的喜悦，就是快感。美感是审美主体对审美对象具体的主观感受、体验、理解、评价和所获得的精神愉悦。阿炳拉《二泉映月》时，人们对这一乐曲动情的具体感受，就是美感。美感不等于快感。快感是一种单纯的感觉经验，与感官刺激联系在一起，完全是感性的，美感则渗透着理性，是感性和理性的统一。快感是一次性的，过去就过去了；美感则具有稳定性，在艺术作品中还表现为永恒的形象。快感是欲望的满足，有强烈的功利性；美感则是一种精神上的超越，不具有直接的功利性。美感虽不等于快感，但二者又有联系。快感所引起的生理上的舒畅、愉快，是产生和构成美感的必要条件。快感是美感的前提和基础，美感则是对快感的超越和升华。在审美活动中，我们不能仅仅满足于感官的刺激、情感的宣泄，而应该超越快感，达到高级的精神享受。这是阿炳的真知灼见，理应为所有审美者所知晓。

朱光潜先生曾经用“清官大月饼”这个通俗例子，来说明快感与美感的区别：看见清官大月饼，色、香、味俱全，食欲大增，口水直流，这是快感，不是美感；看见清官大月饼上面美丽的图案，仔细欣赏起来，不断称赞图案画得好，意境深远，并根据图案各自发挥联想、想象，这时所获得的审美享受，就是美感。很多人不会区分美感与快感，误把快感混同于美感。有这样一个故事：过去有个封建遗老，不学无术，却爱附庸风雅。他用重金买来一尊古代墓穴中挖出来的扬蹄腾跃的青铜奔马，高兴得很。但觉得它铜锈斑斑，太不好看了。于是便使劲儿擦去铜锈。奔马变得金黄铮亮，分外耀目。他邀了一些亲朋好友来观赏。众人看了，大都啧啧称赞。座中有位审美行家，看了后直叹息：“可惜啊真可惜！”主人不解，就问他可惜什么。这位行家说：“铜奔马擦得金光闪闪固然漂亮，看上去舒服，但却丧失了古拙的美，像是刚从翻砂模子里倒出来的。怎能给人以细细的美的享受？”主人一听，后悔不及。这位行家说得很对。刚从翻砂模子里倒出来的铜奔马虽然金光闪闪，但只能给人以感官快适，引起生理快感，却失去文化历史的精髓，失去了美的内容，当然引不起人们的美感。如果不擦去铜锈，那铜锈斑斑的青铜奔马，会使人感到亲切，发挥无限的想象，仿佛已经跨越时空，回到古老的汉朝，去感受当时的情景，就会在“悦目”的同时，诱发审美美感，产生精神上的愉悦。

三月不知肉味
——美感愉悦性

中国园林建筑是最具民族特色的建筑，是世界建筑中的奇葩。其中，苏州园林最负盛名，而沧浪亭是苏州历史最悠久的名园。院内临水筑亭，以假山为中心，树木苍翠，建筑物环绕四周，院内的山与园外的水融为一体，有山林气象，在园林设计中独具一格。沧浪亭是北宋诗人苏舜钦所建造，至今已有九百多年的历史。

苏舜钦，字子美，绵州盐泉（今四川绵阳东）人，后迁居开封。仁宗景佑元年（1034）进士，曾任大理评事，由范仲淹荐为集贤校理、监进奏院。屡次上书朝廷，议论时政得失。后被诬陷，被捕入狱，革职为民。他寓居苏州后，买水石，修建沧浪亭，自号沧浪翁。他发愤写作诗歌，风格豪放，笔力雄健。其诗与梅尧臣齐名，世称“苏梅”，甚为欧阳修所重。著有《苏学士文集》。

苏舜钦小时就有慷慨大志，喜欢读书，特别是爱读古文诗歌。常常通宵读书，毫无倦意。长大后，他才学出众，朝廷大臣、同平章事兼枢密使杜衍将女儿许配于他。杜衍家书多，加之老丈人十分疼爱女儿，苏舜钦索性就住在丈人家中。

“子美到哪里去了？”一天晚上，杜衍见女儿没有陪伴丈夫，问道。

“他在读书哩！”

“读书好哇！”杜衍夸奖道。杜衍对这个女婿是很满意的。

“他还饮酒呢！”

“男子汉大丈夫，晚上喝点酒算得了什么？”

“你还夸他呢，”女儿有点不高兴说，“他每天晚上要饮一斗酒！”

“什么？每晚要饮一斗酒！”杜衍十分惊讶。他低着头，在房中来回走了几圈，说：“这还了得，待老夫去看看！”说完，便直奔苏舜钦的书房。

苏舜钦的书房门关着，里面传出苏舜钦朗朗的读书声。杜衍一听，便知读的是《汉书》，此刻正在读《张良传》。杜衍站在门外细心听着，两眼从门缝中看着自己的女婿。

苏舜钦不知门外有人，只顾专心致志地读《汉书》。一会儿就读到张良为了替韩国报仇，结交了一个大力士，埋伏在博浪沙。当秦始皇的车队经过时，大力士就把大铁锤砸过去，哪知这一锤砸得不准，只砸坏了一辆副车。读到这里，苏舜钦拍案叹息道：“可惜啊，没有砸中秦始皇！”说完，就满饮一大杯酒。

苏舜饮继续往下读，《汉书》上讲的是张良为圯上老人拾履的故事，后来老人送了一本《太公兵法》给张良，张良苦读兵书，成了军事家。陈胜、吴广起义后，张良历经艰险，率领一百多人投奔刘邦，君臣终于相遇。在相遇时，张良高兴地说："这是老天爷安排我为你服务！"苏舜钦读到这里，又拍案大声嚷道："君臣相遇，实在太难了！"说完，又满饮一大杯。

杜衍看到此情此景，哈哈大笑，说："有如此下酒物，每晚饮一斗，实在不算多啊！"

这就是历史上有名的"《汉书》下酒"的故事。这个绘声绘色的故事，生动传神地表现了美感的愉悦性。苏舜钦读《汉书》时，感情灌注，沉浸其中，咀嚼玩味，细心品尝，充分享受了审美的快乐。美感的愉悦性，是指审美中主体所获得的精神上的享受和情感上的满足。美感的愉悦性，是人在感知、理解了美之后所获得的精神享受。它包括心理的喜悦、信服、同情、惊叹、爱慕、共鸣，乃至物我两忘。车尔尼雪夫斯基在《生活与美学》中，曾对美感的愉悦性作过形象的比喻："美的事物在人心中所唤起的感觉，是类似我们当着亲爱的人面前时，洋溢于我们心中的那种愉悦。我们无私地爱美。我们欣赏它、喜欢它，如同喜欢我们亲爱的人一样。"

美感的愉悦性与欣赏者的审美能力成正比。审美能力越强，美感的愉悦性越强烈。当年，孔子在齐国听到《韶乐》，相传这是古代歌颂虞舜功德的著名乐曲。孔子听得津津有味，满嘴生香，竟"三月不知肉味"。味觉，在生活中是一种最强的、最不容易失掉的感觉。肉是非常好吃的食品。很长时间连吃肉都不知道它的滋味，说明他已深深地沉醉在美妙的音乐之中，美感的愉悦牢牢控制了他的各种感官。

美有各种各样的形态。有自然美、社会美、艺术美，有阳刚之美、阴柔之美，有朦胧美、含蓄美、幽默美、滑稽美，有出水芙蓉之美和错彩镂金之美……但人们无论欣赏哪一种美，审美感受总带有情感的愉悦。欣赏一朵香气四溢、姿态婀娜的花草，有一种情感的愉悦；凝视波涛汹涌、汪洋浩瀚的大海，也会产生情感的愉悦。前者是优美的愉悦，后者是崇高的愉悦。喜剧使人产生

孔子像

愉悦，自不在话下。悲剧也能使人产生情感的愉悦，这一点有人想不通。悲剧使人悲伤、流泪，怎么会使人产生愉悦呢？其实这不难理解。悲剧总是歌颂正义和善良，贬斥不义和罪恶。悲剧人物虽然遭受重大挫折或死亡的结局，但正义和善良却得到了颂扬，使得人们的道德得到满足。另一方面，由于剧中人物的遭遇往往带有某种普遍性。这种遭遇会得到观众的共鸣，使心中怨愤得以发泄，使心情得以陶冶，这也是一种情感的愉悦。

美感的愉悦性体现了人的审美目的和动机。人在美感的愉悦性中可以净化、美化心灵，提高自己的审美能力。美感的愉悦性使人融入美的世界，获得无限乐趣。司马光赏心悦目于松竹景色的时候，不知不觉走进美的世界，高兴得把桃花李花插满白头："松篁亦足开青眼，桃李何妨插白头。"据清人叶德辉在《书林清话》记载，司马光对读书有"深癖"。他把自己的书房称为"独乐园"。每当读书时，他必先将书桌拂拭干净，擦净双手，然后开始展读。读到精彩处，一面吟唱，一面手舞足蹈。唐代人许棠欣赏山水景色的时候，不知不觉走了很远的地方，一边走一边高声吟诗，"闲赏步易远，野吟声自高。路无人到迹，林有鹤遗毛。"（《野步》）美感的愉悦使他无拘无束，自由自在。陆龟蒙在审美世界里，把眼前的美景当做一个王国，觉得自己快活得像一个王侯："溪山自是清凉国，松竹合封萧洒侯。"（《句》）

美感的愉悦性能开阔人的襟怀，冲淡愁情。我国近代诗人、南社创始人之一的高旭登上石钟山观音阁，在那里远眺庐山，欣赏美景"登临顿觉襟怀阔，消尽人间万斛愁”（《登石钟山观音阁》）。美感的愉悦性使他愁情消尽、胸襟开阔。杜甫有首《后游》诗：“寺忆曾游处，桥怜再渡时。江山如有待，花柳自无私。野润烟光薄，沙暄日色迟。客愁全为减，合此复何之？”审美引起的美感愉悦，使游客的忧愁逐渐耗散、减少。唐代诗人方泽的《武昌阻风》：“江上春风留客舟，无穷归思满东流。与君尽日闲临水，贪看飞花忘却愁。”观水看花引起的愉悦，使人忘却愁情。苏辙登“豁然亭”，遥望城南城北的景致，心中大快，顿觉心意豁然开朗：“南看城市北看山，每到令人意豁然。碧瓦千家新过雨，青松万壑正生烟。”（《豁然亭》）

美感的愉悦性还能调整人的情绪，减轻病痛。白居易深有体会地说，欣赏音乐使他心情舒畅，消除了病痛，“本性好丝桐，尘机闻即空。一声来耳里，万事离心中。情畅堪销疾，恬和好养蒙。尤宜听三乐，安慰白头翁”（《好听琴》）。许多诗人都认为审美能治病。疏山说：“一见云山病眼清。”陆游云：“九陌莺花娱病眼。”“治疾不用药，听雨体自轻。”“体中颇觉不能佳，急就梅花一散怀。”杜甫说得更好：“眼前无俗物，多病也身轻。”（《漫成二首》其一）

《尼伯龙根的指环》的演出
——美感的共同性与差异性

生于莱比锡的德国作曲家、剧作家瓦格纳，是一个颇有争议的人物。他创作的音乐剧，由于气势宏大、情节曲折、内容深刻、形式活泼，很受人们欢迎；其中甚至也包括反人类的法西斯头目们。这是审美的共同性的表现。另一方面，人们对他作品的观赏理解也是众说纷纭，莫衷一是，这又是审美差异性的表现。就拿他的代表作《尼伯龙根的指环》来说，就充分体现了这一特点。

歌剧《尼伯龙根的指环》取材于德国中世纪叙事诗《尼伯龙根之歌》和北欧神话《埃达》，瓦格纳花了二十六年时间才完成。剧情错综复杂，叙述在莱茵河底安放着黄金宝库，由三个仙女守卫着；如果谁能盗走黄金并把它炼成指环，他就可以获得统治世界的权力。为此，天神、小人族、巨人族之间，展开了一幕幕惊心动魄的争夺战。小人族首先欺骗仙女，窃走黄金炼成指环；天神取走指环，送给巨人。英雄齐格弗里德受人利用，杀死巨人变成的大蟒，夺得指环，救出天神女儿布仑希尔德，并与她相爱。齐格弗里德误入圈套，喝下毒药失去记忆。布仑希尔德以为齐格弗里德变了心，竟帮助坏人杀死齐格弗里德；当她觉悟到这一切不过是一场争夺金钱和权力的阴谋骗局时，便用熊熊大火烧毁了神界，以死殉情。最后，指环又回到了莱茵河仙女手中。

这部歌剧由《莱茵的黄金》《女武神》《齐格弗里德》和《诸神的黄昏》四大部分组成。其规模之大，远远超出了一般歌剧，要全部看完它，需要用四个夜晚。为了上演这部宏大的歌剧，瓦格纳在巴伐利亚拜罗伊特修建了一座新式剧场。1876 年的夏天，在新剧场首次上演了《尼伯龙根的指环》。这一天，德国皇帝威廉及诸位大臣，著名音乐家柴可夫斯基、李斯特等前来观看。整个拜罗伊特镇万人空巷，热闹非凡。从此，该镇每年夏天都要举办一个月的拜罗伊特音乐节，上演《尼伯龙根的指环》。

歌剧《尼伯龙根的指环》讲述的是象征统治世界力量的黄金指环，引起人的权欲，从而发生丑恶的权力争斗及爱情悲歌；反映了瓦格纳对冷酷现实和社会弊病的揭露和批判，表现了纯真的爱情高于金钱和权力的思想。这是一个既古老又新鲜的永恒主题。

拜罗伊特音乐节每年都盛况空前。德国人、法国人、瑞士人等纷纷赶来，各个民族、各个阶级、各个阶层的人，也不分彼此一起欣赏这个美丽的神话歌剧，聆听美妙动人的音乐。甚至那些双手沾满人民鲜血的战犯、刽子手也来到拜罗伊特镇观看歌剧。

在长达六七十年的时间里，歌剧主旨、舞台设计、服装造型、人物形象等，都与首演时的一模一样。可是，当 1952 年迎来战后第一个拜罗伊特节时，导演别出心裁，将舞台设计成空荡荡的大圆板，象征着一个巨大的指环；演员的服饰也由中世纪日耳曼服装变为古希腊悲剧的服装，使《尼伯龙根的指环》成为没有德国民族性，也没有时间性的神话歌剧，以吸引更多的外国观众前来欣赏。

1976 年，排演《尼伯龙根的指环》的任务落在著名导演显若身上。他大刀阔斧，针对当时西方社会存在的个人自由受到权力压制的现实，将歌剧主旨改为个人自由要冲破权力的限制，并让演员穿上19世纪90年代的服装。他坚持认为，瓦格纳创作这部歌剧时，说的是古代日耳曼的神话，想的是他自己所处时代的问题。既然如此，为什么不让演员穿上瓦格纳时代的服装呢？他的这些设想和改动，受到了欧洲青年人的热烈欢迎。

后来，哈里·库普夫导演《尼伯龙根的指环》，舞台场景使用了现代灯光设备，人物形象设计则贴近现代生活。剧中英雄齐格弗里德穿着夹克衫和牛仔裤，蓬松着头发，是一个不修边幅的具有叛逆心理的现代青年形象。守护莱茵河黄金的三位仙女，站在三只相连的大试管里一面唱着歌，一面奔上奔下。——这三只特大试管是污水处理池。它向人们显示，现在的莱茵河已被污染了。仙女只能在污水处理池中上下沉浮。哈里·库普夫对歌剧的处理，联系了现实，赋予它新的意义，巧妙地引导观众深刻反省当今社会。

瓦格纳创作的《尼伯龙根的指环》，不同文化、不同阶级和阶层的人都喜爱，都争先恐后去欣赏它，都能从中获得美感，这是美感的共同性。而对同一个《尼伯龙根的指环》，不同的导演根据各自的审美感受，挖掘出这一作品新的积极的因素，展示出前人未发现的审美因素，使欣赏者分别获得不同的新的美感，这又是美感的差异性。

美感的共同性是指不同或同一时代、民族、阶级的人，对于同一审美对象所产生的某些相通、相似、相同的审美感受、审美评价。由于美是人类共同发现、共同创造的，人类的社会实践、审美实践使人具有共同的心理结构并形成一种普遍的审美尺度，所以美感中显示出基本的一致性。不论是东方民族还是西方民族，也不论富翁、贵族还是穷人、平民，更不论古代人还是现代人，如果站在杭州西湖边上，欣赏西湖风景，都会产生相同的优美感；如果站在尼亚加拉大瀑布前，获得的又是相同的崇高感；观看喜剧《钦差大臣》，会产生相似的喜剧感；欣赏悲剧《茶花女》，获得的是相似的悲剧感。

美感的差异性，是同一或不同时代、民族、阶级的人乃至同一个人，对同一审美对象产生的不同的或对立的审美感受、审美评价。美感的差异性，是由于各种人的社会实践、审美实践的差异性，以及由此产生的审美意识、需要、能力的差异性造成的。比如欣赏同一出悲剧《祥林嫂》，不同的人审美感受不同：有的人是心灰意冷、绝望无力的悲叹，有的人是压抑凄凉、幽怨神伤的悲哀，也有的人是哭天抢地、潮涌倾泻的悲恸，还有的人是激越悲怆、聚集力量的悲愤。

美感差别性的极端，就是对立阶级的不同感受。在法国巴黎卢浮宫中，悬挂着一幅油画《自由引导人民》。画面正中，一位体魄健壮的象征自由的普通劳动妇女，在透过硝烟的强烈光线照耀下冲在街垒前面，头戴法国大革命时期的红色弗里吉亚帽，左手握枪，右手高擎飘扬的三色旗，正转身召唤身后民众向前冲锋。她的左侧，一个挥舞着双枪的勇敢少年，视死如归地在炮火中勇猛前进。她的右侧，那个身穿黑上衣戴高筒帽的是大学生。他双手紧握步枪，眼睛中闪烁着对自由的渴望。他的身后，两名工人手举钢刀，大义凛然。前景上，除了倒毙在瓦砾堆上的禁卫军尸首外，还有一个受了致命伤的青年徒工，匍匐着想站起来，竭力仰望着上方的法兰西共和国的三色旗，

《自由领导人民》 德拉克洛瓦

而他自己穿的蓝罩衣下露出的白衬衫衣角，跟红腰带也组成了一面三色旗。远处，是笼罩在晨雾中的巴黎圣母院。如果细心观赏，还可隐约看到北塔楼上飘扬着一面共和国旗帜。

这幅画是法国浪漫主义画家德拉克洛瓦创作的。画面气势磅礴，结构紧凑，用笔奔放，色调丰富炽热。主色调是法国国旗的红、白、蓝三色。三色的主题，在画里显示出精神上的崇高，具有浓厚的浪漫主义色彩和强烈的感染力。

这幅画取材于1830年法国七月革命事件。1830年7月25日，国王查理十世签署法令，暂停出版自由，解散国民议会，限制人民选举权。巴黎市民闻讯后纷纷起义，于27日至29日，为推翻这个复辟的波旁王朝，与国王的军队展开了白刃战，最后占领了王宫。法国历史上称它为“光荣的三天”。在这次战斗中，圣德克区的姑娘克拉腊·莱辛一马当先，在街垒上举起象征法兰西共和制的三色旗；少年阿莱尔为把这面旗插上巴黎圣母院旁的一座桥顶上，最后倒在血泊中。画家目击这一悲壮激烈的巷战，义愤填膺，于当年就完成了这幅画。

当这幅画1831年在沙龙展出时，引起了不同凡响。人民爱它，无不认为它很美。德国诗人海涅称赞它展示了七月革命的“真实面貌”，恢复了“贱民”的尊严，再现了法国人民酷爱自由的崇高意志和顽强的战斗精神。它庄严地向全世界宣告：万恶的专制主义必将被人民所推翻。

贵族艺术卫道士和资产阶级上层人物则竭力诽谤、污蔑这幅画。他们大肆谴责这幅画是对“光荣的三天”的丑化，批评这“自由女性”的形象是卑鄙的，把参加起义的人污蔑为贱民。《美术家报》骂道：“在那众所周知的三天里，难道就只有一群贱民吗？”新古典派发表评论说：“德拉克洛瓦只对‘丑恶’感兴趣，把一个不体面的悍妇，一个野女人搬进了圣洁的美术领域。”

造谣、污蔑、诽谤之词，甚嚣尘上。一时间，贬责否定之词占了上风。尽管诽谤的人很多，但谁也不能否定德拉克洛瓦的高超画技。于是有人建议政府收藏它，结果政府以3000法郎买下这幅画，把它挂在宫内，为的是提醒新国王。新国王周围的人见了这幅画如坐针毡，很快就把它取下，送到王宫博物馆。然而博物馆官方还是受不了这幅画激烈的含义，画又被取下。17年后，法国爆发了1848年的二月革命。法国人民要求此画重新公展，此画又在卢森堡宫公展。同年6月，巴黎工人起义，此画又被当局摘下，理由是这幅画具有煽动性。反反复复，几经周折。直到1874年，这幅画才被送进卢浮宫，一直保存至今。

《自由引导人民》这幅画的遭遇告诉我们，美感具有阶级性。美感的阶级性，是指在美感中所渗透、体现的阶级意识、阶级本质，是阶级社会中人的美感的一种特性。车尔尼雪夫斯基指出，不同阶级、不同教养的人，如贵族、商人、农民对美有全然不同的审美要求、审美感受。在有阶级存在的社会中，人们的不同生活方式、阶级利益、社会需要，形成不同的心理、思想、情感、习惯，形成不同的审美意识、标准、理想，对审美对象的美感、审美评价具有了阶级的内容。人们在审美活动中，往往接受欣赏与本阶级认同的审美对象，排斥与本阶级利益相对立的审美对象，从而在美感中渗透了阶级的意识。美感的阶级性，制约着人的审美选择、感受和评价，影响人对美的创造。承认美感的阶级性，并不排斥美感的共同性。在一定条件下，对同一审美对象的美感中，有某些共同性。如对《自由引导人民》，所有的人也都感到其画技高超、气势磅礴、结构紧凑、色彩丰富。在这一点上，不同人的审美感受是有共同性的。

总之，美感既具有共同性又具有差异性。正确认识美感的共同性和差异性，对于把握美感的性质，对于创造既具有普遍审美价值又具有多样性的美和艺术，对于正确对待各个时代、民族、阶级的人所创造的美，充分发挥美的功能，对于提高人的审美能力，都具有重要的意义。

流水能清物外心
——美感的功利性与非功利性

美感具有非功利性。在审美中要获得美感，必须排除各种干扰，特别是要远离、超越功名利禄。如果在审美中没有排除功利性，那么美感就不会降临。例如我们欣赏《蒙娜丽莎》油画，只有采取超然静观的态度，才会感到绘画之美、人物之美，领会那迷人的微笑，产生愉悦。如果心里想着占有这幅画，或者想着这幅画该值多少钱，抑或盘算自己如何学成绘画的本领。这个时候，哪怕只有一点点功利、实用的念头，美感就会离他而去，消失得无影无踪。

美感的非功利性，主要表现为审美过程排除功利、超越名利，还表现在美感的分享性上。美感不是自私的情感，它具有众人分享的性质。蔡元培先生曾经说过："一瓢之水，一人饮之，他人就没有分润；容足之地，一人占了，他人就没得并立。这种物质上不相入的成例，是助长人我的区别、自私自利的计较的。转而观美的对象，就大不相同。"（《美育与人生》）

古人早就意识到美感的分享性，"独乐乐，不如与人乐乐""与少乐乐，不如与众乐乐"。唐穆宗长庆三年（823）初春，细雨洒落在长安城，春雨中万物复苏，小草悄悄地从地下冒出来。诗人、文学家韩愈散朝归家，呼吸着初春的气息，眺望空地上浮起浅浅的绿意，思绪飘逸，两首绝句从心底涌动，急忙用纸笔录下："天街小雨润如酥，草色遥看近却无。最是一年春好处，绝胜烟柳满皇都。""莫道官忙身老大，即无年少逐春心。凭君先到江头看，柳色如今深未深？"他要老朋友张籍分享他寻春的喜悦，题为《早春呈水部张十八员外二首》，命仆人快快给张籍送去。

感情丰富的诗人希望别人分享自己的美感，一般人也不会把美感藏起来，独自享受。元代一位老翁早晨起来看到雨后初晴，山色青翠如洗，特别可爱，忍不住把自己的审美感受传达给别人，隔窗叫醒诗人刘因，让诗人也分享他的审美喜悦："邻翁走相报，隔窗呼我起：数日不见山，今朝翠如洗。"（刘因《村居杂诗》）

审美中产生了美感后，最担心的是没有人同他分享。南宋诗人陆游就有这种体验："谁琢天边白玉盘，亭亭破雾上高山。山房无客儿贪睡，长恨清光独自看。"（《秋夜观月》）白玉盘似的圆月，穿云破雾升上高山顶，银色的月光洒满大地，真是美极了！诗人心中充满着喜悦，但是此时山房没有客人，儿子又贪睡，身边没有一个人同他一起赏月，一起共享美感，诗人深深地感到遗憾。

美感需要有人分享，所以审美中，往往需要同伴，期望同赏。“今日明光里，还须结伴游。”（李白《宫中行乐词》）“人道秋中明月好，欲邀同赏意如何？”（白居易《华阳观中八月十五日夜招友人玩月》）一旦没有同伴，没人共享，美感就会大大减弱。白居易就有这样的体会：“春来无伴闲游少，行乐三分减二分。何况今朝杏园里，闲人逢尽不逢君！”（《曲江忆元九》）“暮春风景初三日，流世光阴半百年。欲作闲游无好伴，半江惆怅却回船。”（《三月三日》）

美感的非功利性，只是美感性质的一个方面。另一方面，美感又具有社会功利性。鲁迅先生说过：“享受着美的时候，虽然几乎并不想到功用，但可由科学的分析而被发现。所以美的享乐的特殊性，即在那直接性，然而美的愉悦的根底里，倘不伏着功用，那事物也就不见得美了。”

美感的功利性，是指美感中包含着对人类社会生活有益有用的内容，能满足人们某些有益有用的需求。比如美感能使人们获得精神上的满足，调节人的心理状态，净化人们的灵魂，促成人的意志行为。有人把美感对人的这种积极功用，归纳为娱乐功能、道德功能和认识功能等。

美感能淡去人的是非功利之心，净化人的心灵。斐公衍有一首《春夜宿云际寺》诗，诗中描绘了云际寺夜晚的美景：“境静闻钟声易响，庭高见月影难沉。”这时的他，美感油然而生。在美感的笼罩下，他突然感悟到“青山解隔尘中事，流水能清物外心”。朦胧的青山、清澈的流水，不仅给人以美的感受，还能让人扫除人世间的纷争纠葛，荡涤种种世俗欲念，使得心灵变得清澈明净。张方平的一首诗，把美感的这一功能直接抒发出来：“我爱霅溪风景间，年年鱼鸟伴湖山。利名人到心犹静，况是老僧长闭关。”（《书吴兴僧兴公院壁》）在优美的山水胜景里，心里充满着美感，“忘却人间万种心”，让人超越世俗，心灵变得纯洁起来。哪里还有功名利禄的地位！类似这一审美体验的话，在古诗里随手可得，如：“云泛名利心，风轻是非齿。”（李群玉《饭僧》）“争名逐利千绳缚，泼水登山万事休。”（周敦颐《同石守游》）

美感能帮助人克服人性的异化，回复本真。有的人当了官得了势，就会装腔作势，摆出一幅威重的官架子，颐指气使；而一旦投入美的怀抱，为美感乐趣所熏染，就会自然而然忘掉自己的社会角色，多少恢复一些天真自在的本性，变得自然、谦和一点。宋人范纯仁在《上文太师》这首诗里写道："行乐心清日日添，诗豪酒健独能兼。从容对客忘威重，自是天真不是谦。"由于喝酒吟诗，心里天天增添审美的快乐，洋溢着美感，所以对客人的态度也显得从容亲切，忘记了平日里摆出的威重姿态。丁谓是宋代官居一品的大官僚，曾位居宰相。此人在建筑统筹方面多有建树，后来官当大了，官大脾气长，官腔十足，盛气凌人，劣迹颇多；但是在审美活动中，他的官气会被审美的愉悦所取代，竟变得亲和可爱起来。他在一首《公余春日》诗里写道："绿杨铺线草铺茵，触处烟光举眼新。一品也须防白发，千金莫惜买青春。莺声圆滑堪清耳，花艳鲜明照欲身。独向此时为俗吏，风流知是不如人。"

美感还能陶冶人的性情，提高人的涵养。"偶然弃官去，投迹在田中。日出照茅屋，园林养愚蒙。"（韦应物《答畅校书当》）意思是说，美感能改变人的性情，涵养人的品格。美感使人淡泊心志，"行到白云重叠处，水声松韵淡人心"（契嵩《书商山六合寺》），"云闲虚我心，水清澹吾味。云水俱无心，斯可长伉俪"（戴叔伦《古意》）。美感使人心清静起来，"江上调玉琴，一弦清一心"（常建《江上琴兴》），"更期雨后再来看，净洗一生烦恼热"（楼钥《大龙湫》）。各种美感都有它的作用：优美的感受可使人增加灵活性，崇高的美感可使人意气风发，意志坚强；悲剧的美感使人奋发向上、净化道德情感，喜剧的美感能使人幽默、聪慧；壮美的感受还可以增加人的阳刚之气："江山雄伟增人气，城壁萧条类此身。"（王存《归京口》）

美感一方面排斥功利，另一方面又联系着功利，产生着社会功利，这不是矛盾吗？其实这两者并不矛盾。因为前者从个人审美角度讲的，是从获得美感、保持美感角度而言；后者是从美感的功能角度讲的，是美感的必然趋势、必然结果。这两者非但不矛盾，而且还紧密联系。没有个人审美的非功利性，就不能产生美感和保持美感；没有美感，当然也就没有美的功能、没有美感的社会功利性。可以这样说，个人审美感受的非功利性中，潜藏着社会功利性。强调个人审美的非功利，保持良好的审美心境和审美态度，正是为了更好地发挥美感的社会功利性。如果在审美之前或审美过程中，强调审美感受的功利、实用价值，就不会产生美感甚至会扼杀美感。这样，反而实现不了美感的价值，发挥不了美感的社会功能。

音乐陶醉和观画色变
——优美感和崇高感

美的形态有优美、崇高美、悲剧美和喜剧美，与此相对应，美感大体可分为优美感、崇高感、悲剧感和喜剧感。我们先来看优美感和崇高感。大家可能都熟悉《梁山伯与祝英台》的爱情故事，一定听过优美的小提琴协奏曲《梁祝》吧！

1958年，上海音乐学院的学生何占豪、陈钢，在越剧《梁山伯与祝英台》音调的基础上，创作了优美的小提琴协奏曲《梁祝》。全曲分为相爱、抗婚、化蝶三个部分。1959年5月27日在兰心大剧院首演。18岁的管弦系学生俞丽拿担任小提琴独奏，指挥系的学生樊承武担任指挥，管弦系学生乐队担任乐队协奏。剧场内，坐满了本院师生和来自各界的观众。

乐曲从长笛开始。长笛在轻柔的弦乐背景中，奏出秀美而明丽的曲调。双簧管奏出优美的旋律后，小提琴在竖琴的映衬下，奏出充满诗情画意的爱情主题。接着，独奏小提琴与大提琴相互对答，使人联想起梁山伯与祝英台在草桥旁义结金兰的情景。活泼的回旋曲，描绘梁山伯与祝英台同窗三载、嬉戏游玩的情景；缓慢的曲调，描绘梁山伯十八里长亭相送，两人依依惜别。当听众们沉浸在梁祝依依惜别的感情气氛中时，乐队奏出了代表封建势力的主题。独奏小提琴奏出祝英台的激愤不安和反抗，掀起了全曲矛盾冲突的高潮。之后，小提琴与大提琴缠绵柔情、如泣如诉的对话，表现他们楼台相会、互诉衷肠的情景。音乐运用越剧中嚣板“紧打慢唱”的手法，表现梁山伯病逝，祝英台哭灵。在悲愤的低音中，祝英台纵身投入突然裂开的坟墓中，音乐推向高潮。乐曲最后，又出现安详宁静的气氛。长笛、竖琴美妙的声响把人们带到了平等、自由的仙境。加上弱音器的小提琴轻柔地奏出梁祝的爱情主题。此时已不是祝英台个人在歌唱，而是变成了群众对梁祝这一对恋人的同情和赞颂。此时，一幅梁祝化蝶的图画映入观众的眼帘。它是人们对梁祝忠贞不渝爱情的同情和祝愿，对未来美好生活的无限向往。

优美的旋律、浓郁的韵味和具有中国戏曲的表现手法，深深地吸引了每一个观众。大家如痴如醉地欣赏着。当最后一个音符在指挥的手中掐断时，全场响起了暴风雨般的掌声。

小提琴协奏曲《梁山伯与祝英台》美妙的旋律很快传遍全国，响遍世界。在亚洲，几乎每一个国家和地区的人都不止一次地被《梁祝》深深陶醉；在美洲和欧洲，《梁祝》被视为交响乐的辉煌之作。世界级的小提琴大师艾萨·斯特恩生前对《梁祝》赞不绝口。德累斯顿乐团团长惊呼："这样的音乐太美了。"据不完全统计,《梁祝》小提琴协奏曲的唱片发行量已突破百万,人们称它为"我们中国自己的交响乐"。

听过小提琴协奏曲《梁祝》的人，无不被它那优美的音乐所陶醉。这种审美感受就是优美感。优美感是审美主体对优美的客体所产生的一种柔和与舒适的审美感受。优美感是主体和客体自由和谐关系的完善体现，其基本特征是愉悦，包括亲近感、柔和感、愉悦感。优美感的源泉是自然物、社会物、艺术作品等对象纤巧、雅致、柔和、秀婉的美；生理基础是对象优美的审美特性同人的审美感官的感受力、呼吸、脉搏的节律相协调；心理基础是主体具有相应的审美能力和美好的心灵。我们欣赏桂林山水、杭州西湖，欣赏油画《周庄双桥》《蒙娜丽莎》，欣赏国画《万里长江图》《墨虾图》，观看舞蹈《千手观音》《孔雀舞》，观看电影《雷锋》《城南旧事》时，都会产生轻松、柔和的优美感。优美感给人以乐于接受的享乐感，能使人心情舒畅、自由和谐，处于良好的心境之中，能推动人们上进和进行美的创造。

优美感与崇高感相对。什么是崇高感呢？我们来听一个"观画色变"的故事：

清代文人方薰自幼就喜欢写诗绘画，善于画山水、人物。他画的人物栩栩如生，画的草虫花鸟惟妙惟肖。运笔赋色，不落俗套。而且，他还是绘画的评论家和收藏家，著有《山静居画论》。

一天，方薰得到一幅王翚画的《清济贯河图》。方薰早已耳闻王翚的名声。王翚（1632 ~ 1717），字石谷，号耕烟散人、乌目山人、剑门樵客，晚年号清晖主人。江苏常熟人。王翚自幼酷爱绘画。他曾周游大江南北，观赏各收藏家所藏的历代名画，潜心一志，细细研究，尽得各家之法，并融会诸家，变化生新。他的山水画功力深厚，笔墨纯熟，被时人称为“画圣”。他与王时敏、王鉴、王原祁并称“四王”，其中他名声最大。

方薰将《清济贯河图》挂在堂内，请来好友朱生等一起观赏。正眼看去，画面上，太阳躲在薄云中，黄河岸边露出一角黄沙地。汹涌的清河水和呼啸的济河水像大瀑布一样，从高处注入黄河，激起万丈高浪。黄河中阴风怒号，波涛翻滚，浊浪排空。黄河水像无数狂奔的野马，势不可挡地向东奔腾，发出惊天动地的响声。

朱生一见此状，倒抽一口冷气，脸色苍白，大叫一声：“好可怕！”方薰也被汹涌的流水镇住了，不过他没有像朱生那样吓得面如土色。他忙问朱生为何如此。

“前年我乘船过河，风急浪高，差点翻了船送了命，到现在还有点后怕。”朱生解释道，“现在看到画上的浪头，如临其境，怎能不心惊肉跳呢？”

“这正说明这幅图画得好。我已从画中听到了黄河水的奔腾澎湃声了。你听到了没有？”方薰问。

“我早已从纸上听到了。此画太有神韵了，有气势。”朱生缓过劲后，夸奖说。

“以前我听说李思训为唐明皇作画，‘所画掩壁，夜闻水声’，感到不可理解。现在看了此图，看来说此话并不奇怪。”

朱生同意方薰的看法，说：“我也听说古人画水，挂在室内，观者觉得寒气逼人，毛发为立。此话一点不假。能达到这幅画的水平，那就是极品了。”

方薰叹息道：“可惜这样画太少了！”

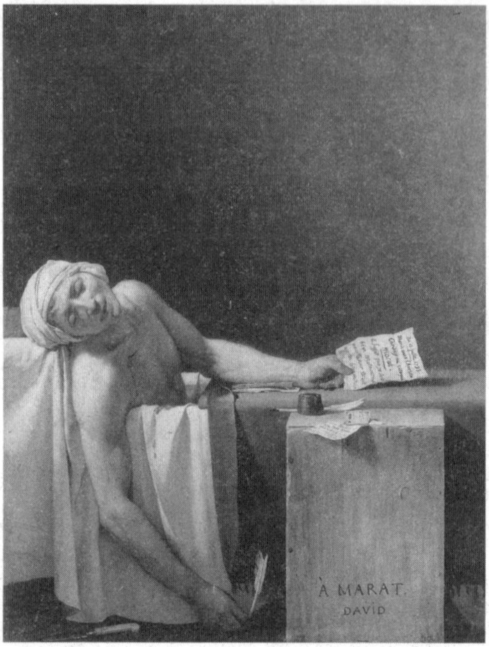

《马拉之死》 达维特

“至少你已经有了这一幅！”朱生说。

“哈哈哈……”两人相对而笑。

崇高感是美感的一种高级形式。它是人对自然、社会、艺术中崇高事物的慑服、敬仰、赞叹相混合的审美感受。崇高感以对象的崇高审美特性为源泉，以对崇高的感受力、理解力、想象力为主观条件。巨大、有力以至无限的自然物，具有崇高精神的社会物、艺术形象，都可以激起人的崇高感。崇高感是一种复合情感，一般包含突兀感、惊惧感、敬仰感、叹服感、愉悦感等。崇高感有一个转化的过程，即由惊转化为喜、由推拒转化为接受。方薰和朱生观画先是惊惧，然后转为叹服和愉悦。这就是崇高感的转化过程。我们欣赏黄河咆哮、巨石陡立，欣赏油画《马拉之死》《马赛曲》，欣赏国画《父亲》《奔马图》，观看舞蹈《红嫂》《威风锣鼓》，观看电影《董存瑞》《英雄儿女》时，都会产生激荡的崇高感。崇高感可以使人感到渺小，产生归属感或重新塑造自己以同化于对象的要求；更可以使人意识到自己的伟大，使人感奋、自信、自尊、自豪，产生巨大的精神力量。

《茶花女》和《钦差大臣》
——悲剧感和喜剧感

悲剧感和喜剧感，是美感的表现形式。什么是悲剧感和喜剧感？我们一起来品味两出戏剧。第一出戏叫《茶花女》。

1847 年，巴黎名妓玛丽·甫丽赛丝刚刚二十三岁就凄惨死去。这个名噪一时的风尘女子的悲惨结局触动了一位青年作家。他依据这个女子的身世，创作了小说《茶花女》。这位作家就是小仲马。

这部小说获得了成功，小仲马也一举成名。小仲马的朋友鼓动他把小说改编成剧本，因为戏剧更能感动观众。小仲马兴冲冲地去找自己的父亲，谈了自己的改编计划。不料大仲马连连摇头，说：“小说与剧本是两种不同的艺术。你的小说已一炮打响了，如果改编剧本失败，就会鸡飞蛋打，什么都完了。”

“我有信心把它改编好！”小仲马信心十足。

大仲马有点不耐烦，大声嚷道：“不行就是不行！我不同意改编成剧本！”

小仲马见没有商量的余地，气愤愤地走了。大仲马的反对态度刺激了小仲马，他决心一定要改编好，于是就把自己关在小屋中，发奋写剧本。很快，一部五幕剧的《茶花女》完成了。

小仲马在剧本中描绘了一位因爱茶花而被称为“茶花女”的巴黎名妓玛格丽特的不幸遭遇。玛格丽特因找不到生活出路，被迫沦为妓女；虽过着一掷千金的生活，但内心充满痛苦。一个偶然的机会，她结识了一位青年阿芒，他同情她的遭遇，他们真诚相爱并搬到乡间居住。阿芒的父亲以威胁恐吓和苦苦哀求，要玛格丽特与儿子断绝关系。玛格丽特违心保证不再见阿芒并给阿芒写了一封拒绝爱情的信。阿芒不知内情，以为她忘恩负义，狠狠骂了她一通。玛格丽特受此打击卧床不起，生命垂危。阿芒知道内情后回到玛格丽特身边时，她已奄奄一息，最后带着无限的遗恨，离开了人间。

小仲马像

小仲马一写完剧本就跑到父亲那里，要读给大仲马听。大仲马不想听，但不愿意扫儿子的兴，就勉强听了起来。读完第一幕，大仲马连忙说："好极了，好极了！"读完第二幕，他的眼睛湿润了。正要读第三幕时，有人有急事找小仲马，小仲马只好出去办事。两人约好一小时后再读。

小仲马回到家里，发现父亲泪水纵横，仰天长叹。原来他等不及了，自己读完了全部剧本。

"我亲爱的孩子，"他说，"你的剧本写得太悲悯了，太棒了。我替历史剧院接受你的这个剧本。"

没想到的是，大仲马经营的历史剧院恰巧在这时候倒闭了。小仲马到处奔波，寻找出路。一家剧院终于答应冒这个风险，演这个剧本。但是戏剧审查委员会不同意，理由是有伤风化。

大仲马知道后，一面痛斥戏剧委员会，一面以自己的声誉为剧本担保。

经过几次周折，剧本终于获准上演。但有人扬言："这种下三流的东西，演不到第二幕就会被观众轰出去。你们等着看大、小仲马的狼狈样吧。"然而，剧幕一拉开，观众们就被剧情吸引住了，禁不住为不幸的茶花女而担忧。当玛格丽特在阿芒的拥抱中死去时，观众们都感动地流下了泪水。沉静一分钟后，全场爆发出雷鸣般的掌声。《茶花女》戏剧一晚上就轰动了整个巴黎。

当夜，小仲马给在布鲁塞尔的大仲马发去了电报："成功，极大的成功。

观众们竟以为是在看你作品的开幕演出。”

大仲马的复电是：“亲爱的孩子，我最好的作品就是你。”

大仲马听和读《茶花女》剧本时的悲伤，和观众观看《茶花女》戏剧时的落泪，就是美感中的悲剧感。悲剧感，亦称悲感，是由悲剧性审美对象所引起的伤感、震动和悲哀的情感体验。悲剧感是一种复合情感，其中可以包括抑郁、忧愁、悲哀、悲伤、沉痛，恐怖、愤怒、怜悯、同情、愉悦、崇敬等情感。悲剧有悲壮，悲愤、悲悯、悲喜等种类，所以悲剧感中所包含的情感也有所差别。由于悲剧的本质是丑、恶压倒美、善，因此悲剧感的基本趋向是悲哀、怜悯、同情。悲剧中，悲剧人物以死亡或失败而告终，但什么是善恶的道德评价得到了满足，人们看清善恶、美丑。所以悲剧感不是单纯的悲哀、恐惧、悲观，而是在对对象理性把握的基础上，既有精神情绪上的悲伤、痛苦，又有审美上的愉悦；既有对恶的惊惧、义愤，又有对善的赞叹、对正义必将取得胜利的信念。人们看《茶花女》时产生的悲剧感中，既有对茶花女的不幸遭遇感到悲伤、同情，对社会黑暗产生愤怒；也有对茶花女善良真诚的品格和崇高牺牲精神的赞叹，对她追求爱情和幸福愿望的肯定。

第二出戏是举世闻名的讽刺性喜剧《钦差大臣》，是俄国著名剧作家果

大仲马像

戈理于 1836 年创作的。果戈理说过：“我要把自己当时所看到的俄国的一切坏东西，集中在一起，一下子把它嘲笑个够。”

在剧中，出现了一个偏远的外省城市。市长与其部下是一伙昏庸贪婪、卑鄙愚蠢的官吏。彼得堡小官吏赫列斯达科夫因赌博把钱花光了，正躲在该市旅馆中无计可施。市长等误认为他是钦差大臣，一个个装作诚惶诚恐的样子，盛情款待他。赫列斯达科夫假戏真做，信口雌黄，使官员们惊恐万状，纷纷向他送礼行贿。他毫不客气全部收下，并厚颜无耻地同时与市长太太和市长女儿调情说爱。赫列斯达科夫离开小城前，留下一封说明真相、嘲笑市长的信。当市长正在庆贺自己攀上了显贵时，这封信的发现使这伙人出尽了洋相。这时，传来真正钦差大臣来临的消息。他们如闷雷轰顶，呆若木鸡，一下子都瘫倒在地上。

写好剧本后，果戈理在一次聚会中，朗读了这个剧本。在场的朋友笑得前俯后仰，一致称赞这个剧本写得好。

1836 年 4 月 19 日，《钦差大臣》在亚历山大戏院上演。一个月后，在莫斯科马雷依戏院演出，由当时著名演员史钦普金饰市长。那一天，戏院里爆满。大学生、职员、艺术家拥挤在各层楼座上，达官显贵坐在包厢里。沙皇居然相信这个剧本中没有包含一点不忠于他的成分，兴致勃勃地带着皇太子坐在皇家包厢里。

戏幕拉开后，当那个自称“做官三十年，曾骗过三个省长”的市长，弄不清“哪一张是真的，哪一张是假的”状子的法官，千方百计陷害教师的督学，整天胡思乱想、私拆信件的邮政局长，“随便用拳头揍人”的警察局局长纷纷登场时，台下的青年乐了，他们嘟囔着：揭露得太彻底了！当市长一伙把从彼得堡路过这里的一名分文不值的十二等文官赫列斯达科夫奉为上宾，大献殷勤和贿赂，丑恶嘴脸暴露无遗时，楼座上的观众就像夏天吃冰块一样畅快。当市长厚颜无耻献上自己的妻女，赫列斯达科夫与这两个女人调情时，台下观众笑得流出了眼泪。当市长发现上了当，懊悔莫及时，观众中爆发出热烈的欢呼声。最后，全剧以真的钦差大臣到来、众官员“哑场”结束。停顿两分钟后，全场响起热烈掌声。市民们无不为这种痛快淋漓的揭露和讽刺叫好。

与普通市民相反，坐在包厢中的沙皇和达官显贵们却如坐针毡，气得脸红耳赤。沙皇离开包厢时说："这叫什么戏！人人都不痛快，而我比谁都更不痛快。"

观众在看果戈理讽刺性喜剧时的喜悦之情，就是审美中的喜剧感。喜剧感又称喜感，是美感表现形式之一。它同悲剧感相对，是由喜剧性审美对象所引起的轻松、愉悦、欢乐的情感体验。喜剧感也是复合情感，其中包含欣喜、快乐、自信、自豪、荒谬、惊异等情感。但其中最主要的情感是喜或笑。不同的喜剧，引起不同的喜剧感。否定性喜剧所引起的喜剧感中，充满着自信感、自豪感、胜利感、轻蔑感。看《钦差大臣》后的感受就是如此。肯定性喜剧所引起的喜剧感中，包含着荒谬感、惊异感、同情感等。幽默的喜剧能给人带来自尊感、机智感。讽刺的喜剧能引起人的激愤感、鄙夷感、优越感等。《钦差大臣》也是讽刺性喜剧，所以引起人们对专制制度的愤怒、鄙夷。喜剧感可以提高人们的精神境界，在欢笑中否定和嘲弄假、恶、丑，在欢笑中肯定和赞美真善美，推动人们去克服丑，创造美。

二　审美感知

美从何处寻？
——审美感觉

美学家宗白华曾经写过一首小诗：

啊，诗从何处寻？
在细雨下，点碎落红声，
在微风里，飘来流水声，
在蓝空天末，摇摇欲坠的孤星！

诗人的意思是，美的诗篇，要凭诗人的感官在宇宙中寻找，用自己的眼睛、耳朵等器官去亲自感知它。其实，不仅仅是美的诗篇，只要是美的东西，都要经过人的感官去感觉、感知它。

公元765年春天，唐代大诗人杜甫在天府之国欣赏景色。他凝眸审视，从细柳新绿中，寻到了春天的色彩；侧耳细听，从黄鹂鸣叫里，找到了春天的歌声。杜甫把自己的感觉写成了绝句："两个黄鹂鸣翠柳，一行白鹭上青天。窗含西岭千秋雪，门泊东吴万里船。"这是多么美丽的景色啊！湛蓝的天空，翠绿的杨柳，黄鹂白鹭自由自在地鸣唱飞翔。远处，高山之巅，堆积着千年都不融化的皑皑白雪。门口，通江大河，停泊着从万里之外的江浙开来的商船。这么美丽的春景，都是杜甫亲自通过感官感觉到的。翠柳、青天、黄鹂、白鹭、西岭、白雪、泊船，是通过眼睛感觉到的；鸟鸣则是通过耳朵感觉到的。我们把这种通过感官而直接获得的美的映象，称之为审美感觉。审美感觉是指客观事物外在的、表面的、局部的审美特性，直接作用于人的感官，在大脑中形成的主观反射、反映和摹写。按接受的感官不同，审美感觉可分为视觉、听觉、嗅觉、味觉和触觉。

美的对象是形象具体的感性存在，有其形状、情态、色彩、声音等，因而人们要接受审美信息，就必须有赖于眼睛去看和耳朵去听。离开了视、听，美的信息便无法接受，更无法在感觉的基础上产生审美情感。所以，审美活动的起点是审美感觉。审美感觉的本性，就是通过自己的感官来感觉对象的外部特征。也就是说，审美感觉具有别人不可替代性。南宋诗人杨万里有一首诗《水中山花影》："闭轿那知山色浓，山花影落水田中。水中细数千红紫，点对山花一一同。"这首诗揭示了一个美学道理：不直接通过感官去感知审美对象，就不会获得美的享受。诗人坐轿不掀开轿帘看看外面，他就不知道沿途山色、山花倒影之美，不可能发现水花与山花相辉映的绮丽景色。王昭君的故事更说明这个特点。

传说汉元帝选美，"使画工图形"。画工毛延寿乘机向后宫丽人索贿。宫女王昭君长得十分美丽，又很有见识。她不肯贿赂，毛延寿便故意丑化她。于是她被打入冷宫，一直得不到宠幸。后来，汉元帝要选一名宫女去匈奴"和亲"。她为了自己的终身，也为了汉族与匈奴的和好，主动请行。在辞别时，汉元帝这才发现王昭君是一位绝色美人，没人可比，后悔莫及。回到内宫，汉帝叫人拿出昭君的像来，发现画工根本没有把昭君的美貌如实画出来，恼怒之下，便将欺骗他的画工毛延寿杀了。这段历史传说，是历代诗人吟咏的题材。人们在颂扬王昭君的同时，也批评了汉元帝。其中批评得最有道理的要数徐钧的诗："画工虽巧岂堪凭，妍丑何如一见真。自是君王先错计，爱将耳目寄他人。"他认为，要知道美丑如何，就必须用自己的眼睛耳朵去观照，获得审美感觉。汉元帝没有道理怪画工，是他自己先犯了错误：爱把耳目寄托在别人身上！徐钧说得非常有道理。审美感觉是不可替代的。美感是和听觉、视觉不可分离地结合在一起的。不亲眼观察，不亲自感受，只是依据别人提供的信息来判断，以他人的耳目代替感觉，那是永远不能获得美的感受的。

美感来自审美感觉，其中主要来自视觉和听觉。“一道残阳铺水中，半江瑟瑟半江红。可怜九月初三夜，露似珍珠月似弓。”（白居易《暮江吟》）残阳映射江面的光色之美，新月和露珠的情状之美，全是凭眼睛来感受的。“天门中断楚江开，碧水东流至此回。两岸青山相对出，孤帆一片日边来”（李白《望天门山》），依靠的也是视觉。“大弦嘈嘈如急雨，小弦切切如私语。嘈嘈切切错杂弹，大珠小珠落玉盘”（白居易《琵琶行》），这里的美感来自听觉。“竹喧归浣女，莲动下渔舟。”（王维《山居秋暝》）“万壑树参天，千山响杜鹃”（王维《送梓州李使君》），这些是视觉听觉并用，一边看、一边听所获得的审美感受。当然，嗅觉、味觉和触觉也能触发美感。例如，“三月花开横十里，香风吹杀荡舟人”（施润章《临江杂诗》），就是来自嗅觉的美感；“一卉能薰一室香，炎天犹觉玉肌凉。野人不敢烦天女，自折琼枝置枕旁”（刘克庄《茉莉》），这是嗅觉和触觉触发美感。

审美感觉与一般感觉是不同的。一般感觉没有感情色彩，要求实事求是、如实反映，是什么就反映什么，是什么程度就反映到什么程度。审美感觉却不同，审美感觉都带有感情、情绪的成分。比如，杜甫在“茅屋为秋风所破歌”中写自己的感觉：“布衾多年冷似铁。”要知道，成都的八月，即使“秋风怒号”也不会太冷的，“冷似铁”说法，显然带有作者的主观色彩。杨万里的《霰》中有“寒声带雨山难白，冷气侵人火失红”句，风雨中冰霰飘落，逼人的寒气让人感到火失去了红色，没有丝毫温暖。“火失红”在常态下不可能出现，它只能是诗人当时的主观感受。也正是由于审美感觉有这个特点，感觉出来的形象才是活生生的，具有美感的渗透力和艺术感染力，才会产生“黄河之水天上来”“燕山雪花大如席”等这样的名句。

与一般感觉不同，审美感觉具有表情表意作用。在审美过程中，人们逐渐对线条、色彩、形状、声音等感性质料，赋予了特定的情感内容和象征意义。如直线象征强硬、刚直，曲线象征柔和，绿色象征生命、生气，红色象征热烈、喜庆等。审美感觉往往就是凭着这些经验去感知审美对象，捕捉和把握事物线、形、色、音的表情表意的作用和象征意义。例如，人们看见红地毯，就会感到温暖、热烈；听见平静缓慢的有节奏的声响，就会安静下来。歌德讲过一个故事：一个法国女人趁丈夫外出，将家中蓝色家具统统刷成红色；丈夫回来后，身上充满了热情，对夫人说话的声调也发生变化。这就是审美感觉的作用。

审美感觉还有一定限度的适应性。当人们长时间注意某一对象时，会产生感觉疲劳，原先感觉到的东西会逐渐消失。余同麓有这么一首《咏兰》诗："手培兰蕊两三栽，日暖风和次第开。坐久不知香在室，推窗时有蝶飞来。"日暖风和时节，亲手栽培的兰花一丛接一丛地开花了，满室幽香，沁人心脾。然而闻久了，香气仿佛不存在。推开窗子，浓郁的香气却把彩蝶吸引进来了。古人云："入鲍鱼之肆，久而不闻其臭；坐芝兰之室，久而不闻其香。"说的就是感觉疲劳的道理。

渐恐耳聋兼眼暗
——审美感官

审美活动是从审美感觉开始的，审美感觉是审美的基础。而审美感觉必须依赖于审美感官，欣赏美、鉴别美、创造美，也离不开审美感官。没有审美的感官，再美的东西也无法进入人的大脑。审美的感官包含两层意思。一是指要有正常的良好的生理感官。耳聋是听不到声音听不到音乐的，眼盲看不到东西，更看不到五彩缤纷的颜色。二是指这些感官要懂美、会审美。听力好但听不懂音律，视力佳但看不明白色彩的意味、图形的含义，还是没有具备审美的感官。马克思指出："对于不辨音律的耳朵来说，最美的音乐也毫无意义，音乐对他来说不是对象。"（《1844 年经济学—哲学手稿》）

中国古代有这么一个故事：公明仪是古代著名的音乐家。一天，他在田野里看见几头雄壮的牛津津有味地吃着地上的青草，牛尾巴不停地甩来甩去。公明仪想，牛通人性，何不为这些可爱的牛儿弹奏一曲？于是他席地而坐，摆好琴、调好音，弹奏了起来。可是，无论弹的是高雅的“清徵之音”，还是通俗的“下里巴人”，牛就是不理会他，仍然自顾吃草。

难道牛没有听觉，或者有听觉但听不见他的琴声？公明仪决心弄清原因，他用琴弹出蚊虻的“嗡嗡”飞鸣声和失群的牛犊的“哞哞”的叫唤声。这时，牛立即停止了吃草，摇动尾巴，竖起耳朵，四蹄不停地走动，神情贯注地听着。公明仪立刻明白了，并不是牛听不见他的琴声，而是牛听不懂他弹的曲调，所以跟没有听见一样。

“哈哈哈，先生与牛逗着玩啊！”

公明仪回头一看，自己身后不知什么时候来了一个人，连忙问道：“你是谁？”

“鄙人是这群牛的主人，大家都叫我牛大。”

“你的牛听不懂我弹的曲调啊！”

“您的琴是弹给人听的，只有人才能听懂。牛是动物，怎么能识曲呢？”

“这个我已经知道了。听你口气，好像你会听琴？”

“琴，人人都会听。”

“现在我为你弹一曲，怎么样？”说完，公明仪就弹起来了。琴声先慢后平，音符前短后长，最后乐曲在平稳中结束。牛大坐在地上，直愣愣地听着。

“你弹的是什么呀？慢腾腾的怪难听。”牛大不悦地说。

“我弹奏的是阮籍作的《酒狂》，描写一个人喝酒醉了，东倒西晃、步履蹒跚的样子，曲终描写醉汉酒醒了。”

“什么喝酒、醉酒和酒醒，我怎么听不出来？我只听到叮叮当当的声音。”

“那好，我给你弹一首优美的乐曲，它的名字叫《凤求凰》，描写的是司马相如爱慕卓文君的故事。”

“这个故事我很熟悉，请弹吧！”

公明仪手落音出，琴声悠扬婉转，牛大仍是呆呆地听着，不时地皱皱眉头，抓抓脑袋。公明仪弹完，问牛大：“你听出了什么？”

“就是声音比刚才好听点，其他什么也没有听到。哪有司马相如和卓文君相爱的事？”

公明仪连连摇头，自言自语地说："唉，太扫兴了，这个人是个音盲啊！"他背起了琴，离开了田野。

公明仪对牛弹琴，他的琴声再妙，牛也无法感觉到的。因为牛是动物，不可能有听懂音乐的耳朵，琴声对于牛是没有意义的。牛大虽然有人的正常感官，但他的耳朵没有经过审美训练，缺乏审美知识、审美修养，所以他也无法分辨音律，不懂得各种声音的美学意味。琴声对于牛大也是没有意义的。这个故事告诉我们：审美的前提是要有审美感官，没有审美感官，就不能感觉美。客观现实世界尽管有着许许多多可供欣赏的美好事物，人们如果缺乏应有的审美器官和审美能力，那么就会"有眼不识泰山"——视而不见、听而不闻、食而不知其味，犹如"对牛弹琴"。

在人的审美感官中，最重要的是审美的视觉器官——眼睛，和审美的听觉器官——耳朵。有人统计，85%以上的审美感觉是依靠视听感官得到的；而触、嗅、味这样的感官仅占15%。于是，有人就把视听感官称之为高级感官，而把嗅觉器官、味觉器官和触觉器官称之为低级感官。这种划分是否有道理，我们姑且不论。重要的是，我们应当重视视觉和听觉感官，美主要是通过视觉和听觉被人感受的。大家熟知的杜甫诗句"风急天高猿啸哀，渚清沙白鸟飞回。无边落木萧萧下，不尽长江滚滚来"（《登高》），这些景色和猿啸，是通过眼睛和耳朵接受的；"窗外时时度花片，林梢处处送莺声"（陆游《病起初夏》），"泉声咽危石，日色冷青松"（王维《过香积寺》），也是描写视觉和听觉审美的诗。这样的佳句，不可胜数。

如果在审美中，缺少了视觉和听觉，审美通常就无法进行下去。有个"盲人摸象"的故事就说明了这个道理：古印度有六个瞎子，他们常听人说大象很雄壮、威风，可谁也不知道它究竟是什么模样，威风在哪里。一天，六个瞎子团团围住一头象，各人凭触摸来"评判"这个庞然大物。第一个摸着大象的身躯，说它"长得像堵墙，高大极了"；第二个摸着象牙，说它"象跟长矛一样锋利，够厉害的"；第三个摸着象鼻子，说它"大象好比一条蛇，好柔滑"；第四个抱着象的粗腿，说它"这头象又圆又高，如同一棵大树"；第五个摸着象的耳朵，说它"象和大扇子一般"；第六个只摸到大象的尾巴，便一口断定“象与绳索没啥两样，一点也不厉害”。他们都认为自己对，争得面红耳赤，谁也说服不了谁。这个故事告诉我们：如果失去视听功能（特别是视觉），仅凭触觉、嗅觉、味觉这样的感官，客观对象就会变得混浊一片，无法辨别它的美丑，更不用说产生美感了。

重视视觉、听觉感官，并不是说就可以忽视嗅、味和触觉器官。人们审美时，除了运用眼睛、耳朵外，有时还可通过鼻子、舌头和身体来接受美的信息。如果在看和听的同时，又从嗅觉、触觉、味觉方面感受美，那么对景物的美感就会更加强烈。南宋诗人杨万里在莲塘欣赏莲花美景时，闻到一阵沁人心肺的清香，于是感到莲塘格外美好：“红白莲花开共塘，两般颜色一般香。恰如汉殿三千女，半是浓妆半淡妆。”（《莲花》）黄庭坚登临观光湖光山色时，闻到十里荷花的清香，感觉秋风凉爽宜人，更加心旷神怡：“四顾山光接水光，凭栏十里芰荷香。清风明月无人管，并作南楼一味凉。”（《鄂州南楼书事》）这些都说明鼻子、身体、舌头对审美的作用。

如果光凭视听感受，没有嗅、味、触感官的辅助，就不能全面、强烈地感受对象的美。我们都知道“望梅止渴”的典故，说的是曹操率部行军，士兵们口干舌燥，但一时找不到水喝。曹操灵机一动，说：“前头有一片梅林，结了许多青梅，又酸又甜，可以解渴。”士兵们听了，眼前仿佛浮现梅子的形象，嘴里分泌出许多口水，就不感到口渴了。如果我们把这个故事当作审美对象来欣赏，它说明这样一个道理：审美者必须既具备视听方面的审美经验，又具备品尝青梅的味觉经验，才能对“望梅止渴”产生审美感受。对于没有亲口尝过青梅、缺乏对青梅之类食品感性经验的人，“望梅”就不能“止渴”，就难以对这个故事产生逼真的美感了。著名雕塑家罗丹在观赏《维纳斯》女神像时，不仅用眼睛看，而且还用手轻轻触摸塑像，从而获得了充分的感受。试想，如果罗丹没有调动触觉的积极性，虽然也可能产生销魂的美感，却不能逼真地感受到维纳斯的体温。雕像的线条和形体只能是冷冰冰地映入眼帘，美感就显得不够生动了。总之，在审美直觉中，只有调动一切感官机能去感受客观对象，才能获得对它的完整生动的印象。

人的审美感官的形成，要经过学习、培养才能获得。审美感官的优劣，与人们平时的努力分不开。一般而言，艺术家的审美感官要强于平常人。其中，音乐家的听觉格外敏感，雕塑家的视觉和触觉异常敏锐，舞蹈家的听觉和视觉比常人要高出许多，书画家的视觉特别敏感。高明的画家，能够从色调近似的颜色中看出它们的区别来，例如绿色中的墨绿、湖水绿、苹果绿、鹦哥绿、浅绿等。刺绣名家也是这样，一种颜色，从最浅到最深，可以分辨出十三种。这些高明画家和刺绣名家，都具有对于色调的强烈敏感。青年人的感官健全、灵敏，容易训练出良好的审美器官；而到年老体衰的时候，审美感官就会老化，审美的兴趣也会下降，这是自然规律。正如白居易说的那样："独有使君年太老，风光不称白髭须。"《（余杭形胜》）他告诉人们，要趁年轻的时候，尽情欣赏景色之美；等到耳聋眼花时，欣赏就不真切了："殷勤傍石绕泉行，不说何人知我情？渐恐耳聋兼眼暗，听泉看石不分明。"（《题石泉》）

夜半钟声到客船
——审美知觉

根据唐朝诗人张继《枫桥夜泊》改编的一曲《涛声依旧》，曾经风靡大江南北。然而，又有几人知道，创作如此美妙诗歌的张继，竟是科举落榜人；而这首《枫桥夜泊》，正是他落榜离京后船经苏州时带着惆怅的心情写成的。

张继，字懿孙，襄州（今湖北襄樊）人。那一年秋天，才高八斗的他参加了科举考试，满以为自己定会高中。可是等到张榜时，那长长的榜纸，就是找不到张继的名字。他无可奈何地踏上小舟，离开了令人不快的京城。船行似风，江枫如火。这天黄昏，船来到了苏州城外的枫桥。他见天色已晚，便把船停在岸边过夜。但这美丽的古城，对张继而言，是另一个触动愁情的地方。

此时正值深秋，夜色正浓。寒霜笼罩着江面和岸边，月亮已经缓缓向西沉落，惨淡的月光洒在灰蒙蒙的江面上。远处不时传来乌鸦一声又一声的嘶哑啼叫声，月亮被乌鸦一声声啼叫叫得更暗淡了。凄凉的秋风吹透了盖在张继身上的薄薄被子，孤身一人的他在船中辗转反侧，睡不好觉。这时，他不由披衣起床，走出船舱，来到船前。

在朦胧的夜色中。江边的大树只能时隐时现地露出模糊的轮廓。透过霜气茫茫的江面，可以依稀看到几处渔家灯火，大概有人也是因为忧愁而无法入眠吧。离这儿不远处有个寺院叫寒山寺，现在已完全在霜雾笼罩下消失在视野中。突然间，寒山寺里的钟声响了。一般的寺庙，都是暮鼓晨钟；寒山寺敲“夜半钟”，是为了警示世人。这奇怪的深夜寒山寺钟声，是那么圆浑，那么悠扬，那么清新，贴着湿润的水面向张继小舟的方向传来，在客船附近回响；又向远方传去，越传越远……

江南水乡秋夜幽静的景色吸引了这位落榜才子，使他摆脱了忧愁愤懑的心情，尽情地领略眼前这种清新的情味。突然传来的钟声，一下一下地撞击在他的心坎上，给了他一种特别的强烈感受。张继的思绪澎湃，创作灵感顿时闪现，借着淡淡月色，对着寒霜满天的江面，把自己的多种审美感觉倾吐出来，一气吟成了这千古绝唱的《枫桥夜泊》：

月落乌啼霜满天，
江枫渔火对愁眠。
姑苏城外寒山寺，
夜半钟声到客船。

感谢上苍，如果没有落第的张继，没有深秋的枫桥夜泊，诗的历史上就少了一首佳作。我们的某一种复合感觉、某一种复杂心绪，就没有人来为我们生动描绘和阐发。一千二百年过去了，那张长长的榜单上状元是谁？已经没有人去考究，真正被记起来的名字却是“落第者张继”。人们绝不会记得那一届科考状元披红游街的盛景，只记得秋夜客船上的那个带着忧愁失落心情欣赏深秋水乡夜景的人，以及他那不朽的失眠。

从审美的角度看，《枫桥夜泊》这首诗描绘的已经不是某一审美感觉，也不是几种感觉的相加；而是各种审美感觉的复合、综合，有机地整合。

这里既有落月、银霜、江枫、渔火、城郭、寺庙、船舶等的视觉实体，并融合着形体觉、色泽觉、数量觉；又有乌啼、钟声等声音的听觉和事物位移的动势觉，以及变化着的时间、空间。作者对各种感觉进行综合、整理、排列、组合，使它们融为一体，绘成一幅完整的画面。这种整体性的感觉，为读者的欣赏提供了想象、创造的坚实基础。我们把这种经过整合而呈现的整体性感觉，称之为审美知觉。如果要下一个简单定义，那就是所谓审美知觉就是各种感觉的整合。它是对事物外在多种审美特性的综合性、整体性的反映。

像这样描绘审美知觉的诗词、小说、书画，数不胜数。杜甫的《江畔独步寻花绝句》之一："黄四娘家花满蹊，千朵万朵压枝低。流连戏蝶时时舞，自在娇莺恰恰啼。"其中，也是对各种审美特性、各种审美感觉材料进行了综合、组织，并将这些审美感觉联系起来，形成一个整体的"场"，使人对江畔美丽春景获得了整体性的审美知觉。

审美知觉在审美活动中非常重要。个别的、零散的感觉不足形成对客观对象完整的映象，也不能长久地留在人的大脑中，不能名副其实地作为审美心理活动的基础。唯有审美知觉，不仅综合了各种感觉形成整体性的映象，而且把这种映象固定在人的大脑中，甚至留下永久的记忆。这些都是审美心理活动的基础。更为重要的是，这种审美知觉，还可以根据审美者的审美目的、审美趣味、审美能力、审美习惯和特定的情绪状态去选择对象，去知觉那些符合目的、需要、趣味的对象，以求得心理上的满足。张继在枫桥夜泊时，当时的夜景很多，但他选择了符合自己审美目的的落月、银霜、江枫、渔火、城郭、寺庙、船舶、乌啼、钟声，而没有选择流水、秋风等。这样，就能驾轻就熟地知觉它们，并进一步加深知觉印象。

审美知觉还是艺术创作的起点。张继、杜甫捕捉知觉，写下了不朽诗篇。许多艺术家也是凭知觉创作自己的作品的。我国画家司徒乔就是其中之一。他创作《五个警察和一个〇》，也是得益于知觉。1925年除夕，画家上街，路过一片施粥厂门前，突然看见五个全副武装的警察高举木棒，手推脚踢地把一个抱着两个孩子的孕妇扑打出来。原来是那个孕妇讨了一碗粥给孩子吃了，还想讨一碗自己吃。就为此，五个警察扑打并污辱了她。画家若是没有这次知觉活动，就很难构思出这样深刻的作品来。

情人眼中出西施
——审美错觉

有人认为，人的相貌美是天生的，客观存在的，不以人的意志为转移的。这只说对了一半。人的容颜作为一种物质形态是客观存在的，但作为一种审美形态，却可以随着人们主观感情的变化而变化。一个可爱的人，虽然身材、肤色、面容有这样那样的缺憾，但在爱她（他）的人心目中，却会变得异常的美丽。这就叫“情人眼里出西施”。

也许你会说：“那是错觉。”

说对了！不过更准确地说，这是一种审美错觉。那么，什么是审美错觉呢？我们先来听一个故事：

伊丽莎白·芭莉特（1806～1861），是19世纪中叶英国杰出的女诗人。1845年，她在英国诗坛声名鹊起，其地位已取代衰老的华兹华斯，而与丁尼生齐名。她的诗感情真挚、细腻，文笔优美而动人，使许多人感动。慕名前来求见的人络绎不绝。

芭莉特对来访者一概婉言拒绝。她把自己关在家里，害怕与客人见面。原来，芭莉特是个瘫痪病人，终年卧床不起。她身材矮小，瘦得皮包骨头。在那瘦瘦的脸盘上，镶嵌着一双蜻蜓似的特大黑眼睛，显得比例失调。长长的、没有光泽的黑发披散在瘦削的双肩上。由于疾病缠身，她没有享受过一天青少年的欢乐和幸福，年近四十，还未结婚。

芭莉特从小失去母亲，一直与父亲艾德瓦尔德·巴利特相依为命。父亲也是他一生中遇到的唯一男人。巴利特先生全心全意地照料病床上的女儿，协助女儿写诗。父女二人就这样度过了几十年的沉寂生活。

芭莉特小姐每天最高兴的事就是阅读读者来信，这也是她接触社会的主要方式。她从这些信中了解社会情况，了解读者对她诗作的评价和要求。近些年来，她在诗中披露了自己的病苦、沉寂和对美好生活的炽热追求，读者的来信更多了。许多信称赞她的诗才，用了很多褒奖的词汇，诸如“才华横溢”“文思敏捷”等等；也有的读者对她的痛苦表示同情，对她的向往表示支持。但有一封信，写得很特别，这封信打破了芭莉特小姐几十年闺阁生活的平静。信中写道：

> 你知道吗？有一天我几乎遇到了你，是的，差点儿是面对面地见到了你！你父亲的一个朋友陪同我来到你家院里，我急切地向里去，但这个朋友先让我等在外面，他进去了，回来对我说，尊父大人告诉他，你现在不愿接见任何人！我乘兴而来，败兴而归。我那天晚上多么想见到你，坐在你面前，倾听你的谈话。我爱极了你的诗篇——而我同时爱着你。我爱你呀，芭莉特小姐，我爱你！难道你就不明白？只要我活着，就不会有别人占据我的心！

落款是“永远忠于你的罗伯特·白朗宁”。

这位白朗宁先生，是当时伦敦的一位青年诗人，芭莉特小姐早有耳闻。尽管他知道芭莉特小姐病得厉害，也知道她比自己大6岁，仍旧深深地爱着她，爱她写的诗，爱她的灵魂。芭莉特小姐读了这封不寻常的信后，十分感动，给他回了一封热情洋溢的信。两人从此开始了频繁的书信来往。

经过几个月书信来往，两位情人终于见面了。白朗宁拉住芭莉特的手，仔细打量了她一番，激动地说：“你真美，比我想象的美多了！”

白朗宁爱情的烈火，慢慢点燃了芭莉特这位终年卧床不起的女诗人的心灵。芭莉特小姐精神大振，病情突然好转。不久奇迹发生了。芭莉特小姐突然能站立起来，并能下地自由行走了。尽管犹如暴君的父亲不同意她的婚姻，她还是勇敢地投入白朗宁的怀抱。两人一起远离家乡，到意大利生活，后来还生了一个孩子。爱情使女诗人孱弱的生命延续了十五年，并使她写出了更多优秀的诗篇。

在白朗宁的眼里，瘦得皮包骨、长着蜻蜓似大眼的并不漂亮的芭莉特，由于其心灵美、理智美，也成了容貌格外美的人。这就是审美错觉的作用。审美错觉是审美中出现的不符合事物客观情况的错误知觉，有视错觉、听错觉和空间定位错觉等。产生审美错觉的原因是多种多样的。如两个相等的圆，一个放在诸小圆中，一个放在诸大圆中，看起来前者大，后者小；雨后天晴时的高山，比云雾弥漫时显得近；坐飞机火车时，看窗外景物，仿佛在向后退；听强烈音乐后，感觉“余音绕梁，三日不绝”。在一定心理状态影响下，人们也能引起错觉。如“杯弓蛇影”“草木皆兵”“风声鹤唳”，就是由于紧张、惊疑、害怕所引起的错觉。白朗宁在对审美对象（芭莉特小姐）深入体验后，体会到她的美好心灵，觉得她容貌也美极了，是一种在特定情绪下引起的审美错觉。

审美活动中常常出现错觉。辛弃疾行走在溪边，看见云映清溪，恍惚觉得自己走在云里面：“溪边照影行，天在清溪底。天上有行云，人在行云里。”（《生查子·独游雨岩》）袁枚乘船俯瞰群山在水中的倒影，竟感觉青山仿佛是从水里生出来似的，船也好像在青山顶上航行：“江到兴安水最清，青山簇簇水中生。分明看见青山顶，船在青山顶上行。”（《兴安》）陆游打开窗子，惊奇地看到满院是雪，仔细一看原来是月光；微风吹过竹林，又好像是下雪的声音：“开户满庭雪，徐看知月明。微风入丛竹，复作雪来声。”（《月夕》）作者对月夜的审美感受，竟然沉浸在两次错觉中。南宋诗人杨万里是描写审美错觉的高手，他的许多诗作都是抒写审美错觉的，如：“起视青天分外青，满天一点更无星。忽惊平地化成水，乃是月华光满庭。”（《迓使客夜归》）

在科学认识、科学实验中，必须要避免错觉。但在审美活动中，审美错觉却有着非常特殊、十分奇妙的作用，有的审美对象甚至就是依靠错觉才产生特殊的审美意义。身材矮小的人穿长条裤，上身过长的人穿横线条衣服，房屋低矮装饰垂直线条的墙布，可使人在错觉中产生均匀感。风景画不加框，可使山水显得更深远；建筑物多开窗，可使室内宽敞。我们在月下走，仿佛月亮也跟着我们移动；白云飘过，仿佛月亮也在移动。审美错觉可以弥补对象的缺陷，增强美感，使形象逼真。电影、魔术等更因错觉产生特殊的魅力。一些脍炙人口的名句，就是由于及时捕捉审美错觉而成的，如“飞流直下三千尺，疑是银河落九天”（李白）、“山重水复疑无路，柳暗花明又一村”（陆游）、“月来满地水，云起一天山”（郑燮）。这些名句，把眼前景物的错觉捕捉下来，就成了很美的诗句。这些诗句的优美，依赖的就是人的审美错觉。试想，如果没有这些错觉，审美就会失去一道优美的风景线。

举杯邀明月，对影成三人
——审美幻觉

《红楼梦》第57回里，有这样一段情节：

一天中午，贾宝玉去看望林黛玉，正值黛玉刚刚睡下，宝玉不敢惊动。黛玉的贴身丫环紫鹃正在回廊上做针线活，宝玉便上前问她：“昨日夜里林妹妹咳嗽可好些了吗？”

紫鹃答道：“好些了。”

宝玉笑着说：“只要天天吃燕窝，吃上两三年病就会好了。”

“在这里天天吃？明年回家去，哪有闲钱吃这个？”紫鹃说。

宝玉一听，吃了一惊，忙问：“谁回家去？”

“当然是林妹妹了。她要回苏州去。”

宝玉笑了：“你又说白话。苏州虽是林妹妹原籍，但她母亲已经过世，谁来照看她？”

紫鹃冷笑一声，说：“你太小看人了。你们贾家是大族，林家也不是没有人！林姑娘到这里，是因为老太太心疼她年小，虽有叔伯，不如亲父母，故在此住几年。大了该出阁时，自然要送还林家的。总不见得在贾家过一辈子！林家虽穷，但也是世代书香人家，断不肯将自己家的人丢给亲戚，落得让人耻笑。所以早则明年春天，迟则秋天，林姑娘就会回去。前天夜里姑娘和我说了，叫我告诉你，将从前小时玩的东西，有她送你的，叫你都打点出来还她；

她也将你送她的东西全部还给你。”

宝玉听了，如同头顶上响了一个焦雷，站在那里动也不动，半天也不作声，一头热汗，满脸紫胀。

此时，正恰晴雯找来，她忙拉着宝玉的手回到怡红院。宝玉倒在床上，两个眼珠直直的，口角边流出口水，失去了知觉。

宝玉一病，急坏了贾府上上下下的人。听说是紫鹃开玩笑惹的祸，黛玉连忙叫她去向宝玉说清楚。

宝玉见了紫鹃，“哎呀”一声，哭了出来，他一把拉住紫鹃，死也不放，说：“要去连我带了去！”

众人不明白，一问紫鹃，方知紫鹃说要回苏州去，一句玩笑引出来的。贾母说道：“我当什么要紧的事，原来是句玩话。”

正说着，有人报：“林之孝家的，赖大家的来瞧宝玉哥。”宝玉听了一个“林”字，就满床闹起来：“了不得了，林家的人接林妹妹来了，快将他们打出去！”

贾母听了，忙说：“打出去罢！”众人又安慰宝玉：“林家的人都死了，再没人来接林妹妹了，你只管放心。”

宝玉刚要静下来，又一眼看见十锦槅子上陈设的一只金质西洋自行船，便指着船说：“那不是接她们的船来了？”贾母忙命拿下来。袭人刚拿下来，宝玉伸手抢过来，掖在被子中，高兴地说：“这下林妹妹可走不成了。”一面说，一面死拉着紫鹃的手不放。

贾宝玉听紫鹃诳说有人来接林黛玉回苏州去，精神极度紧张，从而产生感觉紊乱，产生了接客船和接客人的虚幻感觉。这就是审美中的审美幻觉现象。所谓审美幻觉，就是在奇特事物刺激下或在无刺激情况下，而在心理上产生的迷幻恍惚，不真实的感觉、知觉。审美幻觉有幻视、幻听、幻嗅、幻味、幻触等。

产生审美幻觉往往有两种情况：一是情感处在炽热状态，并为某种情绪支配时。杜甫在《新安吏》中写的“白水暮东流，青山犹哭声”，其中的幻觉是由炽热的情感、由支配诗人的悲愤情绪带来的。盼望与想念的人见面，看到墙上花影摇动，微风吹动竹子，就产生幻觉，怀疑是心中的人儿来了，“拂墙花影动，疑是玉人来”（元稹《明月三五夜》）、“风摇翠竹，疑是故人来”（秦观《满庭芳》）。贾宝玉产生接客船和接客人的幻觉，就是由炽热情感引起的。二是澄心凝思、专注于审美对象时。当人们对某一对象凝视专注、心无旁物时，就会进入幻觉。比如专心致志观看图画时，就会产生幻觉，仿佛自己进入图画中的山水风景里，如：“万里江天杳霭，一村烟树微茫。只欠孤篷听雨，恍如身在潇湘。”（尤袤《题米元晖潇湘图》）祭奠亡人时，凝视亡人肖像或遗物时，就会觉得亡人的音容笑貌历历在目，似乎亡人还活着，就站在自己的面前，“祭君疑君在，天涯哭此时”。

审美幻觉和审美错觉都是不真实的知觉，但错觉是对存在事物的错误知觉，而幻觉是对不存在事物的虚幻知觉。幻觉中除知觉活动外，还常与幻想、联想联系在一起。在一般认识中，幻觉会破坏感知的真实性、准确性；但在审美和创造美的过程中，审美幻觉常起特殊的作用。幻觉让人超越现实，将客体主观化，让人进入想象世界，引导人们进入审美境界。审美欣赏活动中产生幻想，说明人已经进入美感状态。它使人幻化出奇妙的、游动的、虚拟的形象，把天上的云朵幻化成山峦、人物、飞禽走兽，把佛光幻想为神仙境界，使人进入一种迷离恍惚、难以描摹的审美境界，产生一种渗透着主观幻想、想象、超凡的独特的美感。

在艺术创作中产生幻觉，说明人已经进入忘我的状态。这时的幻觉可以触发艺术家的灵感，创造新颖独特的形象，可以通过捕捉、表现幻觉，揭示人物心理和艺术家的特殊感受。曹雪芹描写贾宝玉接客船、接客人的幻觉，就生动展现了贾宝玉对林黛玉的关心和爱恋之情。通过捕捉幻觉，李白、李贺等大诗人给我们留下了许多不朽诗篇，如“举杯邀明月，对影成三人”“床前明月光，疑是地上霜”“天河夜转漂回星，银浦流云学水声”。艺术家还可利用观众的审美幻觉，产生特殊的艺术效果。如根据透视法，可造成某些细部的远景幻觉。魔术师凭借专门装置和高度技巧，能创造奇妙幻觉，迷惑观众视觉、听觉和注意力；在戏剧中采用梦幻手法和形形色色的舞台布景，能造成观众视幻觉；在文学创作中，那些如临其境、如闻其声、如见其人的逼真描绘，往往也是一种很生动的审美幻觉。

黑云压城城欲摧
——审美统觉

唐朝著名诗人李贺在《雁门太守行》中有一句脍炙人口的诗句，叫“黑云压城城欲摧”。这句诗，把战争前夕的危急形势形象地凸现出来。一看到黑云滚滚而来，为什么人就感觉有一种压迫感、危机感呢？这不得不涉及审美知觉中的审美统觉现象。

审美统觉，是指人在审美中调动已有经验、知识，对复杂审美对象感性面貌进行整体感知，并融于一定理智、情感内容的审美心理形式。当我们站在城头，看到黑云从远处滚滚而来，越滚越黑，越滚越大，遮住了太阳；随着黑云翻滚，又看见电闪，听见阵阵雷声，在我们头脑中不仅形成关于黑云飘荡的整体感觉，而且还调动主体的审美经验、审美知识，诸如沉重的物体在上面容易倾斜，黑的东西掉下来就会把下面的物品砸坏的经验，从而产生黑云就要压下来、城墙被摧毁的感觉和认识，这就进入了审美统觉。又如欣赏郑燮的《竹石轴》，如果我们对画中的竹子有了整体知觉，并把竹子、石块、印章、题字、空白等连成整体，通过观察、分析它们的大小远近、粗细浓淡、谋篇布局，调动起我们已有的经验，对这幅画形成完整的、立体的、动态的形象感知，还从水墨的变化中感受到形象的各种色彩和动势，这时也就进入审美统觉了。平时审美时，看到险峻山峰产生狰狞可怕、威严崇高的形象感知，看到小溪汩汩细流产生欢乐、充满生机的整体形象，看到大江流水滚滚东去产生岁月流逝的感觉，这些整体性的感知，都是审美统觉。

审美统觉是审美知觉的高级形态。如果说审美知觉是审美感觉的整体化和固定化，那么审美统觉则是审美感觉、审美知觉的系统化、情景化、观念化。审美统觉在一定程度上突破审美知觉的表面性，在审美认识的发展中起着重要作用。它为人们的审美想象、审美情感、审美理解提供了形象感知的基础。在审美时，人人都会产生审美统觉，但审美统觉的能力并不相同。艺术家的审美统觉往往比常人更敏锐、更丰富。让我们来分析一个“蔡邕听琴”的故事吧！

蔡邕（133~192），字伯喈，陈留圉县（今河南杞县圉镇）人，东汉末年名士。他博学多才，尤其精于音律，长于鼓琴。他创作的《蔡氏五弄》，是当时非常有名的琴曲；他所著《琴操》，为历代琴家所推崇。一次，他路过一家农舍，忽然听到火堆中发出一声清脆悦耳的木头炸裂声，立即跑进去，未得主人允许，不顾一切地把这块正在燃烧的木头从火中抱了出来，用水把火扑灭。主人十分惊讶，蔡邕施礼谢罪说：“这是一块上等的桐木，是制琴的好材料。”主人便将这块木头送给他。蔡邕回去，将这块烧焦的木头制成了琴，取名“焦尾”。他张琴弹奏，果然声音清越，纯正浑厚，妙不可言。

蔡邕虽是大学问家，可是为人随和，爱与人交往，深得亲朋尊重。一天，朋友请蔡邕到家中饮酒弹琴。蔡邕兴冲冲地赶来赴约，走近朋友家时，忽听见院内有琴声，就停止脚步细听起来。开始，琴声音韵流畅，轻盈舒展，如幽泉流水，似春雨打竹，蔡邕听得津津有味。到后来，突然琴声一改原来的情趣，节奏错综，音韵不谐，一股冰冷的寒气向外溢出。“不好！琴声中有杀戮声。”对琴艺研究甚深的蔡邕浑身紧张了起来，吓得向后退了两步。“难道朋友对我有歹心，还是……”

此时正值天下大乱，奸臣当道的朝廷陷害忠良，蔡邕正避祸在外。蔡邕

蔡邕像

左思右想总是感到不对头，于是就三十六计走为上，悄悄地退了回来。

朋友在家左等右等，约定时间已过了，还是不见蔡邕的踪影，就叫仆人去请。仆人回报说：“蔡邕已经来过了，不知何故又回去了。”

朋友十分纳闷，决定亲自去请。他来到蔡邕家中，先问候蔡邕身体是否欠安，然后问他是否太忙或者有急事需要处理。当他得到否定的回答后，就说：“先生刚才何故来而复返？是否敝人有所不敬？”

蔡邕见朋友十分诚恳热情，并无歹意，就不再隐瞒，说：“适才听见抚琴，琴声中隐藏着一股杀气，不知什么原因？”

朋友开始丈二和尚摸不着头脑，稍加思考后，会意地笑了：“今日置酒与先生叙情，先生未到，我便抚琴敬候。谁知弹琴之际，望见树上一只螳螂正在捕杀知了，知了欲飞未飞，螳螂一进一退，跃跃欲试。看到这紧张的场面，我的心也随之一阵紧张，大概无意中把这紧张的心情带进了琴声中。请先生见谅！”“原来如此！”朋友一席话，使蔡邕解开心中疑团。两人相对哈哈大笑。

“怎么样？再到敝室一叙！”朋友再次邀请。

“好！好！”蔡邕连声说道，高高兴兴地到朋友家去了。

蔡邕听到琴中有异常，运用自己琴艺的知识经验，不仅对琴声产生整体知觉，而且觉察到琴中有杀戮声，这说明蔡邕有极强的审美统觉。如果是常人，恐怕就未必听得出这些名堂。当然，经过审美训练和审美熏陶，每个人都是可以提高自己的审美统觉能力的。

吴道子画嘉陵山水
——审美表象

“争帝图王势已倾，八千兵散楚歌声。”（胡曾《咏史诗·乌江》）西楚霸王项羽虽然已经面临穷途末日，但仍然握有令汉军不可小视的八千精锐之师；然而，一首楚歌却彻底瓦解了这支跟随项王南征北战的军队。果真有这样的事吗？翻开历史，史书上确实载有此事。

公元前202年，汉将韩信布置了十面埋伏，把项羽的楚军重重包围在垓下（今安徽灵璧东南）。楚军被围困了好多天，粮食渐渐吃光。项羽仗着自己勇敢善战，几次带领士兵突围，但都冲不出去，只好返回垓下大营。

一天夜里，在垓下楚军的四面，起初一支箫奏起了楚音《鸡鸣歌》，其后有数支、几十支箫应和，再其后就有众多士兵唱起了楚歌《鸡鸣歌》。歌声如怨如慕，如泣如诉，一声高，一声低；一声长，一声短。仿佛九皋鹤唳，四野鸿哀，阵阵传人楚营。项羽在帐中听到楚歌，大惊失色："汉军中怎么有这么多楚人，难道刘邦已经完全占领了楚地吗？"

楚军士兵听到四面楚歌，也都跟项羽一样，以为自己的家乡都被汉军占领了。这些楚兵生在楚地，听惯了楚音。现在听到了四面的楚歌，引起了思乡的联想和感情。有的为乡音所感动，产生了共鸣，也跟着哼了起来；有的思念家乡父老乡亲、妻子儿女，竟然哭出声来。人多声音大，楚营上空一片哭泣之声。

汉军将士听到楚营里的哭泣声，把楚歌唱得更响了。在楚歌声中，楚军士兵被搅得人心涣散，斗志全无。趁着黑夜，许多人溜出军营，开小差逃跑，有的就投降了汉军。

项羽听着四面楚歌，心烦意乱，回到帐中喝起了闷酒。他知道军心一散，再也不可收拾，心中只是丢不下自己所钟爱的虞姬和那匹善解人意的乌骓马。项羽想起了过去南征北战的赫赫声威，对此眼前众叛亲离的凄凉景象，不由得悲愤高歌："力拔山兮气盖世，时不利兮骓不逝。骓不逝兮可奈何，虞兮虞兮奈若何？"

项羽一连唱了好几遍，唱着唱着，不禁泪流满面。周围的人也哭泣不已，悲怆得头都抬不起来。

虞姬也悲恸地跟着唱起来："汉兵已略地，四方楚歌声。大王意气尽，贱妾何聊生！"虞姬为了不拖累项羽，唱罢歌便自杀了。

项羽抹了抹眼泪，跨上乌骓马，带着剩下的800多人，向营外冲去。楚军经不起四面楚歌的攻心战，到了乌江（今安徽和县）边上，只剩下二十八骑。

乌江亭长撑着小船来到，他劝项羽渡江，回到楚地后可以继续称王。项羽痛心地说："当年江东八千子弟随我起兵，今无一人生还。我有何面目重见江东父老！"

他把乌骓马送给了亭长，与身边仅剩下的士兵，用刀、剑、匕首等短兵器同汉军进行殊死格斗。他们杀死了几百名汉兵，才一个个倒下。项羽也受了十多处创伤。最后，他在乌江边抽剑自刎而亡。

这个曾经叱咤风云、不可一世的西楚霸王，终于在四面楚歌的局面下彻底失败了。

汉军几十万人马攻不破楚军军营，一夜的四面楚歌却使楚军分崩离析，顷刻瓦解。四面楚歌为什么有这样大的威力？这是因为楚兵听了楚歌产生了悲戚之感，引起思乡厌战之情。为什么楚兵听了楚歌会产生悲戚思乡厌战之情呢？因为楚兵生于楚地，听惯了楚歌，特别是听熟了《鸡鸣歌》。这些声音刺激楚兵的听觉感受器而在大脑听觉区形成了综合映象，即审美表象。当汉军唱的楚歌传到了楚兵耳中，就会与其原先的审美表象发生联系，产生共鸣，引起思乡思亲人的联想，从而发展为军心浮动，弃营出逃。由此可见，四面楚歌是由于与楚兵的审美表象相联系而产生了作用。什么是审美表象呢？审美表象，就是审美中感性事物外部整体性特征直接作用于感官而在头脑中形成并巩固下来的具体而完整的映象。审美表象是在审美感觉、知觉的基础上，产生发展起来的。人们在审美感觉、知觉中，各种美的信息在大脑皮层留下痕迹；当人进一步受到有关对象刺激时，大脑就对新旧信息进行比较、分析，使原有痕迹又重新复苏，形成了比感觉、知觉更丰富完整的审美表象。

审美表象可分为视觉表象、听觉表象和触觉表象等。视觉表象是审美对象的线条、形状、色彩刺激视觉器官而在大脑中形成的表象，如欣赏一幅名画留下的印象；听觉表象是事物各种声音刺激听觉器官而在大脑中形成的表象，如听音乐、演说后留下的印象；触觉表象是通过抚摸对象外在特征所形成的印象。审美表象也可分为直接表象、间接表象和记忆表象、想象表象。花草、音乐等对象直接刺激感官而在大脑中形成的表象，就是直接表象；通过别人的描述而间接获得的表象，就是间接表象，如听故事、阅读文学作品获得的关于项羽、曹操、张飞的形象。对象虽不在眼前却能留存于记忆中，就是记忆表象。对记忆表象加以改造、组合而形成的表象，就是想象表象，如读《西游记》时在想象中涌现的猪八戒、孙悟空的形象。审美表象还可分为个别表象、一般表象与综合表象。个别表象是反映个别对象或对象某部分的表象，如一棵树、一块石的表象。一般表象是概括反映了一系列同类事物共同特征的表象，如对各种个别枫树的表象概括而成的枫树的一般映象，对多首楚地歌曲概括而成的一般楚歌映象。综合表象是对同一事物多种审美特征或多种不同事物的表象加以综合而成的表象，如欣赏一株牡丹，调动多种感官，形成了形、声、色、嗅、味、触等在内的综合表象。楚兵们尚存在脑中的关于楚歌的表象，是听觉表象、记忆表象和一般表象。

不同的人对同一事物常产生不同的审美表象。同一个人对同一事物在不同时空、语境、情绪等条件下，获得的表象也不一致。比如人们对哈姆莱特、阿Q的感知表象，就常常因人、因时而异；而以审美表象为基本单元的审美想象、判断、理解，也随之因人因时而异。这使得审美更加丰富多彩。

审美表象是审美意识活动的基本单元，情感共鸣的基本条件。人们丰富多彩的审美表象，也是审美欣赏和审美创造的基础。许多艺术家的成功，很重要的原因，就是得益于他们丰富的、多彩的审美表象。画圣吴道子就是这方面的典型。唐玄宗非常喜欢蜀地山水，他派吴道子去蜀地写生。吴道子走遍蜀地，回到长安，唐玄宗命他把画好的画拿出来，吴道子回答说："臣的画陛下看不见，全画在臣的记忆中。"唐玄宗不相信，说："那就把你记忆中的嘉陵山水画出来吧！"吴道子说这很容易。于是唐玄宗让他在大同殿作画。吴道子喝得微醉，然后挥毫泼墨，只用一天时间，就将三百里嘉陵山水画于殿壁，奇诡无比。唐玄宗和满朝大臣无不惊诧。吴道子凭的就是头脑中所储存的丰富多彩的审美表象。他数月的游历，捕捉了各种艺术形象，把它们一一存在头脑中。当创作需要时，这些审美表象就会如泉水涌出，现之于笔端。

俄国大文豪托尔斯泰也是这方面的能手。他能迅速地捕捉形象，并能长久地把它储存在头脑中；创作时，一呼而出。他的名著《安娜·卡列尼娜》

的主人公安娜的外貌，是以普希金的女儿玛丽亚·普希金娜为原型的，而且在草稿中，女主人公就姓普希金娜，但他与普希金娜只见过一次。那是在一个舞会上，托尔斯泰见到一个年轻的女子。那女人的美貌使托尔斯泰倾倒。托尔斯泰打听那女人是谁，被告知是诗人普希金的女儿。“哦——哦”，托尔斯泰拖长声音说，“现在我知道了。你瞧她脑后那阿拉伯式的卷发，真是仪态万方！”事隔十几年后，托尔斯泰所刻画的安娜的外貌，酷似普希金娜。留在托尔斯泰脑中的审美表象竟能如此长久，实在令人佩服。

红杏枝头春意闹
——审美通感

宋皇帝宋徽宗赵佶酷爱绘画。他登基后，致力于整顿和壮大皇家画院，用诗画开科取士，网罗美术人才。有一次，他钦定的考试题目是“踏花归来马蹄香”。这个考题，一下子就难住了许多来自各地的考生。因为这幅画的关键是一个“香”字，香味是无形无色的，只能鼻闻，不可眼视，不能用丹青直接描绘。画面如何表现香味呢？画手们叫苦不迭，他们只好绞尽脑汁，挖空心思，各施其能，寻求最好的画面来表现这个“香”字。有的画手画了马在花丛中飞驰；有的画骑在马上的人用鼻子闻花香；有的画一匹马，马蹄上带着花瓣；有的画了蝴蝶、蜜蜂在花丛中飞舞……

考生画的作品送到了宋徽宗那里。宋徽宗在政治上是个昏庸的皇帝，但在艺术上却是个高手。他的书法“瘦金体”，独成一体，貌似妩媚秀美，实则骨气坚实、铁画银勾。他画的《芙蓉锦鸡图》等作品，历来为人们称道。他不厌其烦地审定每一件作品，许多作品都他被否定了。有一位画手别出心裁，在他的画中，没有美丽的鲜花，只有三四只蝴蝶和蜜蜂紧紧追逐着奔走的马蹄。宋徽宗一见这幅画，眼睛一亮，连连称赞：“妙！”因为这位画手虽然没有画鲜花，但人们完全可以从一群蜂蝶追逐奔走的马蹄中，感觉到马蹄上散发着花香，从而十分巧妙地体现了主题。

《芙蓉锦鸡图》 赵佶

宋徽宗不愧是鉴赏绘画的专家，这幅没有画花的作品确实符合“踏花归来马蹄香”的诗意。这幅夺魁的画，为我们揭示了一个奇妙的审美现象：画面上的丹青能够表现“香”，人们对蝴蝶的视觉能够诱发产生“香”的嗅觉。这种现象，我们称之为审美通感。所谓审美通感，就是在审美活动中，各种感觉相互联系、相互沟通，从而使一种感觉引起另一种或另几种感觉的心理现象。在心理学上，将此种各类感官感觉知觉的关联、沟通现象，称之为“联觉”。1962 年，钱锺书先生在《通感》一文中，将之定名为“通感”，又称“感觉挪移”“感觉他涉”。据专家研究发现，人的五官虽然各有分工，但彼此之间有着内在联系通道。人在审美活动中，五官开放并交互影响。一种感官的兴奋，能唤起其他感官的兴奋，使不同感官连通起来，所以就产生了审美通感现象。“踏花归来马蹄香”这幅画就是由视觉引起嗅觉，由视觉形象转移到嗅觉形象，是审美通感中的视嗅通感。

在审美中最常见的审美通感是视听通感。视听通感有两种形式。一种是由听觉挪向视觉的审美通感。如“余音绕梁，三日不绝”中的“绕梁”，是由听觉形象转为视觉形象，又保留了听觉形象。伯牙弹琴，钟子期先称赞“美哉！巍巍乎若泰山”，继而又夸奖“美哉！荡荡乎若江河”。这也是由听觉形象转为视觉形象，即美妙的琴声，经过大脑的奇妙加工，幻化成视觉形象，在眼前浮现诸如“高山”“流水”之类的画面。我国美学理论中有“以耳为目”“听声类形”的说法，就是指的这种通感。外国也有很多这样的例子：1800 年，贝多芬写好《F 大调弦乐四重奏》的第二乐章，用钢琴弹给他的朋友阿门达听，并问他有什么感受。阿门达说：“我听到了一对情人的离别。”贝多芬高兴地说：“对极了。我在创作这个曲子时，心里想的是《罗密欧和朱丽叶》的坟墓场面。”不消说，阿门达听贝多芬音乐时，用耳朵感受到了原来只有用眼睛才能看到的形象画面。“避人幽鸟声如剪”（林东美），树林中鸟儿的声音好像是剪出来的一般细碎，听觉沟通了形体视觉。

另一种是由视觉挪向听觉的审美通感。如“红杏枝头春意闹”（宋祁），是由对“红杏”的视觉中，产生“闹”的听觉形象。齐白石老人应老舍之请画的《十里蛙声出山泉》，也是由视觉形象引导人们调动听觉器官，获得听觉形象。“隔竹拥珠帘，几个明星切切如私语”（黄景仁），对星星的视觉连通听觉，似乎听到星星在说悄悄话。

除了视听通感外，还有视嗅、视触、视味等通感。“瑶台雪花数千点，片片吹落春风香”（李白），雪花片片飘落的视觉沟通嗅觉，从雪花中闻到春风的香味。不仅视觉可以引起嗅觉，而且嗅觉也可以沟通视觉，如“泉声落坐石，花气上行衣”（林逋），对花气的嗅觉引起视觉，它慢慢转移到人的衣服上来了。

“两袖天风明月上，杖头挑得树荫归”（叶颙），视觉沟通触觉，树荫也变得有重量，可以用担挑。“花影压重门”（李清照），对花影的视觉引起触觉，花影变得有沉沉的重量。“促织灯下吟，灯光冷如水”（刘驾），“灯光”本是视觉对象，却觉得像水一样冰凉，视觉向触觉挪移了。“绿杨烟外晓寒轻”（宋祁），对绿杨如烟的视觉，勾起春“寒”的温度觉和“轻”的重量觉。

“大野青不断，入窗秀可餐”（陈毅），大野青青的视觉沟通味觉，其秀色可以品味。林黛玉读《西厢记》时，“但觉词句警人，余香满口”，这也是视觉向味觉挪移。

听觉、味觉、嗅觉、触觉之间都可以沟通。林黛玉听《牡丹亭》时，“细嚼‘如花美眷，似水流年’的滋味”，这是由听觉转为味觉体验。“暗香随风轻”（白居易），这是花香的嗅觉沟通了轻重感的触觉。

在审美活动中，一种感觉引起另几种感觉的通感很多。如“芳气随风结，哀响馥若兰”（陆机），哀哀响声的听觉沟通视觉和嗅觉，如同看见了兰花，闻到了它的花香。“促织声声尖似针，声声刺着旅人心”（贾岛），“莺声圆滑堪清耳”（丁谓），这是由听觉向视觉及触觉转移。“溪冷泉声苦，上空木叶干”（高适），溪水的冷引起泉水的声音苦，这是触觉连通了听觉和味觉。“雨洗娟娟静，风吹细细香”（杜甫），对雨后翠竹的视觉，引起听觉（静）、触觉（风）、嗅觉（香）和运动感觉（娟娟、细细）。

审美通感在日常生活中也是司空见惯。如人们看见红、橙、黄色，就会感到温暖，并称之为“暖色”。看到青、绿、紫色，会产生寒冷的感觉，并称之为“冷色”。见到色泽鲜红的饭菜，就会产生美味感；听到某人的声音，仿佛见到这个人；看到深色，会产生沉重感；听到尖利的声响，会有刺痛感。

汉字中有很多词汇，就体现了审美通感现象。如“圆润”“圆滑”反映了视触通感，“甜美”沟通的是味视通感，“热闹”“冷静”反映的是触觉与听觉的联系，“响亮”连通了听觉和视觉。

审美通感可以使人产生新鲜隽永的意象，丰富人们的欣赏，产生多层次的审美感受。在欣赏绘画时，能从视觉沟通听觉、嗅觉，就会沉浸在画的境界中，“山气花香无着处，今朝来向画中听”。听音乐时，如能由听觉连通其他视觉、触觉等感觉，就会更好地体会音乐的意蕴，“泠泠七弦上，静听松风寒”（刘长卿）。面对美的事物，各种感觉连通起来，就会物我感应，情爽神飞，享受无穷的乐趣。审美通感还能够帮助艺术家克服各类艺术在物质手段上的局限性，提高艺术的表现力。例如可用视觉材料表现听觉、触觉、嗅觉、味觉形象，如曹雪芹写的《红楼梦》、白石老人画的《蛙声十里出山泉》那样；可用听觉材料表现视觉形象，如贝多芬的《英雄交响曲》、冼星海的《黄河大合唱》那样。

艺术可划分为视觉艺术、听觉艺术等。审美感觉的相互联系、相互沟通，从而也使艺术相通，使得各种艺术形式也紧密联系起来。例如音乐是听觉艺术，绘画是视觉艺术；由于审美通感的缘故，许多音乐家常常从绘画中悟出优美的曲调，而画家也从音乐中产生灵感。法国著名画家德拉克洛瓦曾说：“音乐常常赋予我一些伟大的思想。当我听音乐的时候，我非常想画画。”著名音乐家德彪西说过：“对于一个音乐家来说，去看一个日出的优美景色，要比去听《田园交响乐》是更为有益的。”各种艺术间相通，以至在专业用语上，两者也互相借鉴：人们谈论音乐时常借用绘画术语，如“音色”“音乐形象”等；论画时也常借用音乐术语，如“色调”“调子”“节奏”等。甚至棋道与画技、剑术与书法等艺术也互相影响，共生共长。

砍去“巴尔扎克”的手
——审美注意

被称作“爱和美的永恒象征”的《维纳斯》雕像，从米洛出土时，就失去了双臂，为此许多人感到惋惜。有趣的是，法国伟大的雕塑家罗丹，在创作《巴尔扎克》雕像时，竟有意砍去已经完成的这尊雕塑的双手。事情是这样的：

罗丹于 1891 年接受当时法国文学家协会的委托，塑造伟大文学家巴尔扎克像。为了塑造好这位一代文豪的形象，罗丹伤透脑筋。原来，巴尔扎克长得又矮又胖，腿短肚圆，其体貌简直是一只活木桶。用写实手法来为他雕像是不行的，而任何理想化的表示崇敬的手段，也无济于事。于是，罗丹决定在不掩饰巴尔扎克体貌的前提下，着力刻画这位作家的精神特质的美。他先后设计了十七个巴尔扎克塑像，还做了七个裸体像，分别给它们披上巴尔扎克深夜写作时常穿的睡衣进行了比较。

巴尔扎克像

经过七年的努力，一天深夜，罗丹终于完成了《巴尔扎克》雕像。他感到很满意，连夜叫醒了他的一个学生来欣赏他的作品。这个学生先是惊喜，然后把目光渐渐地集中在雕像前那双叠合的手上，说："棒极了！老师，我从来没有见过这样一双奇妙的手啊！"

听了这样的赞美，罗丹脸上的笑容消失了。他又把两个学生从床上拉起来，让他们评判雕像。他们和第一位学生一样，也都一致称赞那双手。罗丹的脸更严肃了，他沉思了一会儿，抡起一把锋利的大斧，直冲雕塑，只听见"呼"的一声，那双手被砍了下来。然后他转过身来，对三个惊愕不已的学生说："这双手太突出了！它们已经有了自己的生命，已不属于这座雕像的整体了。现在，你们再看看这座雕像。"

他的学生们终于从惊愕中清醒过来。一个学生小心翼翼地说："我从这座雕像上，看到了藏在巴尔扎克身上的超人智慧和巨大力量。"

"巴尔扎克真像一头雄狮。""巴尔扎克好像完全沉醉在遐想驰骋的创作激情里。"另外两个学生回答道。

罗丹满意地点了点头，语重心长地说："你们要记住，一件真正完美的艺术品，没有任何一部分是比整体更加重要的。"

我们现在见到的这尊巴尔扎克雕像是没有手的，只见一个披着睡衣的魁梧身躯，被莫大的幻象所迷惑，高昂着沉重而膨胀的脑袋；蓬松的头发，紧闭的嘴唇，朝上翘起的胡子，肥厚的鼻子；表现出一种被失眠折磨得无可奈何的神态，又好像在静静地构思，似乎随时随地都可能迸发出大声的嘲笑。罗丹的这一斧子砍得极其成功。他的这一斧子，实际上是自觉运用了审美注意的规律，把人们的审美注意"砍回"到雕像的主旨上。没有手的巴尔扎克雕像，会诱使人们的审美注意力，集中在最能揭示人物精神特质的面部表情上——像牡牛一样富有筋肉的颈项上展示着的一副充满智慧和富有创作力的面部表情。假如留着那双奇妙无比的手，就会吸引欣赏者的视线，分散人们的审美注意力，喧宾夺主。那么，什么是审美注意呢？所谓审美注意，是指在审美过程中，运用相应的审美感官，集中在特定的对象上。审美注意是审美欣赏、审美理解的重要环节。在审美中，必须集中注意力，这样才能充分调动各种感官去感觉和体悟美。

审美注意的一个明显特点是它的精神集中性。主体一旦为某一对象所吸引，就会将与对象无关的甚至有碍的活动排除在外，集中全部感官关注对象，凝神注目、凝神谛听。如果精神不集中，注意力分散，就表明还没有很好地进入审美状态。

要集中感官的注意力，就必须遵守审美注意的规律。审美注意的规律是，新鲜的、奇异的对象会引起人们的注意。“竹外桃花三两枝”（苏轼），两三枝桃花出现在竹林外边，特别新鲜突出，当然惹人注目。“竹外一枝斜更好”（苏轼），在青翠的竹林里，一枝梅花斜伸出来，它的色彩和“斜”的线条，显得特别奇异，一下子就勾走诗人的视野。生活中的奇装异服、自然界中的奇山怪石、艺术领域的标新立异之作，都能引人注意。罗丹开始创作的巴尔扎克雕像有两处奇妙：一处是他的面部表情，另一处是他的手。他果断砍掉雕像的手，就突出了巴尔扎克的面部所展现出来的精神美。

当然，所谓新鲜的、奇异的东西是相对的、有条件的。这些新鲜、奇妙的对象，如果我们反复观赏，时间久了，就会使感觉钝化或疲劳，从而变得不新鲜，不令人注目。“坐芝兰之室，久而不闻其香。”苏轼在《自普照游二庵》中写道：“居僧笑我恋清景，自厌山深出无计。我虽爱山亦自笑，独往神伤后难继。不如西湖饮美酒，红杏碧桃香覆髻。”僧人长期住在深山里，时时见山，视觉钝化了，奇山怪石已不能唤起他的审美注意，他正苦于没办法出深山呢，所以笑诗人爱恋山景。诗人刚进山里处处觉得新鲜，但时间一长，他也住不下去了，感到还不如到西湖饮美酒和观赏红杏碧桃。其实观西湖也一样，时间久了，也会觉得不新鲜的。“久做西湖客，等闲忘黛碧螺青。”（夏承焘《风入松》）在西湖住得时间久了，天天见青黛色的山色、碧绿的湖水，也会觉得很平淡。只有不断创新出奇、不断转换视角，寻求新的刺激，才能唤起和保持敏锐的审美注意。

审美注意的另一个规律是，反常的、不合常态的事物或行为，也能引起人们的注意。一个宫女为了争宠，想出怪招，她见别的宫女都把自己打扮得规规整整，就别出心裁，故意把钗头插得又偏又乱的。结果她反常的装扮引起了君王的注意，“钗头故插宜章草，图得君王带笑看”（王仲修《宫词》）。这个宫女是深谙审美注意规律的。一代儒将三国时吴国的周瑜精通音乐，听人奏曲有误时，即使喝得半醉，也会转过头去看看演奏者。所以时谣说：“曲有误，周郎顾。”当时不少艺人为了博得人们青睐，就在表演时故意出错。一位弹筝美人，坐在华美的房舍里拨弄装饰华贵的筝弦，优美的乐声从弦轴里传送出来。她为了引起听琴者的注意，时不时地故意拂错筝弦，“鸣筝金粟柱，素手玉房前。欲得周郎顾，时时误拂弦”（李端《听筝》）。这位弹筝人也是懂得审美规律的。

审美注意还有一个规律性的现象，这就是，具有对比性的对象更能引起人们的注意。因此诗人描写对比的诗句很多，如杜甫的名句“朱门酒肉臭，路有冻死骨”“野径云俱黑，江船火独明”；王籍的“蝉噪林逾静，鸟鸣山更幽”（《入若耶溪》）。画家作画时十分注意颜色的明暗对比，以引起人们注意，如《最后的晚餐》中犹大和其他十二个人的色彩鲜明对比，音乐中的节奏快慢、音响大小的对比，也运用了审美注意的对比规律。

当然，吸引人们审美注意时还必须考虑到，人们往往对自己所熟悉的审美对象才会产生兴趣，引起注意。散文家秦牧在《艺海拾贝》里，讲了一件趣事。他家的客厅里挂着一幅齐白石的墨虾图，上面画了十来只生动活泼的虾。一次，有个农妇肩上挑着一担水桶来打扫卫生。一进门来，她看见那幅画，竟着了迷，担子没有卸肩，就站着欣赏，一面连声啧啧赞叹：“真像呀，就和活的一模一样。”这个农妇对河沟里的虾是非常熟悉的。她看到画上的虾——透明的身体，细软如丝的触须，划动如桨的小足，两只长长的钳子，灵活的姿态，几乎和真的一样。于是被深深吸引住了，注意的兴趣浓厚到“着了迷”的地步。如果对审美对象一点儿也不熟悉，就会兴趣索然，注意力不可能集中。比如让儿童欣赏爱情歌曲，他们不可能产生兴趣；剪纸、年画、蜡染等民间艺术，在广大农村很受欢迎；如果把抽象画拿到农村，就不会有多少观众了。

画家是这样挑选水果蔬菜的
——审美观察

我国著名画家丰子恺先生年轻的时候，师从李叔同学习绘画、音乐。一次，他到水果店里去选购静物写生用的水果。卖水果的人看了他一眼，非常热情地帮他选出一只橘子，说："这只橘子是'有吃相没看相'，价钱便宜，味道又好，很合算的！"丰子恺笑了笑，没有要，自己动手挑选，看中了一只光泽漂亮的带叶子的橘子。卖水果的马上忠告他："这只橘子是不熟的，味道不好，价钱倒贵，很不划算！"丰子恺心里暗暗发笑：你哪里知道我买橘子的用处呢？

又有一次，丰子恺叫工人替他去买些蔬菜来写生。这位工人拖了一捆肥胖而外叶枯焦的黄矮菜回来。丰子恺嫌他买得不好，他说道："这种菜再肥嫩没有了，非常好吃。"丰子恺苦笑了几声，没法责怪他。因为他不是从审美角度，而是从吃的标准选择的。于是丰子恺只好自己去买。他选了两株苍老而瘦长的白菜，兴冲冲回来。工人一见，就笑他："这种菜最没吃头了！这是没人要买的！你怎么买它？"丰子恺想为自己解说这菜的形状色彩的美，但是一想，说了工人也恐怕不明白，姑且让他说去罢了，我才不在乎旁人讪笑，我这就去为这些美丽的白菜写照。

丰子恺挑选水果蔬菜为的是作静物写生用，所以，他是以审美的眼光来选择的，着眼于水果蔬菜的形状色彩。而一般人来选择，必然考虑食用，着眼于水果蔬菜的味道、肥嫩、价钱。我们把这种以审美的眼光看待事物，着眼于事物的形状、色彩、声音的观察，叫做审美观察。审美观察是在审美知觉、审美统觉的基础上，形成的一种明确性心理活动过程。简言之，就是用审美的眼光来观察生活、观察事物。审美观察与一般观察是有区别的。审美观察是排除功利的观察，着眼于对象的整体形象，观察的是审美对象的色彩、形状、声音等形式因素及其组合规律。丰子恺选择水果蔬菜时就是这样。他不考虑水果蔬菜的味道、肥嫩、价格，就看形状色彩是否美丽，是否吸引人的眼球。

在审美观察过程中，有情感和直觉思维的参与。南北朝时期的梁元帝萧绎写了首《游后园寺》诗："日照池光浅，云归山望浓。入林迷曲径，渡渚隔危峰。"诗中把当地的景色非常细致地描绘出来：在灿烂阳光照射下，池水反光，显不出它的深度；云涌山谷，山色显得更加浓郁；林中小径，曲折幽深，道路扑朔迷离；洲渚对岸，危峰耸立。这都是诗人仔细观察的结果，在观察中渗透着萧绎的复杂情感。

审美观察十分讲究观察的视角。多视角观察对象，才能充分展现对象不同的美，领略对象特有的韵味、意境。比如桂林山水，如果从高处远处看，就是"江作青罗带，山如碧玉簪"（韩愈《送桂州严大夫同用南字》）；如果从低处近处看，桂林山水就是："城窄山将压，江宽地共浮。东南通绝域，西北有高楼。"（李商隐《桂林》）苏轼观景经常采用多视角，一次欣赏吴山就从不同角度，"朝见吴山横，暮见吴山纵。吴山故多态，转折为君容。"（《法惠寺横翠阁》）黄石翁分别从云上、云中、云下观赏白云和城郭，获得了不同的审美感受："日出五丈高，白云浩出海。城郭在云中，山人在云外。望云云气深，入云云气浅。亦欲入深云，不知云远近。"（《望云》）即云上看云，能纵览"白云出海"的壮丽景观；云下看云，可看到"城在云中，人在云外"的美丽景观；云中看云，能有"望云云气深，入云云气浅"的亲身体验。

审美观察是审美欣赏，特别是审美创造的重要组成部分，是达到生活真实的艺术表现必经之路。阿·托尔斯泰曾经说过："在艺术里，一切都取决于具有重大意义的艺术家的观察力。"左拉更是形象地把创作比作眼和手的工作。他说，创作需要一百只眼和一百只手，"一百只眼是为了能看到一切，一百只手是为了握住笔杆，记下一百只眼的见闻。"艺术创作就是这样。

唐代张旭的草书最负盛名，他的草书得益于观察。他"见公主担夫争道而得其意，又观公孙大娘舞剑器而得其神"。公主担夫争道的杂而不乱、挤而有让的情景，被他用到书法的布局结构中；公孙大娘舞剑的英姿，使他悟彻了书法的生动气韵。王羲之非常喜欢白鹅，经常细察鹅儿游水的姿态，从中悟出用笔的方法：执笔时食指要像鹅头那样昂扬微曲，运笔时要像鹅掌拨水那样优裕自如，这样才能使全身的精力贯注在笔端上。

审美观察不仅能提高艺术创造的水平，而且还能发现美和美的形式。中国的竹画，分为墨竹和朱竹。墨竹就是来源于观察。五代时期蜀国的李夫人，是闺苑的才女，擅长诗文书画。南唐郭崇韬伐蜀时，把她虏为夫人。郭崇韬是个武夫，对琴棋书画一窍不通。多才多艺的李夫人终日陪伴这个人，郁郁不乐，百无聊赖，只好寄情笔墨。一个风清气爽的月夜，她独自坐在窗前赏月，忽见月光下婆娑的竹影映在窗纸上十分好看，就想如果画下来该多好，她用墨笔在窗纸上描画。白天再看窗上所画的竹影，生气勃勃，别具一格。消息传开后，大家竞相模仿，形成了风尚。

法国印象派画家莫奈在英国生活期间，经常在伦敦雾中观察光和彩色的微妙变化，并在海德公园和泰晤士河上画了许多作品。画面上，伦敦上空的雾变成了紫红色。伦敦人看到画大为哗然：我们成年累月生活在伦敦，见到雾都是灰色的，什么时候看见过紫红色的雾？历史上也没有这样的记载！莫奈太胆大妄为了！然而，当激动的观众走出展览大厅，抬头望见伦敦的上空，他们简直不敢相信自己的眼睛，“天哪！雾的确是紫红色的！”很多人惊叫起来。这时，大家才不得不佩服莫奈的发现。有的人还饶有兴趣地寻找起原因来，终于弄明白其原因是由于工业发达，伦敦烟囱林立，空气中弥漫着煤和灰的尘粒。它们在阳光的作用下，使笼罩在伦敦的雾呈现出紫红色。此外，伦敦红砖墙的建筑物比比皆是，也是造成这种颜色的一个原因。遗憾的是，这种现象人们长期没有注意到，而被精于细察的莫奈首先发现了。伦敦人为此慷慨封给莫奈一个“伦敦雾的创造者”的雅号。

艺术家都有敏锐观察力。莫奈曾对着同一草堆，根据朝、夕、晦、明时的不同观察，能够创作出 15 幅不同色彩的画。没有训练有素的眼睛，是画不出这些具有细微差别的画的。清末天津“泥人张”（张明山）有非凡的观察力。他的孙子娶媳妇，孙儿孙媳依照乡俗拜见祖父，“泥人张”见孙媳长得可爱，就以她的模样塑了一尊新妇像，吩咐人悄悄把泥塑移至新房。客人进房，发现新妇在里面，大吃一惊，因为他们刚刚与新妇笑闹过，直至用手摸了摸，才知道是“泥人张”的杰作。有个客人挑刺说，泥塑脸上不该有一条水痕，大概“泥人张”年老眼花了吧！张明山笑着说：“你们再去看看新妇，他的脸部有一小痣呢！”大家不相信，拉过新妇一看，果然有一小痣，被胭脂粉掩盖着。

五代时期的画家常重胤也具备敏锐的观察能力。当时，前蜀有个叫宗裕的人，生性多疑，醋意特重。他有个小妾长得很漂亮，他想给小妾画幅肖像，但又不愿意让画家多看她几眼，所以总也找不到能画的人。一天，有人给他推荐常重胤。他把常重胤请去说：“你不用长时间观看就能画出来吗？”常重胤回答说：“能。”宗裕把他的美妾叫出来，只站了一下，就赶紧叫她退下。仅此惊鸿一瞥，常重胤却看清了她的形象特征。第二天，常重胤便将画得惟妙惟肖的肖像呈给宗裕。宗裕看了，非常满意。

美国作家马克·吐温的观察力更厉害，他能从一个人的外表看到他的内心。有一位百万富翁，他的左眼坏了，花钱请人装了一只假的。这只假眼装得非常好，谁也辨认不出来。百万富翁十分得意，常常在人们面前炫耀自己。有一次，他碰到马克·吐温，得意地问道：“你猜得出来吗，我哪一只眼睛是假的？”马克·吐温指着他的左眼说：“这只是假的。”百万富翁十分诧异，问：“你怎么知道的，根据什么？”马克·吐温回答说：“因为这只眼睛里多少还有一点点慈悲。”马克·吐温的观察力真是入木三分，其快捷敏锐的幽默讽刺也令人叫绝。

审美观察水平的高低，与审美主体的生活经验、审美知识、审美信息的多寡，与审美主体的注意力集中、审美目标的明确与否密不可分。一个人的审美修养越高，生活经验越丰富，头脑中形成的审美表象越完备，他的审美观察力就越高。观察能力是通过严格训练得来的。我国“画圣”吴道子和文艺复兴时代的著名画家达·芬奇，从小学画都是从画鸡蛋开始的。达·芬奇不理解为什么要这么做，老师就这样告诉他：“别以为画蛋很简单，很容易。要是这样想就错了。在一千只蛋当中，从来没有两只形状是完全相同的。即使同一只蛋，只要交换一个角度看它，形状便立即不同了。例如把头抬高一点，或者把眼睛看低一点，这个蛋的椭圆形轮廓就大有差异。所以，如果要

莫泊桑像

在画纸上准确地把它表现出来，非要下一番苦功不可。多画蛋，那就是训练眼睛去观察形象，训练手随心所欲地表现事物，等到手眼一致，那么对任何形象就都能应付自如。这个基础工作必须首先做好。”达·芬奇听从老师的话，一步步努力，终于成为卓越的画家。

法国作家莫泊桑学习写作时，他的导师福楼拜首先就教他学会细致地观察事物。有一次，他们俩在街上散步，迎面来了一辆牛车。福楼拜指着这辆牛车，要莫泊桑以此为题材，写出几篇内容各不相同的散文。莫泊桑很为难，福楼拜就开导他说，牛早上和晚上神态不一样；赶车的人喝醉了酒和没有吃饱饭，对牛的态度也不一样；牛饿着肚子上山冈和饱着肚子走崎岖的路，神情也不一样……如果能细致地观察这些不同的情况，就是再多写几篇也不难。莫泊桑大受启发，后来终于写出《羊脂球》这样脍炙人口的短篇小说。

夜景·吟诗·作画
——审美直觉

一个雨过天晴的夏日夜晚，清初诗人查慎行漫步于溪边。他放眼望去，天空中繁星闪烁，远处青山与天浑然一色，近处树园渐渐隐没在夜色中，点点萤火虫沿着溪边草丛飞来飞去。四周一片寂静，耳边从山涧传来如鼓的蛙声。这些清新感觉在诗人头脑中汇织成一幅美丽的图画，查慎行感到十分愉悦，情不自禁地赞叹道："多么美的夜景啊！"诗意从心中涌出，吟诗一首：

雨过园林暑气偏，繁星多上晚来天。
渐沉远翠峰峰澹，初长整阴树树园。
萤火一星沿岸草，蛙声十里出山泉。
新诗未必能谐俗，解事人稀莫浪传。

其中一句"蛙声十里出山泉"极受现代作家老舍的推崇。俗话说：诗中有画，画中有诗。老舍想：何不模仿古人，将古诗句画成画，使诗与画融为一体？

1951年的一天，老舍请画家齐白石老人以"蛙声十里出山泉"为题作画。齐白石老人经过几天的构思，画出了一幅出人意料之外的画：一条铺着乱石的山涧泻出一片急流，三群形态各异的小蝌蚪，顺着急流而下，显得活泼多姿。

老舍拿着齐老的画，左看右看，仔细观赏。画面上没有画出那鼓腮噪鸣的青蛙，老舍望着那几群天真可爱的小蝌蚪，仿佛听到了从远处的山泉中传来的阵阵蛙声。"蛙声十里出山泉"的诗意从画中涌出。

"画得妙极了！"老舍钦佩地说。

查慎行将雨后夜晚的感受吟成了诗，齐白石将这诗意变成了画，老舍又从画中得到了强烈的审美感受，使用的都是审美直觉的方式。人们在感受美的时候，首先是接触它的外在形式，直接获得审美感觉、审美知觉、审美表象以及审美愉悦，并不经过深思熟虑。人们把这种感性心理特征称之为审美直觉，或者称之为审美感受的直觉性。用科学语言来表述，审美直觉是人对事物外在审美特质的感觉、知觉、表象及在预先积淀的理智、情感作用下的审美感受。查慎行在雨后溪边所看到的繁星、远翠、园林、树阴、萤火虫，听到的蛙鸣、水声，身上感到暑气遍消，是感觉形象。诗人将视觉、听觉、触觉等形象综合起来，形成整体形象，汇成一幅美丽的画，是知觉形象。诗人将雨后夜晚山溪风景留在记忆中，用诗吟出，是表象形象。在感觉知觉和表象形象中，自然流露出的欢愉、高兴，是审美愉悦，即美感。同样，老舍在欣赏齐白石的名作《蛙声十里出山泉》时，也是这种直觉的过程。需要强调的是，老舍还从山溪中的小蝌蚪，依据自己的经验，通过小蝌蚪与青蛙及至蛙鸣的联想，获得十里蛙声响起的听觉形象。审美直觉是审美活动的基础。审美总是从形象的直觉开始。审美想象、审美情感、审美理解都是建立在审美直觉的基础上的。

审美直觉的显著特点是“一触即觉，一见倾心”。人们面对美的事物，只要眼睛一看到形状，匆匆一瞥；耳朵一闻到声音，草草一听；不假思量计较，就立即感受到美，迅速作出美的判断，愉悦的情感顿时充盈心间。例如中秋之夜，人们在西子湖畔的平湖秋月水榭上赏月，看见一轮明月悬挂在浩瀚的天空，将那银色的月光倾泻在湖面上，湖水泛出粼粼的波光，湖中依稀又生出一轮明月，远山近水若隐若现，朦朦胧胧，徐徐清风送来阵阵桂香。人们面对着这景色，心中会顿时升起一种美的愉悦感。人们听阿炳的《二泉映月》或观赏达·芬奇的《蒙娜丽莎》，都会情不自禁地称赞它给我们带来了美的享受……此时此景，诗人们往往会用“顿”字来表达这一特点。如“胜景不易遇，入门神顿清”（钱起《题精舍寺》）、“登临顿觉襟怀阔，消尽人间万斛愁”（高旭《登石钟山观音阁》）、“上得城来眼顿明，暮山争献数尖青”（杨万里《闰六月立秋后暮热追凉郡圃》）。

审美直觉的另一个特点是“非理智性”。我们感觉美，并不需要经过理性思索，不需要运用概念、判断、推理，而是运用审美感官，非理性地直接触到了美，抓住了美。正如康德说的那样，“美是那不凭借概念而普遍令人愉快的”，美的事物“总是对我们的直观能力发生作用，而不是对我们的逻辑能力发生作用”。正是由于这种非理智、非理性，我们才能进入了审美世界，享受无穷的乐趣。如果我们用纯理性的眼光看待审美对象，那么就不会产生审美直觉，感受不到诗意的美。有这么一段轶闻：苏轼有一佳句“竹外桃花三两枝，春江水暖鸭先知”，把初春的盎然景色和生机鲜活地呈现在我们面前，真是妙不可言。可是清人毛奇龄读苏轼这句诗时，却指责说：“鹅也先知，怎只说鸭？”他是用理性的、科学的态度读诗。当他这么做的时候，审美直觉就离他而去，哪里还有美感存在？这不是审美，而是对美的践踏。英国诗人华兹华斯在《劝友诗》中说得好：

> 大自然给人的知识何等清新
> 我们混乱的理性
> 却扭曲事物优美的原形——
> 剖析无异于杀害生命

审美直觉往往还具有偶然性的特点。美对于人，往往是不期而遇的。所以诗人在表达审美直觉性这一特点时，喜欢用“偶”字，例如：“偶因送客出前溪，便过溪桥拾诗句。”（吕从庆《山中作》）“眼边处处皆新句，尘雾经心苦自迷。今日偶然亲拾得，乱松深处石桥西。”（陆游《山行》）

审美感受为什么具有直觉性呢？这是因为审美对象具有具体可感的形象以及独特的形式，而人又具备直接感受美的审美器官。雨后夜晚山溪风景之美，在于繁星、远翠、园林、树阴、萤火虫和蛙鸣、水声组成的美丽图画。月色之美，离不开淡淡的银色的月光，以及在月光映照下的山、水、树等朦胧形象所构成的生动图画。《二泉映月》的美，离不开动人的旋律、和谐的节奏。《蒙娜丽莎》之美，离不开线条、色彩勾画出来的形象。由于审美对象具备了直觉所能把握的具体可感形象的特性，因此才能被人的感官接受。人类具有直接感受美的审美器官。在社会实践中，人们一方面改造自然，使自然具有美的特性；另一方面也改造自身，使得人具有与美相适应的感官。这种感官不但能感知形体、色彩、音响等形式和形象，而且还能从这些形式形象中直接感知其社会的价值与意义，从这些形象中直观到人自身的力量和理想，从而引起精神上的愉快和满足。

三 审美想象

宋朝的考画取士
——审美想象

北宋时，朝廷在京城开封设立了画院。画院里汇集了许多著名画师。这些画师都是从全国各地选拔上来的，待遇好、俸禄厚。当时选拔画师的方法也像科举考试一样，由皇帝或者主考官出题考试，而画题多半是用一句古诗。宋徽宗在位时还亲自阅览画卷，为考生们评定成绩，决定名次和取舍。考生们为了取得好成绩，竭力在构思上争奇斗胜，流传了许多有趣的故事。

有一次出的考题是“深山藏古寺”。这个题难住了不少应试的人。古寺既然藏在深山之中，怎么在画面上表现出来呢？应试者挖空心思作画，有的考生画了深山里，林木环抱一座寺庙；有的画出深山密林深处露出寺庙一角；有的画林木上空，高高飘着一幅幡；有的画两峰耸峙的山谷后隐约现出寺庙的一檐。这些画都送给当时的皇帝宋徽宗审阅。宋徽宗赵佶虽是中国历史上有名的昏君，却是一个造诣很高的书画家。他一一翻看了这些画，都没有看中。因为，考题的关键是一个“藏”字，而这些画在画面上或露出了寺，或寺的一角，或一幅幡，或一檐，但都没有“藏”好。既要让人看出有古寺，又要“藏”起来。这个矛盾被一位画家天衣无缝地解决了：在他的画上，画出了山峦起伏、林深树密，在山外的小道上，一个和尚在绿丛掩映的山涧边以桶汲水。作者把寺藏了起来，不露在画面上，但人们可以从一个和尚在山涧边以桶汲水中想象出：深山里有古寺，产生“深山藏古寺，钟声犹在耳”的感觉。这幅画立即得到赵佶的肯定，定为第一。

又有一次，考试出的题目是“竹锁桥边卖酒家”。应试的画家绞尽脑汁作画。许多画家都在“酒家”上下工夫，以小溪、木桥和竹林作为陪衬，画出形形色色的酒肆，有的甚至还画出举杯痛饮的豪客和文人。只有一位年长的画家李唐则不然，他独出心裁，不落窠臼，在画面上巧妙地画上一弯清清的流水，一座小桥横架其上，桥畔岸边，在一片青翠的竹林中，斜挑出一幅帘子，上写一“酒”字，迎风招展。至于酒家在哪里，留给观赏者去想象。宋徽宗对李唐的画称赞不已：“此画虽未画出酒家，但他把酒家深藏于竹林之中，令人遐想万千，深得诗句中‘竹锁’的意趣。”结果李唐得了头名，并由此从民间进入了画院。后来李唐成为有名的山水画家，他创作了不少名画，其中的《万壑松风图》《采薇图》《晋文公复国图》都成了传世珍品。

还有一次，画院以“野渡无人舟自横”的诗句作画题。许多应试者均构思一艘空船系在岸边，有的画一只鸬鹚站立在船头，有的则画一只乌鸦栖在船篷上张嘴哇叫。这些构思，虽然点出了空船和无人，但这条船是渡船还是

《采薇图》　李唐

渔船，抑或商船，没有交代清楚。唯有一人画的是一个船夫盘着双腿，坐在船尾，悠闲自在，独吹横笛，而任凭小船在水中漂流。这幅画，使人马上明白这是条渡船，想象出它横在野渡之地，使人从撑船之人的“有”，联想到渡河之人的“无”；又从渡河之人的“无”，联想到撑船之人的寂寞和闲适；有情有景，诗情画意，水乳交融，令人深思。结果这幅画被选中。

这种独特的考试方法，为北宋画院从民间选拔了许多具有深厚美学修养和才能的人，给中国绘画史增添了很多光彩。

以前人诗句作题考画家，是否科学，我们姑且不论，但其中有两点值得注意：一是画家必须要有丰富的想象力，把诗句的意境化为画中鲜明生动的形象，千方百计地在画中给观众留出广阔的想象空间；二是欣赏这些画时，也必须善于发挥想象力，去领会画中的诗意和意蕴。总之，无论是绘画创作还是绘画欣赏，想象都不可缺少的。这种发生在审美过程中的想象，我们就把它叫做审美想象。它是指审美中主体在特定对象刺激、诱导下，将大脑中已有的众多相关表象，重新进行组合、加工、改造而创造出新的表象的心理过程。古人常用“神思”“神游”“浮想”“迁想”等语言来表达审美想象。审美想象有多种类型，有直接想象和间接想象、有意想象和无意想象，表象想象和意蕴想象，简单想象和复合想象，再造性想象和创造性想象等。若从广义上来理解，审美想象还包括审美联想。

有人或许会说，绘画艺术是想象艺术。对画的主题、意蕴的领会，当然离不开想象。其实不仅仅是绘画，所有的艺术欣赏和创作都须臾离不开审美想象。比如，欣赏和创作音乐就更需要审美想象。音乐是典型的表情性艺术。欣赏音乐必须以极其敏锐的音乐的耳朵，去捕捉乐曲旋律所包孕的情思，展现自己丰富的想象去领略音乐所包含的意蕴。例如，贝多芬的《田园交响曲》第四乐章，用定音鼓表现雷声，短笛表现呼啸的风声，加上用小号大号等乐器，模拟暴风雨的形象。想象力差的人，只感觉到紧张、激烈的音响交织、流动，心里没有产生任何风雨的联想和类似的经验再现。而音乐修养较好、想象力丰富的人，就能体验到暴风雨来临时的感觉，甚至脑海中出现了乌云滚滚、雷鸣电闪的景色。

审美想象是人类所特有的高级神经活动和心理能力，是欣赏美、创造美过程中形象思维的中心枢纽。没有想象，就没有审美。审美想象在审美心理活动中起着关键的作用，它是意象创造、美感深化、艺术制作、艺术评论等的巨大心理动力。黑格尔指出："如果说到本领，最杰出的艺术本领就是想象。"（黑格尔《美学》第 1 卷，第 348 页）

审美想象不仅帮助我们深刻领会审美对象的意蕴，就像创作与欣赏"深山藏古寺"那样，而且还可以引导我们对审美对象的意蕴加以丰富和拓展，使主体得到超出形象本身的东西。例如，巫山神女峰，本来只是形状有些奇特的石峰而已，但一旦想象它是传说中的巫山神女，这座石峰就有了生命，周围的所有山峰以及云雨晨雾都笼罩上神话色彩。这时欣赏的就不单单是石峰，而是美丽动人的神话形象和神仙境界。审美想象引导我们突破了审美对象的外壳，获得丰富的审美感受。

审美想象还能使主体突破知觉对象的时空局限，使人无拘无束地自由驰骋在美的天地里，享受无穷乐趣。在审美想象的天地里，我们可以像晋代诗人嵇康那样"目送归鸿，手挥五弦。俯仰自得，游心太玄"；像庄子那样逍遥游，"乘天地之正，而御六气之辩，以游无穷"；像洪秀全那样"眼通西北江山外，声震东南日月边"（《述志诗》），视力和声音突破空间限制，能远及西北江山以外和东南日月之边；像苏东坡那样乘风登上明月宫阙，住在琼楼玉宇，起舞弄清影；可以把陡峭的山峰想象成碧玉簪，把清澈的漓江想象为青罗带，"江作青罗带，山如碧玉簪"（韩愈《送桂州严大夫同用南字》）；唐朝的人可以看到汉朝的旌旗，"昆明池水汉时功，武帝旌旗在眼中"（杜甫《秋兴八首》）；可以乘船到天上买酒，"且就洞庭赊月色，将船买酒白云边"（李白《游洞庭五首》其二）。在审美活动中，想象力越丰富，对象就越美；想象力越活跃，越能得到审美愉悦。一个对象越能引起人们的想象，就越有审美价值。

审美想象与科学想象是不同的。审美想象的形象具有情感性；科学想象为了确保符合实际，它不允许带有个人情感，哪怕一丝一毫的主观成分也不行。在审美想象中，由于融合着感情，可以"一日不见，如三秋兮"（《诗经·王风·采葛》）；黄河狭窄得用一片苇叶就可以渡过，“谁谓河广？一苇杭之”（《诗经·卫风·河广》）。而在科学想象中，必须是什么就是什么，是多少就是多少，绝不可以含糊。科学想象必须根据已有事实和科学原理，对未知作出预测，它不允许虚构。审美想象则可以而且应当虚构。审美中，白发可以三千丈，孙悟空一个跟头可以翻十万八千里。如果只能说白发三尺、孙悟空一个跟头翻三五米远，那是多么没有情趣啊！

牵驴过桥
——审美联想

唐德宗贞元年间，博陵（今属河北）的年轻举子崔护到京城长安参加进士考试，结果没有考中。他在城里租了一间房子，想在此读书，准备明年再考。到了清明时节，他独自一人到京城南郊春游。走了好半天了，他感到口渴，便到一户农家讨口水喝。

开门的是一个少女，眉清目秀，艳如桃花，落落大方。她问清缘由，就很热情地端了钵水，递给了崔护，然后倚在桃树旁，脉脉含情，看着崔护喝水。

崔护喝完水，抬头只见那少女笑盈盈的面容与身旁满树桃花交相辉映，美极了。少女收起钵，回屋去了。崔护怀着美好的印象，依依不舍地离开这个地方。

光阴荏苒，不知不觉又到了春暖花开的季节。崔护兴致勃勃地又来到这个花红草翠的农家院落，只见关着门。他先是叩门，后是叫门，始终不见里面有人出来。放眼看去，唯有院内的桃树，还是那样天真烂漫地绽放着粉红色的花朵，在春风中凝情含笑。崔护不由得感慨起来，信手挥笔在门上题诗一首：

去年今日此门中，人面桃花相映红。
人面不知何处去，桃花依旧笑春风。

题罢，无奈地离去了。

据说，这位少女回家后，看到了这首诗，一下子就病倒了，奄奄一息。由于热心人的帮助，她终于在城中找到崔护。最后的结局当然是皆大欢喜：有情人终成眷属。崔护也因这首《题都城南庄》的诗而蜚声诗坛，载入史册。

崔护旧地重游，脑海中自然而然想起了去年那热情美貌少女端水给他喝的情景。在美学中，这种现象叫做审美联想。审美联想，是人在审美中感知或回忆特定事物时，连带想起其他有关事物的心理过程。所谓“迁想妙得”“睹物思人”“联类不穷”等，说的都是审美联想。

审美联想有多种类型。最常见的有接近联想、相似联想和对比联想。

接近联想，是由于时间、空间上相邻近所引起的联想。由于面前对象同记忆中事物之间，在空间或时间上相互毗邻、接近，使人将之联结起来，由一事物联想到与之相临近的事物。如站在圆明园旧址看到几根残缺的石柱，就会联想八国联军浩劫京城的惨状；看到滔滔的黄河水，耳间似乎响起李白的诗句：“黄河之水天上来，奔流到海不复回”；当轮船停靠在九江码头，眼望着水势浩渺的长江，会想起离这儿不远的庐山香炉峰瀑布和李白的《望庐山瀑布》；品味中华人民共和国的国徽，从国徽正中的天安门，会联想起人民英雄纪念碑，想起人民大会堂、故宫等；这些都是由于空间相近而产生的接近联想。“桃花流水鳜鱼肥”“春江水暖鸭先知”，是由春天看到桃花、江水，而联想到江中肥美的鳜鱼和感知到水暖的鸭子，从而创造出优美的意境，这是由于时间相近而产生的接近联想。空间上的接近与时间上的接近，往往是互相联系的。如陶渊明的诗句“种豆南山下，草盛豆苗稀”，由草联想到豆苗，草和豆苗所处的空间地点相近，都在“南山下”；因为杂草丛生，夺走地里的养分，豆苗自然长得稀稀拉拉，“草盛”的样子和“苗稀”的样子，在出现时间上也就必定相接近。

相似联想又称类比联想，是事物之间在性质、形态上相似所引起的联想。由于当前感知到的事物与记忆中的事物在性质或形态上有共同性、相似性，在大脑中形成了特定联系，因而通过类比、类推，引起回忆、联想。如欣赏列宾的油画《伏尔加纤夫》，会联想到俄罗斯歌曲《伏尔加船夫曲》、冼星海的《黄河谣》。欣赏高尔基的散文《海燕》，看到海燕在暴风雨即将来临时，它毫不畏惧，勇敢地迎着狂风，穿过乌云，飞翔着、战斗着，这种形象会使人联想起在反动的白色恐怖下，勇敢战斗着的革命者。霜叶与二月花在“红”这一点上相似，所以诗人从霜叶联想到二月花，“停车坐爱枫林晚，霜叶红于二月花”（杜牧《山行》）。扇子与世间人情在“逐炎凉”上有相似之处，唐寅从扇子的夏用秋藏联想到世间人情，吟诗一首：“秋来纨扇合收藏，何事佳人重伤感？请把此情详细看，大都谁不逐炎凉。”（《秋风纨扇图》）“记得绿罗裙，处处怜芳草。”（牛希济《生查子》）这是由于罗裙的色彩与芳草的色彩相似而引起的审美联想。艺术创作中的比喻、比拟、象征等，就是以这种联想为基础。如以花红柳绿比拟、象征春天，又以春天比拟、象征生命、生气、繁荣；把为民请命的人比作“包青天”，把教师喻为“吐丝的春蚕”等，就是这种相似联想的结果，在相似联想中深化了对事物共同审美特性的理解和体验。

对比联想，是由于事物之间在性质、形态上的相异、相反所引起的联想。这是在经验中和观念上把握了以往经历过的事物和当前感知事物的差异性、对立性而唤起的联想。例如陶渊明从万物皆有依托的景象，联想到孤云的飘荡无依，想到人生的漂泊不定，“万族各有托，孤云独无依”（《咏贫士》其一）。唐朝诗人杜审言在唐中宗时，被贬到南方偏远的峰州去，当他渡湘江时，正值春归大地、花鸟宜人的季节，看到滔滔江水朝他行进的反方向流去，想起自己的遭遇，感慨万分，于是吟道：“迟日园林悲昔游，今春花鸟作边愁。独怜京国人南窜，不似湘江水北流。”（《渡湘江》）在边城愁闷的时候，想起昔日在京城春日游园的欢娱；从湘江向北流，想到自己却被贬向南方。对比的联想，加重了这位贬臣的悲凉感。人们见丑思美、见假贵真、遇恶怀善，也是这种联想。

事物之间在性质、形态的数量、程度的差异，如事物的美与更美、大与更大、高与更高等，也可以引起对比联想。如李白《赠汪伦》：“桃花潭水深千尺，不及汪伦送我情。”

唐朝诗人杜甫、白居易常用对比，表示一种强烈的情感。如杜甫的“朱门酒肉臭，路有冻死骨”，从富贵人家奢侈豪华，联想贫苦人家冻饿而死。

这种强烈的贫富悬殊的对比意境的产生，就是用了对比联想。白居易在《歌舞》中写到“朱轮车马客，红烛歌舞楼。欢酣促密坐，醉暖脱重裘”之后，马上来一句：“岂知阌乡狱，中有冻死囚。”从达官贵人们纸醉金迷、花天酒地的享乐场面，突然想到监狱里关满囚徒，许多囚徒冻饿而死，两种景象之间反差何其大！对比联想在艺术创作中通常表现为烘托、反衬、对比。曹植借助对比联想，以萁豆相煎的景象来比拟他在王位之争中所遭受的来自其兄的迫害，写出哀怨、愤慨的《七步诗》：“煮豆燃豆萁，豆在釜中泣。本是同根生，相煎何太急？”

让我们再回到崔护的《题都城南庄》诗上来，崔护使用的联想属于接近联想和相似联想。说它是接近联想，一是时间接近，“今日”与“去年今日”，都是清明时节；二是空间接近，都发生在“此门中”。崔护的诗可以说是时间与空间叠合的接近联想，由同时同地同景联想到少女。说它是相似联想，因为“人面”与“桃花”有相似之处。

审美联想是审美认识、审美理解和审美创造的不可缺少的心理形式和重要环节，它可充实、丰富对象的审美特性，深化强化美感，引起情感的扩张、移情、推爱推憎、审美通感等。审美活动中，人们通过联想，感知的内容得到扩充，人和自然、主体和客体往返交流，从而使审美感受得到极大的强化。李白有一首《宣城见杜鹃花》的诗：“蜀国曾闻子规鸟，宣城还见杜鹃花。一叫一回肠一断，三春三月忆三巴。”杜鹃花是在杜鹃啼鸣时开放的。传说中的杜鹃，是古蜀帝杜宇的冤魂所化，其啼鸣时滴的血化成了杜鹃花。李白在宣城看见杜鹃花，就很自然联想起家乡杜鹃的啼鸣，感觉那啼声是那样悲切凄厉，似乎每叫一声肝肠都要断裂一回。李白感知的审美对象原来只是宣城的杜鹃花，由于联想，使对象扩充到几千里的故乡，他的美感不仅来自眼前的“见”，还来自“闻”和“忆”；既来之面前的自然景物，还来自家乡的风物和历史传说，故美感就格外浓烈。

在创作中，审美联想是审美意象形成的重要途径。老舍的《骆驼祥子》，基本上就是通过联想构思而成的。1936 年，老舍听一位朋友说起一个车夫自己买了车，又卖掉，三起三落，到末了还是受穷；还说另一个车夫被军队抓了去，后趁着军队移动之际，牵了三匹骆驼回来。老舍以两个车夫和三匹骆驼为起点，先后展开了类比联想、对比联想和接近联想：由车夫祥子想到别的车夫；由祥子想到那些地位比他高的，盘剥、压迫他的人；由祥子想到他在刮风天、下雨天拉车的所受的苦，想到他和别人一样也有志愿、性欲、家庭和儿女等等，通过这样一连串的联想，骆驼祥子的形象马上丰满起来。可见，审美联想在艺术创作中占有突出的地位。

高明的艺术家在自己的作品中，总是想方设法给欣赏者留下更多的联想余地。南宋著名画家马远画山，常画山的一角，“或峭峰直上不见其顶，或绝壁直下不见其脚”；画水，则常写水之一涯，画幅上留出大片空白，让人们去联想，人称他为“马一角”。他的名作《寒江独钓图》，只画了一叶扁舟漂浮在水面上，一个渔翁在船上独坐垂钓。四周除了寥寥几笔微波，几乎全为空白，给欣赏者提供了一种深远的意境和广阔的联想余地。南宋式微的政局，残山剩水的版图，在他画中留下了鲜明的时代烙印。

唐伯虎有一幅《川上图》，画的是一个人牵驴过桥的情形。桥下溪水潺潺，叮咚有声。小毛驴害怕，倔犟地不肯上桥，牵驴人用力拉着它。整个画面用笔简洁明快，形象惟妙惟肖。据传此画挂在画铺里出售，标价一百两银子，这在当时来说已是很高的了。不料却被一位有识之士看中了，当即定购，约定第二天送银取画。画铺老板喜出望外，一百两银子原是漫天标价，没想到果真有人肯出这么高的价钱。“什么名画能值这么多银子？”老板取下画，反复打量，想找出其中的妙笔。结果妙笔没有找到，却发现画中有一处明显的“缺点”：牵驴人用力拉着毛驴，却没有画出缰绳。他担心买主取画时发现这一“缺点”，业已成交的一桩买卖就会砸锅，于是他越俎代庖，拿起笔在画上添了一条短绳。出乎他意料的是，买主第二天看了看画，突然变卦不买了。老板惊奇地问他为何变卦，他说：“我买此画，爱的正是它没画出缰绳。现在你添上了，我还要它干什么？”“为什么？”老板不解。那人说：“牵驴人手中没有缰绳，那情景就像戏剧舞台上马童给大将军带马的动作，通过牵驴人用力拉的双手，使欣赏者的联想中出现一根绳子。这是画家的巧妙构思，也是整幅画的精彩之处，即‘画眼’。”老板后悔不迭。

当然，审美联想作为一种高级的心理活动，它的产生需要诸多条件。对象的审美特质对审美主体的刺激，当前事物与记忆中事物所固有的联系等，是审美联想产生的客观基础；而审美主体记忆的丰富性、回忆的活跃性、知识经验的丰富性，特定的审美情绪和良好的审美能力，则是产生审美联想的主观条件。

“爱屋及乌”和“恶及余胥”
——审美推爱推憎

古代有两个成语：“爱屋及乌”和“恶及余胥”，说的是乌鸦本不可爱，甚至有点可恶，一般人都把它视为不祥之物，但由于爱其人，连同屋上的乌鸦也显得可爱了；墙壁（余胥）本是无情物，由于憎其人，连同他家的墙壁也显得可憎起来。这种在审美中由于对人的强烈爱憎情感所引起的情感扩张，就是审美的推爱、推憎现象。《红楼梦》九十七回有一段精彩的推爱与推憎的心理描写：

贾府的当家人王熙凤设计谋定下贾宝玉与薛宝钗的婚事后，林黛玉在去贾母处的途中，无意中从傻大姐那里得知了消息。这消息如同五雷轰顶，林黛玉的心里如同油、酱、糖、醋倒在一起，甜、苦、酸、咸，竟说不出什么味儿来了。她脸色苍白，身子恍惚，两眼直直，心中只有一个念头：找宝玉问个明白。

当紫鹃搀扶着她见到宝玉后，黛玉终于没有勇气与宝玉算账。宝玉却听信了凤姐的话，以为很快就要与黛玉成亲，只是瞅着黛玉嘻嘻傻笑。黛玉不知其中缘故，更怨宝玉负情。

黛玉悔恨交加，匆匆离去，刚走到自己住的潇湘馆门口，身子向前一栽，“哇”的一声，一口鲜血直吐出来。从此一病不起，日重一日。过去黛玉病着，上自贾母，下到姊妹们的下人，常来问候。可现在贾母的心都在宝钗身上，贾府上下人等连一个问的人也没有。黛玉睁开眼，只有紫鹃一人，自料万无生机，陷入了彻底的绝望之中。

黛玉恨透了负心郎贾宝玉。她知自己离死亡不远了，吩咐紫鹃将她扶起来。紫鹃没法，只得同另一个丫环雪雁把她扶起，两边用软枕靠住。黛玉哪里坐得住，下身自觉硌得疼，狠命地撑着，叫过雪雁来说：“我的诗本子……”说着，又喘了起来。

雪雁立即明白她的意思，将黛玉前日整理好的诗稿，找来拿给她。黛玉点点头，又抬眼看那箱子。雪雁不解，只是发怔。黛玉气得两眼直瞪，又咳嗽起来，吐了一口血。雪雁连忙回身取了水来，黛玉嗽了，吐在盂内。紫鹃用绢子给她擦了嘴，黛玉便拿那绢子指着箱子，又喘成一处，说不上来。

紫鹃知道她要绢子，便叫雪雁开箱，拿出一块白绫绢子来。黛玉看了，撂在一边，使劲喊道：“有字的！”紫鹃这才明白过来，她要的是题诗的旧帕，就叫雪雁拿出来，递给黛玉。紫鹃劝道：“姑娘歇歇吧，何苦又劳神？等好了再瞧吧！”只见黛玉接到手里也不看，挣扎着伸出另一只手，两手狠命地撕那绢子，却只有打战的份儿，哪里撕得动。

这块绢子浸渍着她的泪痕，是她与宝玉爱情的记录和见证。那是在宝玉被打之后，宝玉特地派人送与她的，她在上面记下了自己当时的炽热感情：“眼空蓄泪泪空垂，暗洒闲抛却为谁？尺幅鲛绡劳惠赠，为君那得不伤悲！”黛玉平时十分珍惜这块绢子，保管得非常好，见绢子如见所爱的人。而如今，这一切都成为多余，剩下的只有一颗破碎的心，她要撕碎这块绢子！

紫鹃知道黛玉这是在恨宝玉，却不敢说破，只说：“姑娘，何苦自己又生气！”黛玉微微地点头，把绢子掖在袖里，说：“点灯。”

雪雁连忙点上灯来。黛玉瞧瞧，又闭上眼坐着，喘了一口气，又道：“笼上火盆。”雪雁只得笼上，搁在地上火盆架上。黛玉点头，意思叫挪到炕上来。雪雁只得端上来，并出去拿那张火盆炕桌。

黛玉又把身子欠起，紫鹃两只手扶着她。黛玉这才将方才的绢子拿在手，瞅着那火，点点头儿，往上一撂。紫鹃吓了一跳，欲要抢时，两只手却不敢动。此时那绢子已经烧着了。

黛玉烧完绢子，又把那诗稿拿起来，瞅了瞅，又撂下了。这诗稿是她用整个身心写成的，是她生命、青春和爱情的象征。现在信誓旦旦爱她的人却要做别人的新郎，留它还有何用？黛玉腾出手来，拿起诗稿，撂在火上。紫鹃想抢回来，却够不着。雪雁正拿进桌子来，看见黛玉一撂，不知何物，赶忙抢时，那纸沾火就着，早已烘烘地烧起来了。

黛玉把眼一闭，往后一仰，几乎把身后的紫鹃压倒。

没过多久，就在宝玉成亲的那一天，黛玉凄惨地去世了。

林黛玉原来由于爱贾宝玉，所以十分珍惜贾宝玉赠送的绢子，这是推爱，后来林黛玉临终前误认为贾宝玉负情，悲愤之情旁及绢子，终于撕毁了绢子，并且付之一炬，这又是推憎。这些都是由爱人、憎人而改变了同所爱所憎之人相联系的事物的态度。推爱推憎心理现象的发生，一方面是由于审美情绪情感的弥散性、扩张性所致，即由于主体把握了事物与事物、对象与自己的特殊联系，才由这种联系而使情绪的弥散、扩张具有特定指向性。另一方面也是审美联想的结果。由于人与房屋及与房屋上的乌鸦临近、人与他居家的墙壁临近、人与绢子相近，这可引发接近联想，由爱人、憎人推及对房屋、乌鸦、墙壁、绢子的爱憎。推爱推憎往往同时还是对比联想的结果，即由一事物联想到与之相反的事物，导致情感的逆向转移。爱屋旁及可恶讨厌的“乌鸦”，而不是可爱的燕子；恶及“余胥”，而非恶及凶犬；憎的是寄托爱情的“绢子”，而不是一张废纸；这种对比联想，使得爱憎情感特别强烈，审美效果更浓烈。

推爱和推憎这种审美心理现象在日常审美和艺术创作中是常见的，并且是表现情感和增强情感表现力的一个重要手段。特别是推爱，人们用得非常普遍。平时人们常说的“月是故乡明”“水是家乡的甜”，这是由于眷恋亲人、思恋家乡，而扩及明月和河水的推爱现象。实际上，各地的明月、河水原是一样的，只是由于眷恋家乡、怀念亲朋的情感浓烈、诚笃而延伸，仿佛故乡的明月、河水也比别的更亮、更甜。在这里，非但情感扩张了，连感觉、知觉也发生了变化。“情人眼里出西施”“仇人眼里出魔鬼”，实际也是推爱推憎所致。正如西方一位哲人说的：“女人不是美丽了才可爱，而是可爱了才美丽。”对一个人，一旦有了炽热的爱恋之情，就会爱上他（她）的一切，甚至连他（她）的弱点也可爱。同样，仇恨一个人，也会这样恨他（她）的一切的，甚至连他（她）的优点也可恨。这是审美过程中的晕轮现象。

推爱推憎这种由于联想而产生的特殊心理体验，古人早就发现，并充分利用。如杜甫的“丈人屋上乌，人好乌亦好”（《奉赠射洪李四丈》），说的是推爱。“记得绿罗裙，处处怜芳草”（牛希济《生查子》），记忆中的心上人爱穿绿色罗裙，因喜爱心上人而喜爱绿罗裙，进而喜爱绿色，又因芳草是绿色再进而喜爱芳草。这是一种复杂的“推爱”心理，就是因爱其人进而也喜爱与她有连带关系的事物。“得意看山山转好，无心合道道相应”（释石屋《山居诗》），用得意的心情去看山，山也变得更好看了。这也是推爱。“君看墙头桃树花，正是行人眼中泪。”桃花本是可喜之物，反而憎恶它，这是推憎心理。在现代，许多文学作品也常常描写这种推爱推憎现象，深刻揭示人物的内心世界。例如在巴金的小说《家》里，长孙觉新特别喜爱梅花，在自己住房内方桌上的大瓷瓶里和书桌上的小花瓶里，都插着梅花。因为觉新所爱的恋人是他的表妹，名字叫梅；梅表妹还送给他绣有梅花的手帕。他是因爱梅表妹而特别喜爱梅花的。他一看到梅花，就联想起了他所钟爱的梅表妹。梅花成了他感情上的一种寄托。这种对梅花的特有的美感是属于觉新的。这样的描写，充分凸现了觉新丰富复杂的精神世界。

米洛维纳斯的断臂之谜
——再造性想象

1820年4月8日，在爱琴海的米洛岛上，希腊当地农民约尔戈斯，无意中在一个山洞里，发现了一座倒塌的庙堂废墟，在沙砾中露出一尊女像残雕。约尔戈斯感到奇怪。他挖掘出了这座雕像，发现其身躯完整，可是缺少双臂，故人们称其为“断臂维纳斯”。又因其发现地是米洛岛，所以又称“米洛的维纳斯”。

这尊残雕，上半身裸露着，下半身为衣裙所遮。躯体呈螺旋状上升的趋

《米洛的维纳斯》

向，略微倾斜，各部分的起伏变化富有音乐节奏感，女神的内心显得十分宁静，没有半点娇艳或羞怯，只有纯洁与典雅。它的通体是由一块半透明的白云石雕成，站立在鸡血纹的云石底座上，高达2米。不论观众从何种角度看，都同样获得这样的感受——庄重的妩媚。尤其令人叫绝的是，女神的双臂虽已失去，仍给人一种和谐而统一的美的感受。

一位法国人经过种种曲折，以八千银币的高价买下了这件稀世珍品，把她运回法国，送进了卢浮宫。这座女雕展出后，整个法国都沸腾了，人人争相观赏，许多人在观赏时竟激动地流下了眼泪。外国友人也纷纷前往参观。法国把她视为国宝，卢浮宫把她奉为镇馆之宝，专辟一室，以守护女神之美。

这座雕像的出现，还引起一场热烈的争辩：女神折断了的双臂原来是什么样的姿势？多少年来，人们对这个悬案发生了极大兴趣，并挖空心思作了种种猜想、推测。这里面，有艺术大师，也有一般艺术工作者；有学者教授，也有中小学生；有雕塑绘画专业工作者，也有美术爱好者等等。许多雕塑家根据当时的社会风俗习惯、神话传说、艺术创作的特点，作了种种设计，试图修复女神的双臂，恢复她那双臂原有的风姿。有人认为她应该是双手捧起盛满美酒的“友爱之杯”，表现了她对友谊的珍惜。这在希腊神话中是有根据的。

有人认为她拿着金苹果，因为在希腊神话中，特洛伊王子帕里斯将这只刻有“赠给最美的女人”字样的金苹果判给了她，表示她在比美中获胜的喜悦。

有人认为她正准备入浴，右手抓住正在下滑的腰布，左手抚着发束，表现了她不愿裸体沐浴的羞涩。对此，立刻有人反驳说，她应该是刚刚出浴，正用手往身上涂橄榄油，展示了她那青春的光彩。

再有人认为她应该是一只手动情地贴近心口，另一只手正伸向站在她面前的“爱的使者”丘比特。

更有一些人认为，古希腊的雕塑家本来就没有给她塑造双臂，是有意不给她雕刻双臂的。但遭到许多专家的反对，他们的理由是古希腊雕刻家在雕琢大理石像时，臂腕部分往往采取单独制作，然后装配，所以损坏时往往接榫处先断裂。

还有其他种种设计，真是众说纷纭，莫衷一是。许多人按着自己的想法，做了许多模拟像。结果大家都感到：哪一种设计也不是最佳方案，没有一个可以令人信服，看上去总觉得不尽自然，不尽协调贴切；还不如维持原样，让她缺着双臂，任凭个人开拓自己的想象力，用自己的想象补充得好。

人们提出女神双臂复原的种种设计，都是他们的再造性想象。再造性想象，是审美想象的一种类型。它是指根据他人语言、文字、图样、符号的描绘、示意，经过自己的加工、再造而再现出相应事物形象的想象。上述种种设计方案，都是着眼女神雕像现在的状况，根据希腊神话中形象化的描述，根据古希腊风习礼规以及雕刻艺术特点等，经过个人自己加工后而再现出来的新的形象。我们听故事、读史书、读小说、看图表时，在头脑中再现出曹操、张飞、李逵、孙悟空、林黛玉的形象，就是这种再造性想象。在再造性想象中，已融入我们自己的经验、知识、情感，并对感知对象进行了或多或少的加工、改造，所以每个人想象的形象都不相同，也就是人们常说的：“一千个观众，就有一千个哈姆莱特。”

米洛维纳斯的断臂之谜，近期又引起了人们激烈的争论。据说有人发现了维纳斯的神秘断臂，2003年8月14日《上海壹周》刊文称，2003年8月5日，在克罗地亚南部的一个地窖中，考古学家坎贝尔·霍舍尔找到了维纳斯的断臂。出乎所有人的意料，断臂竟然是一双丑陋的“男人手”！艺术史学家们把断臂迅速送到巴黎的罗浮宫，将它与维纳斯的雕塑拼在一起，结果是惊人的吻合。考古学家随后又对它作了碳元素的测定，确定这是真的。但很多人还是对此表示质疑，“一个在解剖学上有着如此高天赋的艺术家，竟然连合乎比例的手指都塑造不出来？这哪儿像是一个女神的手啊，怎么看都像是水管工的手！”

面对这突如其来的、令人无比震惊的消息，历史学家和艺术评论家展开了又一场激烈的辩论：是否要将这对失散多年的断臂重新复位？持反对意见一方的倡导人历史学家巴托里表示：“这对畸形的手臂实在令人不舒服。我敢断定，创作者正是因为这个原因，才将它们从维纳斯雕塑的主体上取下的。”

此则报道是否准确，我们无从知晓，但有一点是可以肯定的，断臂没有复位。我们今天看到的，仍然是原来那个令人遐想万千的断臂维纳斯。断臂维纳斯雕塑的争论仍在继续，即使维纳斯雕塑有了完美的手臂，它仍会给人们留有充分想象的空间。

在审美过程中，再造性想象十分重要。特别是在审美欣赏中，再造性想象往往占据优势，是一种最重要的审美想象。人们欣赏“断臂维纳斯”时，正是这种再造性想象给人们带来了无穷魅力。

《格尔尼卡》油画
——创造性想象

在再造性想象中，已融入我们自己的经验、知识、情感，并对感知对象进行了或多或少的加工、改造，具有了一定的创新性，但还不是创造性想象。什么是创造性想象呢？请看毕加索的创作。

1937年，西班牙著名画家毕加索（1881～1973）正准备为世界博览会的西班牙馆作一幅壁画，突然传来一个令人震惊的消息：西班牙独裁者佛朗哥

《格尔尼卡》 毕加索

下令由德国雇佣军空军轰炸西班牙的格尔尼卡城。轰炸是在集市这天最热闹的时间进行的，街上挤满了城中的居民和农村来的人们。轰炸连续进行了三个小时，无数徒手的平民惨遭杀害，整个城市夷为平地。格尔尼卡是西班牙巴斯克省的文化中心，是没有任何战略意义的城市。这是历史上第一次法西斯对和平居民进行的最猛烈轰炸、屠杀。

毕加索对法西斯的暴行极为愤慨。他愤怒地说："我诅咒、厌恶、鄙视那些把西班牙沉浸在痛苦和死亡海洋中的好战集团。"他决心画一幅揭露法西斯暴行的巨画，取名叫《格尔尼卡》。

毕加索义愤填膺地投入到巨画创作中，头十天就作了二十五幅草图速写。他的画布太大，宽达 25 米。房间高度不够，只得把画布倾斜。他在梯子上爬上爬下，并特制了长柄画笔，才够得着画布。全画只用黑、白、灰三种色彩，以表达他心中的震怒。

一个月后，《格尔尼卡》巨画完成了。他用一些支离破碎的牛头、马面、妇女、儿童，错位的眼、耳、四肢等变形的表象材料，还用一些类似纸片的幻觉形象贴在画布上，以一块块平面组成的形象造成多度空间感，凝固了人的悲哀达到极度痛苦时所发生的巨大怒吼。画面中心，是一匹身上有裂缝的受了伤的马，抬起头露出突发的恐惧；马脚下躺着一个手握断剑的已死去的战士，马头上方有一盏像眼睛一样的电灯。画面左端，有一个仰天哭号的母亲，抱着死去的孩子。她背后是一头公牛。画的右端，有个人举起双手，像是被火焰围困；一个披发的妇女悲呼着，从燃火的房子中奔跌出来；她的下面，是一个人在俯身奔跑。所有这些形象，都是用变了形的重叠起来的“立体主义”的手法画成的。

这幅画初展于世界博览会西班牙馆入口处。一开始就受到佛朗哥支持者的攻击。两年后，《格尔尼卡》所显示的恐怖，成为遍及欧洲乃至全世界的战争。此画到几个国家巡回展出后，最后抵达纽约。毕加索委托美国代管，提出要等他的祖国真正实行民主政治后，才将此画运回西班牙。

法国沦陷时，毕加索居住在巴黎。德国纳粹官员常慕名而来，毕加索总是巧妙地奚落这些纳粹德国人。德国大使看到《格尔尼卡》照片，说：“哦，毕加索先生，原来这是你画的！”毕加索讽刺地说：“不，是你们画的！”当德国军官赞美他的画时，他就把《格尔尼卡》的明信片给他们：“拿去，纪念品！”

1981年9月，《格尔尼卡》才隆重运回西班牙。此时毕加索已去世八年了。

《格尔尼卡》是一组与记忆形象有关的视觉想象图，它突破了受透视法控制的主题表现方法。毕加索在画中体现出来的丰富想象，我们称之为创造性想象。创造性想象是审美想象中最重要的高级想象，它是在特定事物刺激下既不依赖于现成描绘，又不囿于反射当前事物，而是根据自己的经验、目的，将当前感知对象与各种记忆材料加以组合、改造，从而独立创造新形象的想象活动。它不仅可以创造自己没有直接感知过的形象，而且可以超前性地创造出现实生活中尚未有而又可能有的事物，甚至可以创造出生活中不可能有的事物，突破现实的种种限制。“白发三千丈”“黄河之水天上来”；姜太公直钩能钓鱼，土行孙能钻地；孙悟空能有七十二变，一个筋斗翻过十万八千里；白骨能成精，狐狸会变成美女来迷人等等，都是创造性想象的结果。看到弥天大雪，有人马上回想起自己在冬天见到的大雪纷飞的情景：漫天皆白，雪片纷纷扬扬地从天上落下来。这是再造性想象。然而诗人就不是这样描绘，如张元《咏雪》诗有两句：“战退玉龙三百万，败鳞残甲满空飞。”他把满天飞雪想象为玉龙的鳞甲，飞雪之大，似乎是战退了三百万玉龙，从而使得整个天地都是雪白的玉龙鳞甲。事实上不可能有战退玉龙三百万的事，这是诗人创造性想象的结果。

创造性想象在审美创造中尤其重要。艺术创作中创造的高于现实的艺术形象、典型形象，神话中的神仙恶魔、天堂地狱，都是创造性想象的结果。正是艺术家这种创造性想象，才创作出无数丰富多彩的艺术品，给人带来无穷无尽的审美享受。例如世界三大梦——中国曹雪芹的《红楼梦》、意大利但丁的《神曲》、德国歌德的《浮士德》，都是创造性想象的结果。我国审美活动中，久负盛名的是关于三块石头的想象：一块石头是贾宝玉脖子上的通灵宝玉。清代文学家曹雪芹用尽毕生精力，写了一部小说《红楼梦》，又名《石头记》。小说开头写的就是围绕一块石头而展开的丰富想象：传说女娲炼石补天的时候，在大荒山无稽崖炼成顽石三万六千多块，恰有一块未用，丢弃在青埂峰下。这块石头，自怨自叹，日夜悲号。后来这块石头被一僧一道发现，带到花柳繁华地、温柔富贵乡去投胎，这就是贾宝玉。他头颈上戴的通灵宝玉，就是这块石头变来的，所以，成了他的命根子……

一块石头是孕育孙悟空的仙石。明代文学家吴承恩运用想象，写成了《西游记》。小说一开头就交代：盘古开天地时，世界分成四大洲，其中有一名叫“东胜神洲”，它的海外有一个国家，面临大海，海之中有座大山名叫花果山，上面有一块仙石，仙石里孕育着一个仙胞。有一天，这块石头崩裂开来，跳出一个石蛋，圆球般的，被风一吹，变成一只猴子。它有两道金光，射向天空，惊动了玉皇大帝。这就是孙悟空的来历……

还有一块石头是和氏之璧。韩非对这块玉石进行艺术想象，编出这样的生动故事：楚国和氏（卞和）于山中得到一块玉石，把它献给了楚厉王。楚厉王叫来玉匠鉴定。玉匠说不是玉石，楚厉王就把和氏的左腿砍掉了。楚厉王死后，武王登位，和氏又把这块玉石献给他。结果，又被同样的罪名，砍了右腿。武王死后，文王继承皇位，和氏捧着玉石在山下哭了三天三夜，血都哭出来了。文王得知这一消息，立即派人去询问：“天下被砍去双腿的人很多，为何唯独你哭得这样伤心？”和氏说：“我痛心的并不是砍去我的双腿，而是把宝玉叫做石头，把忠诚说成欺诈，这才是我感到悲痛的原因。”文王听后，令人剖开石头，里面果然有一块稀世罕见的宝玉。

这三块石头，经过创造性想象，都写成了不朽的名著，生动反映了社会生活面貌，丰富了人们的精神生活。

魔鬼的颤音
——无意想象

审美想象按想象的目的性、意识自觉性，可分为有意想象和无意想象。有意想象是有预定目的、有特定指向的自觉、自控的想象，是审美研究和艺术创造中常见的想象活动。鲁迅塑造阿Q形象、吴承恩描写孙悟空等，都运用了有意想象。无意想象是无预定目的、无特定指向的非自觉的想象，也是审美中常有的心理活动。如我们在欣赏音乐时，头脑中常浮现出种种形象和乐曲所展现的意境，并连锁想象到乐曲之外的种种形象，但自己却没有明确到自己在想象。这种想象一般较模糊、散漫、短暂，又有丰富性，有时还可激发灵感。无意想象的极端是梦，形成悠悠的梦境。中国著名无意想象的故事是“黄粱一梦”和“南柯一梦”。

唐玄宗开元年间，有个青年书生卢生骑着一匹瘦马，在邯郸（今河北邯郸）官道上赶路。天色已晚，他急忙到一家旅店投宿。在这家旅店中，他巧遇道士吕翁，两人一见如故，说得十分投机。卢生叹了一口气，向道士倾诉自己心中的苦恼：“大丈夫活着应当干一番大事业，出将入相，封侯晋爵，建立功名，流芳百世，享尽人间荣华富贵。可是我如今仍是一事无成，一副寒酸相！”说罢，双眼蒙眬，昏昏欲睡。

这时，店主人正在为客人蒸黄粱饭，吕翁一看离吃饭还有一段时间，就取出一个枕头递给卢生，对他说：“你枕着我的枕头睡一觉，就会称心如意的。”

卢生接过枕头，和衣躺下，很快就进入了梦乡。他梦见自己福星高照，被世家大族崔家老爷看中，并把一个漂亮的女儿许配给他为妻，夫妻两人过着幸福美满的生活。第二年，他中了进士，接着就是做官，官职越做越大。后来，他被任命为河西节度使，带兵打退了吐蕃的侵扰，开拓了大片疆土，为朝廷立下大功。回朝后既升官又发财，做了十多年的宰相。不料飞来横祸，由于奸臣的妒忌，诬告他勾结边将，妄图犯上作乱。皇帝下令将他拘捕入狱。他哭着对妻子说："多少年来我追求功名利禄，真是何苦！今日落得个阶下囚。还不如穿着粗布衣，骑着小青马，在邯郸路上自由来往，过着无拘无束的生活。可惜这种日子已经一去不复返了！"

卢生越想越懊恼，想拔刀自行了断，没有成功。后来皇帝免了他的死罪，把他充军到偏僻的边区，受尽了苦头。过了几年，皇帝发现这是一起冤案，又重新起用他为相，并赏赐了很多财产。

卢生有五个儿子，十多个孙子，全都当了官，声名显赫，不可一世。这些儿孙又同有钱有势的人家联成婚姻，更给卢生面子增添了光彩。到了晚年，卢生更加富贵，良田、豪宅、美女、名马数不胜数。这样，他一直活到八十多岁。

就在这时候，卢生突然醒了。他揉揉眼睛，发现自己仍睡在旅馆里，旁边站着道士吕翁，而店主人蒸的黄粱饭还没有熟呢。

这个故事后来演化为成语"黄粱一梦"，指在蒸小米饭的时间里做了一场好梦，比喻虚幻、空想的事和欲望的破灭。

"南柯一梦"说的是：有一个叫淳于棼的人，醉后梦入"大槐安国"，官任南柯太守，二十年间享尽荣华富贵。梦醒，发现一切都是假的。"大槐安国"就是他家大槐树下的蚂蚁洞。后人便借这个故事，称做梦为"南柯一梦"，借喻世间荣华富贵不过是一场空欢喜、一场梦幻。

卢生的"黄粱一梦"和淳于棼的"南柯一梦"，就是无意想象，梦中展现了一个曲折生动的故事。无意想象，特别是梦的想象，在审美欣赏和审美创造中也是很重要的。在艺术创造中，可以利用和应用梦的表象结合方法，创造一种新的艺术形象。中外艺术家们都非常重视梦的力量。意大利的但丁写了一部长诗《神曲》，描写但丁梦见自己误入森林，被哲人和诗人维吉尔的灵魂所救，并在他的引导下游历了地狱和炼狱。全诗都是梦幻故事，揭示了人类在哲学的指导下，凭理性认识罪恶、错误以悔改自新的过程。德国大诗人歌德的长诗《浮士德》，也是一种"梦"。诗中叙述浮士德在风光明媚的地方进入梦乡，被魔鬼靡菲斯特引入迷途，参与了无聊大学生的胡闹，喝魔汤返老还童后与少女恋爱，后来误杀了少女的母亲和哥哥。这一切罪孽，在浮士德醒来之后就烟消云散了。曹雪芹的《红楼梦》，从描写梦见一块补天剩下的石头开始，展现世俗万象及各种各样的梦，以此作为四大家族的兴衰和宝黛爱情线索发展的各种“中介”。如果但丁的《神曲》、歌德的《浮士德》、曹雪芹的《红楼梦》里没有梦，没有无意想象，就不能创造出各种艺术形象，故事就不会有感人情节和意外结局。世界三大“梦”的文学美学成就，说明了梦作为一种无意想象，在审美创作中是很重要的。

无意想象在创作中的作用，除了利用梦境塑造艺术形象、构造故事情节外，还能将它用于创作艺术意象过程中，利用无意想象对审美意象进行深度加工。在艺术创作中，我们常常见到这种情况，许多艺术家把已经构思好的创作意象搁置起来，去干别的事，搁置的时间少则一两月，多则三五年，为的是留出时间进行无意想象，捕捉灵感。他们觉得，清醒的意识已经不能把握事物更深的方面，必须求助于无意识的帮助。例如法国音乐家柏辽兹，有一次，他为贝朗瑞的一首诗谱曲，前面都谱完了，只剩最后一句。可就是这一句，把他难住了。他思索再三，仍想不出一段乐调来传达这句诗的意思，于是就把它搁置起来。两年以后，他到罗马去游玩，失足落水。当他狼狈不堪地从水中爬起来的时候，嘴里下意识哼出的乐调，恰恰是两年前搜肠刮肚所不能得的。意大利作曲家、小提琴家塔蒂尼创作中遇到难题，就把创作停了下来。有一次他在一座古老的教堂里睡着了，梦见一个身躯枯瘦、相貌丑陋的怪人挟着琴向他走来，对他拉起一支奇异的奏鸣曲。乐曲充满火焰般的颤音，仿佛是神与魔鬼正在争论什么，包含着一种至高的情调和意境，真是惊人的美妙。乐曲拉完后，魔鬼就不见了，但余音仿佛仍然袅袅不绝。塔蒂尼惊醒后，赶快记下那首奇异的旋律，这就是传世名曲《魔鬼的颤音》。

这种梦中得佳句、妙曲，偶然通文思，不经意获得创作突破的事例很多。开创山水诗的谢灵运，一生创作了很多优秀诗篇，其中最有名的诗句是《登池上楼》中的“池塘生春草，园柳变鸣禽”。这个名句是怎样产生的呢？据钟嵘《诗品》记载，谢灵运有一次在永嘉西堂，思考琢磨诗句，很多天没有成功。一天夜里睡觉做梦，灵感爆发，终于得到这个名句。我们在审美活动中的“意识流”，也是这种无意想象的表现形态。

中秋月亮去悠悠
——审美幻想

有一年中秋，辛弃疾兴致勃勃登楼赏月，可是天上乌云密布，月亮被云层遮住了，见不到一丝月光。但是诗人的赏月兴致并没有受到影响，他望着灰蒙蒙的天空寻思，月亮到哪儿去了？对此，他展开丰富而奇异的想象：

可怜今夕月，向何处、去悠悠？
是别有人间，那边才见，光影东头？
是天外空汗漫，但长风浩浩送中秋？
飞镜无根谁系？姮娥不嫁谁留？

谓经海底问无由，恍惚使人愁。
怕万里长鲸，纵横触破，玉殿琼楼。
虾蟆故堪浴水，问云何玉兔解沉浮？
若道都齐无恙，云何渐渐如钩？（《木兰花慢》）

中秋节没有月亮，本是件很遗憾的事，但诗人通过想象进入了一个奇异的虚幻世界——天上的另外一个人间，那里刚好见到月亮从东方升起。王国维在《人间词话》中极力赞赏这个想象：“直悟月轮绕地之理，与科学家密合，可谓神悟。”

辛弃疾的这个想象，从美学上讲就是审美幻想。所谓审美幻想，就是审美主体在审美中依据主观愿望表达对未来生活或者非现实事物的向往和希望。审美幻想能使人展望和预见未来，把人引领到闪烁着理想之光的瑰丽境界中去。我国古典小说《西游记》，就是艺术家借助于大胆的幻想所创造的艺术形象，反映着人们征服自然、战胜凶恶的强烈愿望。陆机在《文赋》中所说的“精骛八极，心游万仞”“观古今于须臾，抚四海于一瞬”，刘勰《文心雕龙·神思》所说的“寂然凝虑，思接千载；悄焉动容，视通万里；吟咏之间，吐纳珠玉之声；眉睫之前，卷舒风云之色”，指的就是审美幻想。

审美幻想具有永久的魅力，表现着人类心灵的美好追求。从远古人类的神话传说到当代艺术家的大胆创新，都离不开幻想的哺育。因为审美要求人们突破时空限制，超越现实生活，创造出独特、丰富的形象；但每个人的经历是有限的，他的意象记忆、联想也是有限的，永远也不可能历尽广阔而复杂的真实生活，许多事情对审美主体来说，都是不可能的。比如说，他不可能回到两千多年前，去当孔子的学生，不可能跟中国第一位大诗人屈原去交谈，不可能退回秦代去游一游阿房宫，不可能在宋代开封熙熙攘攘的街头游荡，不可能站在金星上来瞭望地球的转动。这一切在真实生活和意象记忆中的不可能，但在审美幻想中都成为可能。审美幻想可以赋予他现实没来得及或记忆意象没能够提供的一切，为审美想象展开一个无限广阔的天地。

我国古代著名诗人几乎都是审美幻想的高手。李白就是一个善于审美幻想的人，他的《梦游天姥吟留别》《蜀道难》等篇章，都有非常绮丽的幻想。苏轼也是个很喜欢幻想的诗人。他在中秋饮酒望月的时候，幻想遨游月宫：“明月几时有？把酒问青天。不知天上宫阙，今夕是何年？我欲乘风归去，又恐琼楼玉宇，高处不胜寒。”（《水调歌头》）梅尧臣写过一首题为《梦登河汉》的诗，幻想自己梦登河汉的情景，全是奇幻的想象。

审美幻想对艺术家而言是一种重要的艺术能力，在生活中遇到的生活片断可能是平淡而微弱的，可是经过幻想的生发、加工，就会成为一个十分鲜明、独特、动人的形象。陀思妥耶夫斯基曾在日记中讲过自己创作的经过，他在人群中发现一个三十岁左右的孤独工人，带着一个小男孩，穿着德国式的长礼服，衣服开了绽，纽扣磨损了，领子满是油垢，裤子是从旧货市场倒手买来的，细棉布的胸衣和领带、大衣帽，都是皱巴巴的。有一张橘黄而病态的脸，刮了胡子。面部表情晦暗、忧郁。小男孩两岁多，非常孱弱，穿着一件长衫，一双带红色贴边的靴子，戴着一顶带小孔雀毛的帽子，摇摇晃晃地跟着他慢慢走。小男孩累了，父亲弯下腰，小心地把他抱在手里。小男孩习惯而信赖地紧贴着他，用右手搂住他的脖子……

陀思妥耶夫斯基尽管对这父子俩观察得很细，所留下的记忆意象也较鲜明，但这毕竟是一件非常普通的事情，很难成为艺术形象。然而，作家却凭着这微弱的生活片断，展开了他习惯性的幻想，当时他起了这样一些念头：就在一个月前，这个工人的妻子死了，一定是得肺结核。暂时由住在地下层的一个小老太婆照看这没娘的孩子。他们在地下层租了间小屋，也可能只是一个小角落。现在是星期天，鳏夫带着儿子到远在维堡区唯一剩下的亲戚那里去，更准确点说就是去死者的姐妹那里。先前他们不常到那儿去。这个亲戚嫁给一个军士，住在一个最大的公馆里，也是住在地下层，可是那是特殊的地下层。她可能为死者伤心过，但不十分伤心，鳏夫在做客的时候大概也不十分伤心，但是整个时间都是忧郁的，很少谈话，谈起话来也不多，一定把话题转到某个实际的、专门的问题上，可是这个话题很快就中断了。应当是他们摆上茶饮，就着糖块喝茶。小男孩整个时间都坐在角落里的条凳上，皱着眉头，很怯生，最后打起盹来。姨妈和姨夫很少注意他，但是最后毕竟送来了牛奶面包。军士以爱抚的样子向小男孩说起俏皮话，可是说得很不得体、很不合适，说得自己也大笑起来。而鳏夫则相反，就在这时严厉地（也不知为什么）冲小孩嚷起来，随后小孩一定想要大便，于是父亲立刻不喊了，严肃地把小孩从房间里带出去几分钟……告别也像谈话一样，也是沉闷而刻板，遵循着一切礼节。父亲笨手笨脚地拽着小孩的手，把他领回家去，从维堡区到铸造区。明天又得到作坊去，而小孩又得到老太婆那里去……

一个平淡微弱的生活片断，经过陀思妥耶夫斯基的幻想，变成了一个完整的生活场景，而且这个生活场景是那样鲜明、深刻、独特。四个人物（鳏夫、小男孩、姨夫、姨妈）都有了独特的生动的性格，他们之间的关系很微妙，有很强的艺术意味，让人感到一种人性的压抑、生活的沉重和无聊。审美幻想就是这样在创作中发挥着关键作用。

怡然有余乐
——审美憧憬

德国两位最著名的诗人席勒和歌德，都写过题为《憧憬》的诗。席勒在他的《憧憬》诗中写道：

山谷迷漫着一片凉雾，
呵，从这山谷的深处，
我要是能找到出路，
呵，我会觉得何等幸福！
……
我听到和谐的声调，
甘美的平静的天国声音，
微风给我送来，
香油树的芳馨。
我看到金色的果实，
在绿叶间闪烁迎人，
还有在那边盛开的花儿，
在冬天也不会凋谢。
……

歌德在《憧憬》诗中吟出：

是什么迷住我，
引我去外边？
是什么缠住我，

要我离开家园!
瞧那边的白云绕山岩飘浮!
我心想去那边,
我真想去那边
……
她漫步走过来!
我这只鸣禽,
立即匆匆飞进,
繁茂的丛林。
她停下来倾听,
独自在微笑:
“它对着我唱歌
唱得多美妙。”
……

两位大诗人在诗中表达的，都是对所企求的事物的向往和想象。席勒向往美丽的大自然，憧憬心中的理想王国；歌德描绘的是理想的女性美，向往的是奇特的爱情。我们把这种对美好情景的想象和向往，称之为审美憧憬。

外国诗人有浓郁的审美憧憬，中国诗人在这方面也毫不逊色。且不说浪漫主义诗人李白、李商隐有很多美好的憧憬，就拿现实主义诗人代表人物杜甫来说，他在安史之乱的漂泊生活中，仍然充满美好的愿望。在“烽火连三月”的日子里，他盼望家中来信，写了著名的《春望》后，又写下另一首名作《月夜》，憧憬妻子在鄜州月下思念他的情景和夫妻团聚的情景：“今夜鄜州月，闺中只独看。遥怜小儿女，未解忆长安。香雾云鬟湿，清辉玉臂寒。何时倚虚幌，双照泪痕干。”诗的意思是，晚上鄜州的月亮，只有妻子她孤独一人去看了。可怜那几个年幼的孩子，还不知道想念远在长安的父亲。夜里的雾打湿了妻子的头发，清冷的月光照在她冰凉的手臂上。什么时候才能同她靠在那柔薄的帷幕，让月光照在我们泪痕斑斑的双眼上啊！他在四川听到官军收复河南河北的消息，马上憧憬他胜利后还乡的愉快：“即从巴峡穿巫峡，便下襄阳向洛阳。”

中国古代诗人的审美憧憬有多种表现。屈原、李白的审美憧憬，表现为神游般的梦幻意境。如屈原的《离骚》：“朝发轫于苍梧兮，夕余至乎悬圃。欲少留此灵琐兮，日忽忽其将暮。吾令羲和弭节兮，望崦嵫而勿迫。路漫漫其修远兮，吾将上下而求索。”诗人朝发苍梧，夕至悬圃，打算在神灵所聚的地方停留，命令驾太阳车之神羲和慢速按节而行，不用急于靠近日入之处崦嵫山。道路十分漫长遥远，诗人将上上下下去求索探寻。这一切，都表明诗人憧憬天国的奇特想象，表露了他追求审美理想的决心和毅力。这是一种为崇高理想而求索的审美憧憬。

陶渊明的审美憧憬，则表现为返璞归真、淳朴自然的意境。陶渊明在他的诗歌中记叙了自己甘居陋室、躬耕田园的生活，热情歌颂劳动，赞美淳朴。在《归园田居》中写道：“榆柳荫后檐，桃李罗堂前。暧暧远人村，依依墟里烟。狗吠深巷中，鸡鸣桑树颠。户庭无尘杂，虚室有余闲。久在樊笼里，复得返自然。”不仅生动描绘了田园景色，而且还构造出了一种宁静安谧、淳朴自然的审美憧憬。

审美憧憬最高最美的境界就是审美理想。每个艺术家都有自己为之奋斗的审美理想。如陶渊明的审美理想就是“桃花源”。陶渊明少年时很有抱负，希望自己将来能“大济苍生”，把社会治理得像尧舜盛世一样。但黑暗污浊

陶渊明像

的现实使他的理想不可能实现。他先后三次出仕，由于“不为五斗米折腰”，三次归隐。

归隐之后，陶渊明一面劳作，一面作诗写文，过着艰苦自在的生活。他把理想寄托在田园，写了大量的田园诗。在《桃花源诗并记》中，倾吐了他的理想。其中讲述了这样一个故事：

东晋太元年间，武陵有个渔夫，一天驾着渔舟经过一条小溪，心想这小溪的源头不知在哪里，便好奇地溯源而上。渔舟行了很长很长的路程，忽然，一片桃花林映入眼帘，夹岸数百步没有一棵杂树，芳草鲜美，落花缤纷，风景极佳。渔夫很惊奇，再往前去，寻找桃花林的尽处。桃花林尽处，是一座山，山脚下有个小洞，仿佛透出一点亮光。渔夫把船系好，钻进洞去看个究竟。刚进洞时路很窄，勉强过得去。走了几十步，便豁然开朗，眼前出现一派美好景象。只见那里土地平旷，房屋整齐，有良田、美池、桑树、竹林等；小路纵横交错，鸡犬之声相闻，男耕女织，衣服与外人没什么两样，老人儿童都愉快地生活。他们见到渔夫，大吃一惊，问他从哪里来？渔夫照实说了，他们纷纷请他到自己家中做客，渔夫高兴地答应了。他们宰鸡摆酒，热情招待渔夫。村里的人纷纷前来打听外界的消息。原来他们是秦朝时逃难避乱来到这里的，从那时起，就与外界隔绝了。他们对秦以后经历的两汉、魏晋的历史变迁都不知道，听渔夫讲了外面从秦到晋六百年来的兴亡盛衰，都感叹不已。村里人一家一家地请渔夫去做客，过了很多日子才告别回家。临走时，大家对他说：“你千万不要对外面人讲起这里的所见所闻！”渔夫答应了。他沿着来路钻进山洞，一路行舟，在岸边做了很多记号，准备下次再去寻找桃花源。渔夫到城里将桃花源的情况报告给了武陵太守，太守根本不相信，派人跟渔夫去查找，到底有没有这件事。可是，这次再也找不着桃花源，连渔夫做的记号也没有了。

桃花源是陶渊明的社会理想，也是他的审美理想。在这幅乌托邦式的图景中，体现着陶渊明淳朴自然、尽善尽美的审美理想。审美理想是人期待、憧憬和追求的最高境界。它是在一定社会历史条件下，在人的审美实践中产生的。不同时代、民族和阶级的人，具有不同的审美理想。审美理想对人的审美活动具有引导和规范作用，它是审美创造的心理动力。陶渊明在许多田园诗和咏怀、咏史诗中，就是通过生动的艺术形象来展现他的这一审美理想的。

审美憧憬或审美理想都是创造性想象，它面向未来，面向远方，面向幸福和愉快，并确认幸福美的存在。它在人的审美活动中占有重要的地位。一个人只有具有正确的审美憧憬、审美理想，有一颗美的心灵，才会有较高的审美能力，对生活进行正确的审美判断，发现美，并创造出美的作品。否则，就会发现不了美，甚至美丑颠倒，写出歪曲现实、格调低下的作品。

四 审美情感

俞伯牙蓬莱山拜师
——审美情感

许多人认为美学是研究情感或感性的学问，审美情感在美学中占有非常突出的地位。什么是审美情感？让我们从伯牙学琴的故事说起：

俞伯牙是春秋时期最负盛名的音乐家。他出生在楚国，小时候就跟着父兄学习弹琴诵歌。很快他的琴技就超过了哥哥，并且学会了楚国所有的曲子。父亲对他说：“孩子，你的演奏技巧已经超过了我，我再也不能教给你什么了。齐国有一位琴师，他弹的琴如行云流水，如轻风吹遍山野，如狂风席卷大地，鸟儿停止了歌唱，江水停止了奔腾，真是美妙无比啊！他就是闻名天下的成连先生，你去拜他为师吧！”伯牙背上了行装，带着心爱的琴出发了。他跋山涉水，历经几个月，终于来到了齐国。成连先生为伯牙不远千里、虚心求教的精神所打动，破格收他为弟子。

伯牙在成连先生那里学了三年，演奏技巧有了极大的提高。一天，当着许多宾客，伯牙弹琴助兴。伯牙拿出了全部的本领，熟练地演奏了一首当时最高雅的曲子。曲终，一位长者笑着说：“你真不愧为成连先生的学生，弹得不错，音很准，手法娴熟，一气呵成。不过比起你师傅来，可就逊色多了。你要好好努力啊！”伯牙恭敬地向长者行了一个礼，说：“伯牙有何不足，请长者赐教，学生感激不尽。”“是这样的。成连先生弹琴，洋溢着喜怒哀乐之情，打动着每个人的心灵；而你的琴声中没有激情，平平淡淡，像一杯白开水，虽琴技高超，仍不能打动人。”伯牙听了豁然开朗，连忙向长者表示感谢。

回到老师家中，伯牙急不可待地向成连先生请教。成连先生说：“情感是音乐美的生命，琴声是情感的自然流露。没有情感，琴声就没有生气，也就没有美。”“先生所言极是，那就请您教我往琴声中注入情感吧！”“唉——”成连先生叹了口气说，“这正是我所忧虑的呀！我所能做的，只是传授给你琴艺和乐曲，但不能使你移入情感啊。”伯牙一听，心凉了半截，心想：这样下去，我什么时候才能学成啊？

成连先生望着愁眉不展的伯牙，沉思了一会儿，说：“我有一位老师，名叫方子春，水平极高。他不但擅长琴艺，而且善于体验复杂的感情。我们去向他请教，他定能帮助你解决这个问题。”伯牙一听高兴极了，连忙问：“祖师爷住在哪里？”成连先生回答道：“他住在东海上，如果你愿意，我们一起去那里向他请教。”“弟子愿意！”伯牙响亮地回答。

成连先生带着伯牙，扬帆起航，直驰东海。一路上，伯牙不断地向成连先生打听方子春老师的情况，心中充满了希望。师徒两人历经千辛万苦，终于来到东海蓬莱山。蓬莱山是传说中仙人居住的地方，景色十分优美。浩瀚的大海，一碧万顷；茂密的山林，层苍叠翠。成连先生指着蓬莱山对伯牙说：“我的老师方子春就住在山中，他每天坐在山顶，面对大海练习弹琴。你就住在这里学习吧，我去请老师。”说罢，就让伯牙带着琴上了岸，然后把船撑开了，一会儿就消失在水波云雾之中。

伯牙一个人留在蓬莱山，静静等候方子春老师的到来。他等了又等，盼了又盼，就是不见那位方子春老师，也没有成连先生的影子。

“方子春老师每天要在山顶练琴，我到山顶上等他吧。”伯牙心想。于是，他就背着琴上了山顶。伯牙在山顶上刚静下心来，突然听到远处大海传来阵阵波涛声。那波涛声越来越大，波浪也越卷越高。“哗——”山下茫茫山林的松涛声骤然在耳边响起，越来越轻，向远处传去。汹涌澎湃的波涛声和深沉圆浑的松涛声此起彼伏，一呼一应。“咕咕……”山林中又传来小鸟的悲鸣之音。

波涛声、松涛声、鸟鸣声交织在一起，浑然一体。伯牙在大自然美妙的音乐中，情绪激昂、心潮澎湃，情感的大闸猛地打开了，巨大的能量喷涌而出。他连忙摆好琴，飞快地拨动琴弦，把全部的情感都倾注到琴弦上。那大海蓝天、高山层林，那浪涛声、鸟鸣声、松涛声，交织着他内心的感受，通过琴声再现了出来。

伯牙刚弹完琴，背后传来了称赞声："太美妙了！弹得真好！"伯牙回头一看，原来是成连先生，他已经把船撑回来了。"你已经学成了，你的琴声中充满了情感。祝贺你！""什么？我还没有见到方子春老师呢！"伯牙不解地说。"不，你已经见到了，而且他已教会了你。""噢！"伯牙恍然大悟。原来，成连先生是故意把自己留在岸上，这大自然就是成连先生请来的老师啊！"先生！"伯牙感激地向成连先生行礼。师徒两人又说又笑地上了船，离开了蓬莱山。

从此，伯牙成了天下操琴的高手，他在蓬莱山顶上弹奏的曲子就是后来闻名于世的《水仙操》。

伯牙学琴这件事告诉我们一个道理：审美情感在审美活动中具有重要作用。没有情感就没有审美活动，没有情感就没有艺术。没有情感，技艺再高超，学习时间再长，也演奏不出感人的琴声，创造不出美妙的琴曲。所谓审美情感，就是主体对审美对象是否满足自己精神需要而产生的主观体验和态度。也就是说，审美情感是以客体审美特性为激活因素，以自己的精神需要为中介，对需要满足与否的主观体验和态度。其中包括客体对主体的感染，主体对客体的体验和主体通过内省对自己心理、言行的情感态度。审美情感是人的高级情感，是人净化了的七情六欲在审美过程中的表现，包含着深刻的社会内容和理智。

审美活动是以情感为推动的、以情感为中介和桥梁的。不论是审美欣赏还是审美创造，要领会到美，创作出美，必须"入情"，激发起丰富的情感。伯牙就是在成连先生的帮助下激发起了情感，才创造出传世之作，并成为一代名师。成连带着伯牙驾舟出海去寻找所谓"老师"，实际上是去寻找一种感受美所必具的感情环境，接受情感的洗涤。伯牙独自一人留在蓬莱山，周围一片汪洋，波涛汹涌，山林中野兽出没，群鸟悲号。他顿感悲怆寂寞，感情上自然发生了变化，使他具有了创造美和欣赏美的能力。美学家宗白华在解释这个故事时说："伯牙由于在孤寂中受到大自然强烈的震撼，生活上的异常遭遇，整个心境受了洗涤和改造，才达到艺术的最深体会，把握到音乐的创造性的旋律，完成他的美的感受和创造。"（《美学散步》）所以也可以说，伯牙寻美的过程，实际上就是激发审美情感，提高感受美的能力的过程。审美活动中，不论欣赏美还是创造美，都必须把激发情感、投入情感放在最重要的位置。

欣赏美必须投入情感。没有情感，就不会感到对象的美，不能获得美感。白居易在《题赠定光上人》中说："春花与秋气，不感无情人。"意思是说，春花秋气之类的四季景色不会感动无情的人，只有以情观景，与景色进行交流、感应，才会感到春花秋景之美，获得审美愉悦。他还说："人生有情感，遇物牵所思。"（《庭槐》）人生来是有情感的，遇见大自然的景物总会牵动情感。而牵动的程度取决于人的情感深度，"花含春意无分别，物感人情有浅深"（《西省对花忆忠州东坡新花树因寄题东楼》）。人的情感越丰富，越是投入情感，就越能与自然景色发生物我感应，获得的审美感受也就越丰富和强烈。

欣赏自然美要投人情感，欣赏社会美、艺术美同样也需要投入情感。比如爱情美，那是因为恋人相爱相悦、依依脉脉、心中有情，是情与情碰撞与感应的结果。"依依脉脉两如何，细似轻丝渺似波。月不长圆花易落，一生惆怅为伊多。"（吴融《情》）白居易听琵琶演奏后获得强烈的美感，激动得泪湿青衫，是因为他"自有青衫恨"的情感，是以情会情的结果。"一叶浔阳送客舟，荻花瑟瑟水悠悠。江州自有青山恨，不听琵琶亦泪流。"（董钰《拟琵琶亭怀古》）别林斯基说过，欣赏美应该具有"美学情感"，如果只是"用脑子去感受艺术，而没有心灵的参与"，那就"几乎比用脚去理解艺术还更坏"。朱自清也很强调欣赏美时的情感，说"欣赏是情感的操练"。我国美学家朱光潜先生指出，对于感情上麻木不仁的人，"你就是请伯牙向他弹琴，他也只联想到棉匠弹棉花。”

创造美更是情感投入过程。以情谱曲弹琴、以情赋诗作文，以情绘画书法，就一定能催人泪下、感人肺腑，引起人们的共鸣。艺术创作过程，在某种意义上就是艺术家情感运动的过程。据说法国著名作家大仲马写小说前准备好十几支各种颜色的笔，他说过：“写作也需要色彩——这些颜色笔能使我写作时的情感变得更丰富多彩！”写作时，他像画家似的挑选着色彩，写到充满激情的句段时，就用红笔；写到悲伤的地方，用黑笔；写田野用绿笔；写海洋用蓝笔……在《三个火枪手》这部小说中，大仲马怀着激情塑造伊萨克·波尔朵斯这个人物，把力量和信心赋予他。有一次，一个朋友看见书桌前的大仲马泪痕斑斑，大吃一惊。大仲马痛苦地说：“呵，我的朋友！我刚把波尔朵斯杀了……你不知道，我多么喜欢他！”原来，大仲马是在为波尔朵斯的死大动感情。试想，这样写成的作品能不感动读者吗？

巴尔扎克创作小说《高老头》时，对最后孤零零地死在公寓顶上一间冷屋子里的高里奥老人寄予了深切的同情。有一次，巴尔扎克的一位朋友去看他，发现他从椅子上滑倒在地，脉搏微弱、脸色苍白，以为他犯了什么病，赶紧叫来医生。巴尔扎克苏醒后，问朋友为什么请来医生，朋友说了刚才见到的他的病状，巴尔扎克叹息了一声，说：“哪里是什么病！是刚才我写到高老头死时，心里难受极了，一下子就昏过去了。”朋友走到桌前，看见这一章稿纸上洒满了巴尔扎克的泪水湿痕。这样用心血和泪水创作出来的东西能不吸引读者的眼球吗？

汤显祖创作《牡丹亭》，写到春香陪老夫人到后园祭奠已死去三年的杜丽娘时，感情异常冲动，就躲在庭院的柴草垛里失声痛哭起来。据说有一个好心的老者看了这出戏，颇有些惋惜地对汤显祖说：“你既有如此卓绝的才能，为什么不去讲学，却偏要写戏，岂不可惜！”汤显祖回答道：“我写戏也是讲学。不过我所讲的内容与一般教书先生讲的不同，我讲的是一个‘情’字。”这确是汤显祖创作《牡丹亭》的肺腑之言，也是说出了所有艺术家创作的秘诀。

云横秦岭家何在？
——审美情绪

唐朝杰出的文学家韩愈（768 ～ 824）。他不仅文章写得好，诗歌作得佳，而且还是个直言敢谏的大臣。有一次他为了反对唐宪宗迎奉法门寺的佛骨，上了一篇《论佛骨表》，引经据典，条陈利弊，劝谏唐宪宗不要迷信佛教。结果触怒了宪宗，被降职到潮州去当刺史。

唐时潮州在今广东东部，距京城长安有八千里之遥，韩愈孤单单一个人，被派到那么边远的地方去，一路上心情非常辛酸，情绪十分低落。当他到达离京师不远的蓝田县时，他的侄孙韩湘赶来同行，照料他的生活。一般来说，亲人团聚会面，应当是件高兴的事，但韩愈与侄孙韩湘的见面，是在韩愈被贬的路上，此时此景，韩愈心情更加悲痛，情绪更加慷慨激昂。悲歌当哭，韩愈挥就一首悲沉的诗《左迁至蓝关示侄孙湘》：

一封朝奏九重天，夕贬潮州路八千。
欲为圣明除弊事，肯将衰朽惜残年！
云横秦岭家何在？雪拥蓝关马不前。
知汝远来应有意，好收吾骨瘴江边。

诗中笼罩着浓浓的悲愤心酸的情绪和气氛。诗中虽然记载了他被贬的经过，表示了他刚正不阿、无怨无悔之气，但更多的是陷入悲哀、痛苦之中。“家何在”三字中有他的血泪和不幸，“马不前”三字露出英雄失路之悲，“好收吾骨瘴江边”进一步吐露了他激愤之态。

韩愈千辛万苦到了潮州。想到自己的不幸遭遇，也考虑到百姓的艰辛，他努力为百姓办事，带领百姓驱走了危害村民的鳄鱼（在广东及泰国，至今还流传韩愈驱鳄的故事），兴修水利，发展生产。唐宪宗死后，他才回到长安，

韩愈像

负责国子监的事务。

韩愈在被贬离京去潮州的环境中产生的悲愤、沉痛之情，是一种审美情绪。审美情绪是审美情感在特定情境下的具体表现，是人在特定环境下受特定对象的刺激而唤起的特殊感受、体验和态度。审美情感是人独具的社会情感，具有恒长性、深刻性、本质性，是人的审美心理结构的组成部分。它通常表现为情志、情操、情愫、情调、情趣等，也表现为特定的审美情绪。审美情绪与审美情感相比，具有境遇性、现象性、暂时性和不确定性。对象、境遇合意则喜则乐，不合意则悲则愤；对象消失、环境变化后，情绪也就随之淡化、消失。比如有人看到了好天气，风和日丽、杨柳依依、灼灼桃红就高兴万分、手舞足蹈，其喜洋洋者矣；当天气变坏，狂风怒号、电闪雷鸣，禽兽纷纷归巢回窝就会悲伤流泪、思恋亲友。这里的喜与悲都是随境遇而产生和变化，所以都是审美情绪。《世说新语》中有一个乘兴而游的故事，说明了审美情绪的这一特征。王羲之的儿子王徽之居住在山阴的时候，一个雪夜他忽然想起了居住在剡溪的好友戴逵，于是情绪激动，连夜坐船去拜访，经过一夜颠簸，来到了剡溪戴逵宅前，王徽之并不上岸，相反叫船夫将船划回去。别人问他为什么这样做，他回答说："吾本乘兴而行，兴尽而返，何必见戴？"对于王徽之访戴而不见，后人多有不解，讽刺他"任诞"。其实从审美的角度看，他的举动是符合审美规律的。王徽之所说的"兴"，在这里就是一种审美情绪。

他雪夜里产生这种迫切见老友的情绪，立即付诸实施，但经过一夜行舟后，这种审美情绪丧失了，当然无须上岸会戴逵了。这恰恰说明审美情绪的暂时性和不确定性。

强烈饱满的审美情绪是审美的必要条件，也是美感产生的催化剂。有了喜悦的审美情绪，随处都可以感受到美，即使平常看起来不怎么美的东西，也会随高涨的喜悦情绪而变得美起来。宋人孔武仲说得好："风景只随人意好。"苏轼有一首小诗《出峡》，写他离开自己的家乡，心情恬淡舒畅，没有任何心理负担，所以见到一切都是美的：在山峡中喜欢看两岸的巉岩峭壁，出峡后又爱两岸的平旷土地，"入峡喜巉岩，出峡爱平旷。吾心淡无累，遇境即安畅。"还有这样一首新诗这样写道："我在街上走／我想和每一个人握手／每一个向我走来的人／都仿佛是我久别的朋友／别笑我变成了一个'醉汉'／——今天的生活是一杯浓烈的美酒。"（余薇野《美酒》）具有强烈审美情绪的人，犹如喝了美酒的"醉汉"，强烈感到周围风景之美。如果有了悲愤的情绪，就会睹物思情，产生悲壮、崇高的美感。韩愈在悲愤的情绪中，仍然表示"欲为圣明除弊事，肯将衰朽惜残年"，表现出一种崇高的美。如果笼罩在悲愁的情绪中，也会产生一种缠绵婉约之美。北宋词人柳永仕途失意，四处漂泊。离京与人告别时，难以割舍，非常悲愁，他把这种情绪的体验写成《雨霖铃》（寒蝉凄切），把人间的离愁别恨鲜明地表现出来，给人一种哀婉的美。其中"执手相看泪眼""多情自古伤离别""杨柳岸，晓风残月"是人们常常吟诵的名句。

审美创造时必须要有饱满的审美情绪，没有饱满的审美情绪出不了精品。韩愈正是在悲愤辛酸之中并把这种审美情绪注入作品，才为我们留下了这首名诗，写出"云横秦岭家何在？雪拥蓝关马不前"的佳句。南宋诗人陆游在去世前，怀着强烈的爱国情绪写下了《示儿》："死去元知万事空，但悲不见九州同。王师北定中原日，家祭无忘告乃翁。"短短四句话，把诗人临死都不忘国家统一的爱国情感表现得淋漓尽致。这充满爱国情绪的名句，激荡了无数后来的志士仁人的心弦。爱国志士丘逢甲在"台湾"割让给日本的周年纪念日勉强登山春游，完全无意于春色，而沉浸在悲愤情绪中。他把这种情绪化为爱国诗篇："春愁难遣强看山，往事惊心泪欲潸。四百万人同一哭，去年今日割台湾！"（《春愁》）我们在欣赏这些充满审美情绪的作品时，也必须了解和体会蕴涵在作品中的诗人的审美情绪，才能深刻领会它理解它，才能真正获得审美愉悦。

催租败兴
——审美心境

审美心境与审美情绪很接近。审美心境是具有某种色彩的、比较持久的一种情绪状态。为了直观地了解审美心境的涵义，我们还是先从潘大临的故事说起。

宋代诗人潘大临，字邢老，黄州（今湖北黄冈）人。他自幼聪敏过人，才华出众，流连山水而不热衷于功名，虽然诗才出众，家境却十分清贫。他妻子见他终日作诗，不理生计，就说："这些诗既不能吃，也不能穿，你为什么要为它呕心沥血呢？"潘大临笑着回答："晋代大诗人陶渊明不愿为五斗米折腰，弃官回乡，你为什么一定要我为柴米油盐奔波呢？"妻子说不过他，只好摇头叹息。

一个将近重阳的日子，寒风萧瑟，秋雨绵绵。潘大临站在窗前一望，只见烟雨迷蒙，黄叶飘零，满目萧然，触动了灵感，不禁诗兴大发，挥笔疾书。

他刚开头写了一句"满城风雨近重阳"，就听见门外急促的敲门声。妻子跑去开门，原来是前来催租的差役。差役大声吆喝着："赶快交租！"

潘大临大为扫兴，一下子从美丽的审美世界里跌落到狼狈的现实中。他只好起来与差役周旋，好说歹说，才把这几个差役打发出去。

然后重新坐下，想提笔再写下去，可是这时满脑子都是租税银子、柴米油盐，别的什么也没有了。原来想好的思路，怎么也记不起来了。

潘大临心绪紊乱，诗兴全无，眼前的秋景怎么看都是枯燥无味。他实在写不下去了，只好长叹一声，把手中的笔扔下。

诗人谢无逸是潘大临的好朋友，两人平时交往密切，刚巧这天他派家人送信给潘大临，问秋来有何佳作？潘大临便把这句写好的诗让其带回。于是，“满城风雨近重阳”这句诗就传开了，成了描写秋景的名句，许多文人还在自己的诗词中反复引用它。

潘大临被窗外寒风、秋雨、落叶所打动，全身心沉浸在悲凉的情绪中，诗兴涌上心田，这种审美的状态就是审美心境。审美心境是对审美对象的情绪反映，是审美主体在审美过程中所形成的一种心理状态，即染上某种色彩的、保持比较持久的一种情绪状态。

审美心境对审美活动起着制约作用，潘大临被窗外秋景所打动，形成了很好的审美心境，写出了“满城风雨近重阳”的佳句，然而差役的催租破坏了这种审美心境，结果诗兴全无，一句诗也写不出了。后人不无惋惜地说“催租底事妨诗句”“自是潘郎名未成”。

人的情绪状态有积极与消极，肯定与否定之分。审美心境也就有高兴和忧虑之分。在审美活动中，如果一个人积极的情绪占上风，审美心境好，他倾向于以肯定的眼光来对待他所看到的一切，这种审美心境能使对象染上主观的情绪色彩，增益对象的美，美的事物会显得格外美，不太美的事物也会变得美。审美心境不好的时候，消极、否定情绪占了上风，这种忧伤的情绪就可能压倒美的事物所引起的愉悦，而获得别的一种情绪，即使是很美的事物，也只能引起他的忧愁和悲伤。大观园的春色很美，但在寄人篱下的林黛玉眼中，最令她动心的却是一片片无人清扫的落花。唐玄宗李隆基由于马嵬坡事变而失去杨玉环，当他返京后，宫阙依然华丽，他的心情却大不一样了：“归来池苑皆依旧，太液芙蓉未央柳。芙蓉如面柳如眉，对此如何不泪垂。”芙蓉和柳枝虽美，但他联想到杨玉环的美丽脸庞，便伤心掉泪了。

审美心境影响审美结果的最好例子，是韩愈和柳宗元吟桂林山水的诗。桂林山水的美名扬天下。从古至今，很多文人墨客留下了许多赞美它的诗句。奇怪的是，同为唐朝大诗人的韩愈和柳宗元，面对同样的青山绿水，却留下了评价迥然而异的诗句。韩愈在《送桂州严大夫同用南字》诗中极力赞美桂林山水："江作青罗带，山如碧玉簪。"柳宗元似乎并没有被秀山丽水所动心，而是扔下冷冰冰两句诗："林邑东回山如戟，牂牁（江名）南下水如汤。"在柳宗元的眼中，桂林的山不是"碧玉簪"，而是如同兵器的"戟"，冷峻肃穆地刺向蓝天；水也不柔美，像沸腾灼人的"汤"一样，急急地向南逝去。

为什么会这样呢？这是审美心境在起作用。人的审美感受是一种由审美对象所引起的复杂的心理活动和心理过程。在这个过程中，审美主体的心境如何，对其审美感受影响极大。同一审美对象，对不同心境的人来说，他们的审美感受，往往大相径庭。柳宗元的这两句诗，是在他参加政治革新运动失败，被贬为永州司马，游历桂林山水时写的。政治上的失意，战友的隔绝，催动无限忧愁、满腔悲愤。柳宗元当时的审美心境极其愤懑，再美的湖光山色，也引不起他的美感。桂林的秀山丽水，在柳宗元的面前，一点不能冲淡他的忧愤心情。而韩愈则不同，韩愈写这首诗的时候，正是他仕途最辉煌的时候。他结束了贬官的流程，回到了京师长安，受到新皇帝李恒的器重，先任国子祭酒，很快升调兵部侍郎，由于办事得力，又转调为更有实权的吏部侍郎，享受正四品的待遇。在这样的心境下，韩愈笔下的桂林山水自然是非常美丽的。

有无良好的审美心境，对于审美来说，非常重要。良好审美心境的形成往往需要经过酝酿、培养，并非说有就有。但是破坏别人的审美心境，却是非常容易的，许多艺术家都尝过这方面的苦头。陆游、苏轼等大诗人都写过催租败兴的诗。"小儿缘天摘列宿，老子含饴弄稚孙。郊居得此岂不乐，无奈催租人打门。"（陆游《郊居》）小孩子正在玩摘星星的游戏，老人正在快乐地带着孙儿玩耍，生活情景是美好的，老小的情绪十分快乐，无奈这时催租人突然打门叫喊，祖孙们惊恐不安，审美情趣顿无。

正因为这样，艺术家们在创作时，总是希望有个适宜的环境，特别害怕别人打扰他，破坏他的创作心境。南朝画家顾恺之的画所特意设在高楼，每次作画时，他登上高楼后，就撤去楼梯，不让家人上楼打扰他。隋朝诗人薛道衡，专门准备了一张床，叫吟诗床。每当他作诗时，便往这床上一躺，冥思苦想，谁要是打扰了他，他就大发雷霆。马雅可夫斯基创作长诗《列宁》时，足不出户，闭门谢客，把自己关在家里足足三个月。

风萧萧兮易水寒
——审美激情

司马迁在千古绝唱的《史记》中，生动记载了“荆轲刺秦王”的故事：战国后期，秦国国富兵强，不断向各国进攻。秦王嬴政在灭韩、魏之后，便开始向燕进攻。燕国的太子丹原来被作为人质抵押在秦国，他见秦王决心兼并列国，又夺了燕国的土地，便偷偷地化装逃回燕国。他恨透了秦王，一心要替燕国报仇。他把全部家产拿出来，搜罗能刺杀秦王政的人。隐士田光向他介绍了一个人，此人叫荆轲。

荆轲原是卫国人，在燕国游历。他爱好击剑，又喜好读书。他到燕国后跟卖狗肉的高渐离成了知己。高渐离也是一位勇士，善于演奏一种叫“筑”的古乐器。他们两人经常在一起喝酒，喝到八九成时，就离座进入闹市，高渐离击筑，荆轲引吭高歌。歌声引来很多游人，他们也不在乎。唱到悲切慷慨之处，两人相对放声大哭，泪如雨下，旁若无人。荆轲虽然与酒徒们交往，但为人深沉。燕国隐士田光知道荆轲不是平庸之辈，就把他推荐给太子丹。太子丹把荆轲收在门下当上宾，把自己的车马给他坐，自己的饭食给他吃，自己的衣服给他穿。荆轲很感激他。

公元前228年，秦国大将王翦攻破赵国，俘虏了赵王，挥师向北，逼近了燕国。太子丹非常焦急，便去找荆轲。燕国有难，士为知己者死，荆轲答应去刺杀秦王。荆轲带着一把包在地图中的匕首出发了。

临行这一天，荆轲等一个朋友，想同他一起去，所以迟迟没有出发。太子丹以为荆轲变了卦，就问他：“时间已不早了，你还有动身的意思吗？”

荆轲听到这话，就说：“我不过等一个朋友，既然您这么说，那我们就告别吧！”

太子丹知道荆轲不可能活着回来，穿着白衣到易水边为他送行。太阳西下，易水滚滚。荆轲请高渐离击筑，自己和着筑声唱起歌来。荆轲慷慨高歌，歌声凄凉激昂："风萧萧兮易水寒，壮士一去兮不复还！……"

听着这歌声，在场的人无不潸然泪下。有的哭泣，有的张嘴站着，有的低下头或把头扭向一旁。太子丹把紧握的拳头放在额前，身体一动也不动。高渐离那铁一般的脸上，从眉毛下面流出了大粒大粒的泪珠。荆轲更是泪流满面。接着他又唱出悲壮慷慨的"羽声"音调，送行的人都瞪着眼睛，怒发冲冠。

唱完了歌，荆轲跳上车子走了，连头都不回。他果然是"一去不复返"。在秦宫，他刺杀秦王没成功，血洒秦廷，悲壮而亡。

在易水边上，荆轲慷慨高歌，在场的人痛哭流泪，怒发冲冠，这是一种审美激情的表现。审美激情是情感最高度、最充分、最强烈的表现，是一种强烈而且具有突发性的情感或情绪。审美激情具有强大的震动性，能在瞬间爆发出巨大的情感能量。审美激情在生理和心理上的特征是，在审美对象的强烈作用下，人的大脑皮层发生重大变化，神经兴奋迅速传遍皮层中枢，引起身体器官的巨变，心跳加快、呼吸急促、肌肉紧张、注意力高度集中——忘我、忘他、忘乎所以，显示出各种表情动作，如愤怒、悲恸、狂欢等。如果说审美心境是一种持续性的笼罩整个心灵的情感或情绪状态的话，那么审美激情则是迅猛勃发、激烈而短暂的情感。

审美激情的产生必须要有审美对象的强烈刺激。精彩激烈的足球比赛、田径比赛，激情的演唱会，热烈的文娱晚会，都有可能产生审美激情。审美激情可以宣泄自己的情感，获得强烈的审美感受和审美印象。人一旦进入这种状态，就会使审美主体感情冲动，不能自已，陷入物我不分、如醉如痴的境界。郭沫若写《地球，我的母亲》这首诗时，他激情蓬勃，近似发狂，竟赤着脚在图书馆的石子路上踱来踱去，又索性倒在路上，想跟地球母亲亲昵，去感受她的皮肤，受她的拥抱。浪漫主义艺术家一般都属于激情型，如屈原、李白、李贺、汤显祖、莎士比亚、华兹华斯、拜伦、雪莱等。其他风格的艺术家中也不乏充满激情的人。

审美激情是审美欣赏和创作的动力。对某些艺术家来说，审美激情是至关重要的，他们可能苦苦等待这种状态的出现，并十分珍惜这种能够给他们以艺术灵感的审美激情。曹禺创作《日出》时感情激动得令人害怕，他摔碎了许多可纪念的东西，像一只负伤的野兽扑在地下，啃着咸丝丝的涩口的土壤。果戈理激情爆发时，会忘形地在街道上跳起舞来，一把小阳伞在空中舞出许多花样，最后只剩下了伞柄……

传说我国清代著名画家傅山有这样一则轶闻：有一次，他的老友求他画一幅他最擅长的“墨竹”，傅山答应了。他先喝了一阵酒，喝到三分醉意时，便叫所有的人退下。老友觉得奇怪，就躲在屋外偷看。这时，只见傅山先是闭目静思，然后站起来，走到早已准备好笔纸墨砚的画桌前，提笔往纸上乱画一通，然后好像在想什么，站在那儿发呆；突然又手舞足蹈，摇头晃脑，又是比划，又是哭笑，还围着画桌跑，简直和疯子一样。他的朋友大惊，以为他中了什么邪，犯了什么神经病，立即破门而入，一把抱住傅山的腰。傅山猛地回过头来，叹了一口气，说：“完了完了，你败了我难得的画兴！”说完把笔扔在地上，将画纸揉成一团扔掉，气冲冲地走开了。艺术家最珍惜和祈求的，就是这种难得的、忘我的创作状态，朋友败了傅山难得的画兴，就是阻碍了他进入创作的最佳状态。

像傅山这样痴狂的艺术家是很多的。许多诗人都是在审美激情中完成佳作的。且不说诗仙李白、诗圣杜甫，就说南宋诗人陆游。陆游的别号“放翁”，就与审美激情沾边。一次他欣赏梅花，竟然“醉插乌巾舞道旁”。还说陶渊明、杜甫等诗人也是爱美爱得发狂的人，“山村梅开处处香，醉插乌巾舞道旁。饮酒得仙陶令达，爱花欲死杜陵狂”（《梅花》）。他还说：“老子舞时不须拍，梅花乱插乌巾香。尊前作剧莫相笑，我死诸君思此狂。”（《看梅绝句》）把自己进入审美激情的模样生动描绘出来，也正是陆游情感丰富、激情荡漾，所以他的诗词如泉涌，作品既多又精妙。

许多艺术家的创作经验表明，艺术家一旦进入这种状态，其笔下的艺术形象仿佛受到另一种力量的支配，这时创作就会进入如痴如狂、物我不分、意不由己、情难自禁的非自觉精神状态上面。正如古希腊哲学家德谟克利特说的：“诗人只有处在一种感情极度狂热或激动的特殊精神状态下才会有成功的作品。”杜甫的《闻官军收河南河北》：“剑外忽传收蓟北，初闻涕泪满衣裳。却看妻子愁何在，漫卷诗书喜欲狂。白日放歌须纵酒，青春作伴好还乡。即从巴峡穿巫峡，便下襄阳向洛阳。”一气呵成，八句如一句，意象一个接一个喷吐而出，显然是出自作者强烈、跳跃、亢奋的激情，由情感推动意象的跌宕、飞腾。

我国有一句俗语，叫“愤怒出诗人”，说的是艺术创作需要激情。一个对周围一切冷漠无情的人决不会成为美的创造者。司马迁因李陵之祸而受宫刑，因而发愤著书，遂有《史记》。少年歌德爱上一个已经许了人的女子，他因爱情不能实现而悲痛欲绝，后来听到一个叫耶路撒冷的少年因苦恋朋友的妻子而自杀，火热的感情再也压抑不住，因而有小说《少年维特之烦恼》的产生。托尔斯泰曾经说过：“我们的创作没有激情是不成的……”

泪泉和墨写离骚
——审美移情

古人画兰画竹很有讲究，主张“喜气写兰，怒气写竹”。因为兰花“叶势飘举，花蕊吐舒，得喜之神。竹枝纵横，如矛刃错出，有饰怒之象”。宋末著名爱国诗人、画家郑思肖却一反这个传统而怒气画兰。

郑思肖很有才学，是一位刚介有志、诗画兼优的文人。当时，北方蒙古贵族大举南侵，他以太学士的身份上书朝廷，竭力主张抵抗，但未被采纳。赵宋王朝灭亡后，他隐居在苏州城南报国寺中，改名为“思肖”（繁体字“趙”去“走”后为“肖”，思肖即思念亡去之赵），字忆翁，号所南。这些名、号，都是表示不忘南宋，不愿当元朝臣民的意思。他把自己居住的地方叫做“本穴世界”，亲手写了大匾挂在室中。“本”字可拆成“大”和“十”两字，把“十”放在“穴”字中央，就成了“宋”字，合起来就是“大宋”的意思。他无论坐卧，从不北向，总习惯于面向南方，经常登高望远，面南而泣（南宋最后一位皇帝赵昺在厓山投海死）。

郑思肖最精于绘画，尤以画兰花远近闻名。他的书斋、卧室都挂满了他画的兰花。他画的兰花，形象鲜明，形式感强烈，其笔势拙大简逸，墨色浓重。所撇兰叶，运笔流畅奔放而又婉转敦厚，有刚劲挺拔之气。茎短花幽，但有舒展之势，显其清雅馥郁的气质和经久不凋的活力。最令人叫绝的是，他画兰露根，不培泥土，称之为“露根兰”或“无土兰”。人问其故，郑思肖愤然答道：“土地都给别人抢去了！你还不知道吗？”大家恍然大悟，原来郑思肖把自己的思国之情寄托在兰花上，通过“露根兰”这奇特的形象，表达自己对南宋沦亡的内心苦衷，抒发自己身处逆境而绝不相类的情操，寓志不着元人土地。

他画的一幅《墨兰图》，一株一花，墨色淡雅，叶片细长瘦韧，寥寥数笔，表现出一种清冷绝俗的风致。题诗曰：“一国之香，一国之殇，怀彼怀王，于楚有光。”思念故国之情跃然纸上。

一次，郑思肖当着朋友的面，画了一幅《墨兰》。画中两株相对，中抱一花，全用焦墨画出，撇出的叶子爽劲挺拔、刚如利剑、无根无土，表现出一种不屈不挠的气质。题诗为：“向来俯首向羲皇，汝是何人到此乡？未有画前开鼻孔，满天浮动古馨香。”

郑思肖的墨兰越画越神奇。有一次，他画了一卷长一丈多的墨兰，全是没有土根的，但疏密相间、自然纯真，画题是：“纯是君子，绝无小人！空

《墨兰图》 郑肖思

山之中，以天为春。”他把此画挂在室中供来访者欣赏。大家赞不绝口，一致认为此画画得“天真烂漫，超出物表”。据说，成语“天真烂漫”就出之于此。

郑思肖常以无根无土的兰花赠友。当地县官很想得到一幅，于是差人去向郑思肖索取赋税，说如能献出墨兰一幅，就免收税款。郑思肖断然拒绝，说：“头可断，兰不可得！”县官无奈，只好把他释放了。

元代诗人倪瓒曾在郑思肖画兰的图上题诗称赞：“秋风兰蕙化为茅，南国凄凉气已消。只有所南心不改，泪泉和墨写《离骚》。”这首诗是郑思肖画兰的最好注脚。

郑思肖把一腔爱国情感移植在所画的兰花上，使得兰花也具有画家的情感，这就是审美移情现象。审美移情是审美欣赏、审美创造中经常遇到的现象，也是审美活动的无穷魅力所在。审美移情是人在审美中将自己的情感情绪投射、移置、倾注于对象，使对象也具有与自己相同、相通的情感情绪。审美移情是客观存在的心理现象，古人早已发现，所谓“登山则情满于山，观海则意溢于海”（刘勰），“情与境会”（袁宏道），“景以情合，情以景生”（王夫之）等，就是这种移情作用的形象概括。在审美和艺术创作中，移情现象屡见不鲜，“羁鸟恋旧林，池鱼思故渊”“感时花溅泪，恨别鸟惊心”，“春蚕到死丝方尽，蜡炬成灰泪始干”“天若有情天亦老”“云想衣裳花想容”等等，都是移情作用的形象体现。审美移情是审美情感的一种特殊功能，是审美创造的一个重要环节。

在审美过程中，人的七情六欲都可以移植到眼前的景物中去。比如喜情、愁情、悲情、怒情、忧情等，都可以迁移于物。“东风知我欲山行，吹断檐间积雨声。岭上晴云披絮帽，树头初日挂铜钲。野桃含笑竹篱短，溪柳自摇沙水清。”（苏轼《新城道中》）这是将喜悦之情移之于东风、晴云、野桃。“问君能有几多愁，恰似一江春水向东流”（李煜《虞美人》）、“江水澄澄江月明，江上何人搊玉筝？隔江和泪听，满江长叹声”（张可久《凭栏人·江夜》），这是将愁情移之于江水。南宋画家夏圭为南宋朝廷苟安一隅不思收复中原感到悲哀和愤怒，在画山水时，从不满幅，只画一边，而另一边留下空白，因而人称之为“夏半边”。这是将悲怒之情迁移于“残山剩水”。春秋末年，孔子周游列国，却得不到信任。他返回鲁国时路过一座隐蔽的山谷，看到那里浓郁芬芳的兰花长得特别茂盛。他不禁感叹起来，他让车子停下来，架起琴和鼓，对着山谷里的兰花，弹奏了起来。孔子把自己怀才不遇的情感，移情于山谷的兰花，并为之弹琴歌唱。

审美移情是人以情观物，以人度物的产物，它的产生是有条件的。首先，审美主体必须有强烈、浓厚的情感，并且把这种情感倾注到、融化于外物之中。如果无情，那么就会无情可迁移；如果感情不炽热，那么情感就会移之不动、不会投射出来；如果有情而不与外物交流，不以情度人、以情观物，不发生共鸣，那么情感就不会转注或投射到审美对象身上。其次，审美主体的情与审美客体的物之间，必须有某种相似性或关联性。“春蚕到死丝方尽，蜡炬成灰泪始干”，春蚕吐丝过程和人的情感眷恋，在“至死方休”这一点相似；春蚕的“丝”和人的“思”谐音；蜡烛的热油和人的热泪具有关联性，都是有热度的液体。“花不尽，柳无穷。应与我情同。”（晏殊《喜迁莺》）花柳和情思在“无尽”上相似，花柳无尽，遍布各地；情思无尽，遍及山崖。“昔我往矣，杨柳依依；今我来思，雨雪霏霏。”（《诗经·采薇》）离别之情依依不舍，杨柳枝条依依摇曳，二者在“依依”这一点上相似；归来人事已非，内心伤感冷落，而雨雪天凄清冷落，二者在“冷落”上相似，所以人的情思很自然地移植到杨柳和雨雪上了。如果在审美过程中，审美主体和审美客体能够化为一体，即物我为一，如同庄周化蝶那样，审美移情则更是奇妙无比。

同是天涯沦落人
——审美共鸣

白居易（772～846），字乐天，是唐代著名诗人。他为人秉正，多次对朝政进言，和大贵族、宦官斗争。他谏宪宗不要封宦官做统帅，把皇帝惹火了，没多久，就把他左拾遗的职务撤掉了。过了几年，他在东宫里当大夫。不久，宰相武元衡被人暗杀了，他首先上疏，要求通缉凶手。宦官和大官僚抓住这个机会，狠狠告了他一状，说他不是谏官，不该对朝廷大事提意见。还有人造谣污蔑他大逆不道，对母亲不恭。公元815年，白居易终于被降职到江州（今江西九江）当司马去了。

白居易遭受迫害，无辜受到贬谪，到了江州之后，心情沮丧，郁郁不悦，常常饮酒作诗，宣泄其情，并自喻为“沦落人”。

第二年深秋的一个晚上，白居易在浔阳江头的船中，为一个朋友置酒饯行。正痛快饮酒时，忽然随着秋风从江上传来阵阵哀怨的琵琶声，打断了他们的谈话。“哪里来的琵琶声呢？还是正宗的京师长安的声音。”依声寻去，琵琶声是从不远的一条船上传来的。朋友的船不走了，白居易也不回家了，吩咐船夫把船慢慢地划过去，请弹琵琶的人出来相见。然而，“千呼万唤始出来，犹抱琵琶半遮面”。原来是个女子，头微低，目不抬，用琵琶遮住了自己的半张脸，微微屈膝施礼。

白居易以礼相还，并说明来意。女子不搭言，坐定理弦，弹出了如诉如泣、感人肺腑的音乐。琵琶“大弦嘈嘈如急雨，小弦切切如私语”；时而“间关莺语花底滑，幽咽泉流冰下难”；时而“银瓶乍破水浆迸，铁骑突出刀枪鸣”；最后收拨一划，戛然而止。再看琵琶女，已泪流满面，抽噎不已；接着，慢慢地吐露了自己的身世。原来她本是京城长安女，曾经学琵琶于穆、曹二善才，艺高色美，红极一时，后来年长色衰，委身嫁于商人，漂泊于江湖……

听了深情的琵琶曲，又听了琵琶女辛酸的诉说，白居易联想到自己一生的遭遇，想起了自己屡遭打击、贬谪江州的事，真是与她同病相怜，同声相应。同样的坎坷人生激起了白居易强烈的共鸣，不由得掩面哭泣，“座中泣下谁最多？江州司马青衫湿。”

白居易从船上回来之后，随即写下了著名的叙事长诗《琵琶行》。

听了琵琶女弹的琵琶和诉说身世后，白居易哭泣得把他的青衫都湿透了，这就是审美中的共鸣现象。“共鸣”原是物理学术语，指一组声波频率相同的共振器中，一物振动引起他物随之振动的现象。审美共鸣是指审美中主客体的思想、情感契合相通，和谐一致，由审美客体的某种情绪、情感引起审美主体产生相应的、相同的情绪和情感的心理现象。中国古代美学中的“心心相印”“感同身受”“情意相投”“物我为一”“心有灵犀一点通”，指的就是审美共鸣现象。审美共鸣是产生审美感染力和进行审美教育的重要方式。人们在审美中期待着获得精神的满足，达到情志上的共鸣。艺术创造也希望激起欣赏者的共鸣，以达到预期的效果。所以，审美共鸣是审美和创造美追求的理想境界。能否引起共鸣，是美感深度、强度、广度的标志。

审美共鸣的发生，首先在于审美对象的情志呈现于形象之中，具有震撼心灵的感染力量，开放性地扩散给审美者。琵琶女就是将她的悲惨命运、坎坷人生寄托在琵琶声中，通过凄切的、如诉如泣的音乐传递给听众，并感染听众。如果她的音乐没有这种震撼力和穿透力，就不会引起听众的注意，不会打动人心。其次在于审美对象的情志与审美者的情志具有相似性。二者在生活经历、实践经验、审美经验等方面有相通之处，就能够引起审美者的联想。白居易的宦海风尘和琵琶女的沦落风尘就有相同之处，即所谓的“同是天涯沦落人”。当白居易听了琵琶女饱含辛酸的音乐和诉说的身世后，很自然地联想到自己受打击遭贬谪的往事，使白居易深深感到自己与琵琶女在坎坷人生道路方面有相似之处，在思想感情上产生了强烈的共鸣，发出了“同是天涯沦落人，相逢何必曾相识”的感叹，哭泣得把他的青衫都弄湿了。

在《红楼梦》第二十三回中，也有一段对审美共鸣的精彩描绘：

刚走到梨香院墙角外，只听见墙内笛韵悠扬，歌声婉转，黛玉便知是那十二个女孩子演习戏文。虽未留心去听，偶然两句吹到耳朵内，明明白白一字不落道：“原来是姹紫嫣红开遍，似这般，都付与断井颓垣……”黛玉听了，倒也十分感慨缠绵，便止步侧耳细听，又唱道是：“良辰美景奈何天，赏心乐事谁家院……”听了这两句，不觉点头自叹，心下自思：“原来戏上也有好文章，可惜世人只知看戏，未必能领略其中的趣味。”想毕，又后悔不该胡想，耽误了听曲子。再听时，恰唱到：“只为你如花美眷，似水流年……”黛玉听了这两句，不觉心动神摇。又听道：“你在幽闺自怜……”等句，越发如醉如痴，站立不住，便一蹲身坐在一块山子石上，细嚼“如花美眷，似水流年”八个字的滋味。忽又想起前日见古人诗中，有“水流花谢两无情”之句；再词中又有“流水落花春去也，天上人间”之句；又兼方才所见《西厢记》中“花落水流红，闲愁万种”之句：都一时想起来，凑聚在一处。仔细忖度，不觉心痛神驰，眼中落泪。

这里细腻描写了林黛玉听曲时产生审美共鸣的过程：悠扬婉转的乐曲、精美的辞藻使得林黛玉“止步侧耳细听”“点头自叹，心下自思”，进而“不觉心动神摇”，然后“越发如醉如痴，站立不住”，细嚼戏词的滋味，最后“仔细忖度，不觉心痛神驰，眼中落泪”。《牡丹亭》的这几支曲子为什么会引起林黛玉强烈的共鸣呢？除了乐曲、戏词美妙，蕴涵真挚而丰富的情感，具有强大精神号召力外，还在于林黛玉和杜丽娘有着相同的不幸遭遇和抑郁心境，都在为美好青春易逝、爱情渺茫难期而伤感，所以很容易使林黛玉联想起自己的身世，想到自己今后的命运，会不会步杜丽娘的后尘。这样，就在思想感情上和杜丽娘相通相印，从而发生强烈的共鸣。此种共鸣，加深了林黛玉对《牡丹亭》的美的感受。

林黛玉和杜丽娘有着相同的遭遇和命运，非常容易产生共鸣。有的时候，表面上看，审美客体与审美主体之间似乎没有相同的东西，但是，高明的艺术家能发现、挖掘二者之间的相同之处，使艺术充分发挥审美共鸣作用。汉代桓谭在《新论·琴道篇》中讲过一个这样的故事：

雍门周是战国时期著名的乐师，琴艺高超，所弹的乐曲能使很多人痛哭流涕，伤心不已。一天，他去见孟尝君。孟尝君问：“先生弹琴能使我悲伤吗？”雍门周答道：“我能叫他悲伤的是这样的人：先前富贵荣华而今贫困潦倒，品性高雅而不能见信于人；至亲好友被迫分离，孤儿寡母无依无靠……这样的人，听见鸟叫风鸣都会伤心；听我弹琴，没有不掉泪的。”说到这里，话音一转，“至于阁下，享受着无尽的荣华富贵，养尊处优，无忧无虑，再悲的乐曲、再精湛的琴艺也不能感动你。”

孟尝君听了觉得很有道理，但雍门周接着又说：“不过依我看，你也有

孟尝君像

你的悲哀。你抗秦伐楚，得罪了两个大国，而今天下大势非秦必楚，你只拥有一个区区薛地（今山东滕县），别人要收拾你如同拿斧头砍蘑菇一样容易。等你一死，祖宗无人祭祀，你的坟头长满荆棘，狐兔出没其中，牧童在坟上嬉戏，人们见了就会说：‘孟尝君曾经那样尊贵显赫，到头来也不过如此啊！’”

孟尝君听了这番话，不禁热泪盈眶。雍门周一见时机成熟，手指一扬，弹起面前座上的琴。悲凄的琴声刚刚响起，孟尝君就呜呜地哭起来，说：“我一听先生弹琴，就感到自己好像是亡国之人了。”

雍门周很懂得审美共鸣的学问，知道孟尝君陶醉在纸醉金迷之中，他的思想情感无法与悲凉的琴声沟通，要使他与悲凉的琴曲相通，必须使孟尝君思想情感转变。于是，他先用一番话，晓以利害，使孟尝君从自己安富尊荣的地位中意识到也存在着凄凉下场的另一面；这时，当他弹出悲凉的琴声时，就引起了孟尝君的情感共鸣，感到自己像一个亡国之人。可见，高明的艺术家不仅艺技高超，而且还善于调动欣赏者的思想情感。

永州小石潭风景

——审美顺受和审美逆反

在审美过程中，审美主体的感受、态度、评价与审美对象的思想、情感、立意、指向之间，存在着两种截然不同的情况。一种是二者相一致、合拍，我们把它称之为审美顺受；另一种是二者不合拍、不一致，审美者的审美感受、评价与对象或对象创造者的思想、情感、立意等完全相反，我们称这种情况为审美逆反。审美顺受和审美逆反都是审美过程中的心理现象。审美顺受能加强美感的愉悦，而审美逆反则削弱美感的愉悦，妨碍审美的正常进行和对象社会效果的正常发挥，能够克服美感，使美感完全消失。

唐代文学家柳宗元，因参与王叔文集团，被贬到邵州当刺史。柳宗元在赴任的路上，又接到圣旨，加贬他到永州（今湖南零陵）为司马。和他同往永州的有老母、妻子和堂弟等。

永州地处荒僻，柳宗元所做的永州司马是个闲职，他到永州后竟连固定的官署也没有，只得寄宿在城外龙兴寺中。柳宗元闲来无事，经常与好友出游。

元和四年（809）秋，柳宗元携友出永州西门，先游西山，后游西山西面的钴鉧潭，欣赏了冉水一泻千里、潭水旋转如飞的奇景，再游览钴鉧潭西小

柳宗元像

丘，观赏了小丘上的奇石。至此，柳宗元的游兴仍然不减，又从小丘向西行走百二十步，隔着竹林，忽然听到溪水声，如同玉环相扣发出的清脆响声。柳宗元十分高兴，就寻声而往，但为竹林所隔，无路可通。柳宗元寻景心切，便下决心伐竹取道，开出一条路，见到了一个小潭。这个小潭的水特别清澈，小潭以整块石头为底，在靠近四周石岸的地方，又从潭底突出若干形态各异的石头，有的像坻，有的像屿，有的像嵁，有的像岩。石上满是青树翠蔓，那翠带似的蔓条有的在空中摇曳，有的在水面飘拂。潭中有鱼百头左右，由于水太清，这些鱼儿仿佛是在空中游弋。当红艳艳的太阳光透过清澈的潭水，直照到潭中的石底，鱼儿的影子清晰地映在石头上。可爱的鱼儿在水中时而静止不动，时而向远游去，来来往往十分迅速，好像与游者相逗乐。

望着清水潭中活泼有趣的游鱼，柳宗元感到特别的惬意、轻松，陶醉在石潭奇景中，久久不肯离去。

很久很久，柳宗元的视线终于离开了石潭奇景，抬头朝西南望去，发现了石潭源头。原来潭源是条小溪，溪水像北斗般曲折，像长蛇般蜿蜒。溪水半藏半露，不可知其源。

俗话说："乐极生悲。"柳宗元坐在潭边，忽然感到一股寒气逼来，举目四望，只见四面竹树环合，寂寥无人。"这里的风景太清凉了！"柳宗元叹道。不知为什么，他陡生凄怆，哀怨起来，想起了被贬的不幸遭遇，原来赏景的兴致全无，急匆匆地率领同游者离开了小石潭。

小石潭的奇观，特别是潭中活泼可爱的鱼，吸引了柳宗元，打动了他的心，他不禁坐在潭上观赏，产生强烈的美感，这是审美顺受反应。继而，由于寒气逼人，境地过于凄清，一种"寂寥无人、凄神寒骨"的精神上的逆受反应油然而生，越来越鲜明强大，以至压倒了美感，使柳宗元感到特别忧伤，于是率众匆匆离开，这是审美逆受反应。

造成审美逆反的原因是多种多样的。审美对象自身的不合理，同审美者的审美需要、审美意向、审美情绪相背，就会引起审美者的反感。艺术作品中的粗制滥造、肤浅庸俗、不合逻辑、拖沓俗套等，都会引起人们的戒备、防范、怀疑、反感、厌恶。现在有的历史剧中唐典汉用、秦袭明俗、魏使宋器，有的文学作品空洞说教、脸谱化，有的人不知天高地厚，胡乱自我吹嘘和肉麻吹捧，这些，焉能不引起人们的反感、拒斥？

审美者的审美能力、审美需要、审美情绪同对象不相应，以至对立，也会引起逆反心理。有的人被“忧”“恐”“痛”等特定的心境所笼罩，窒息了审美能力，而感觉不到美的东西存在，会对美产生拒斥。有的人审美情趣偏窄，审美能力低下，就会美丑颠倒，视丑为美、视美为丑，对美的东西产生反感。近年来，上海城市环境有明显改善，有的居住区，由于治污卓有成效，绿树成荫、水草茂盛，引来了候鸟栖息、青蛙成群、鸟鸣蛙叫，非常美丽，这应该是一件美事。但是不少居民却厌烦蛙声和鸟鸣，认为是噪音，欲除之而后快。相反，他们却把汽车的喇叭声、人群的嘈杂声这些名副其实的噪音视为正音，舒服享受，一点也不奇怪。这让有识之士大惑不解。

审美者受到外界环境的干扰和客观条件的限制，致使不能接纳对象，也会产生逆反心理。在宁静的图书馆里专心读书、写作的人，听到音响很大的轻音乐，会感到烦躁、厌恶。在环境恐怖、凄凉的野外，再美的景色也很难打动游人的心灵。柳宗元游小石潭产生的审美逆反，既有外界因素——潭边过于凄清；也有主体情绪方面的因素，特别是他被贬的抑郁和忧愤的心情，影响了他的审美情绪。唐宪宗元和四年（809）的一天，诗人白居易白天在紫阁峰游览，黄昏时下山到村里借宿，受到村民的热情欢迎和款待，诗人既感受到自然风景的美，又感受到生活的美和人情的美，一直陶醉在美的海洋中。谁知，突然来了一群暴卒，抢人酒食，砍人奇树，凶声恶气，胡作非为。这突然而至的暴力破坏了原本和谐的场面，破坏了和谐的审美关系，使得诗人饱满的审美感受陡然降落，为气愤所代替，产生了审美逆反。白居易回去后，奋笔疾书，记下了这次不寻常遭遇，这首诗就是《宿紫阁山北村》。

在审美中，调适好审美主体与审美对象的关系是十分重要的，应尽可能减少审美逆反，增加审美顺受。但在审美和创造美的过程中，也可利用审美逆反，因势利导，从负反应中得到正效果，以达到预期目的。喜剧中故意夸张、吹捧反面人物，可以引起受众的反感，以增强丑感；悲剧中故意渲染消极社会力量的欢乐气氛，可以使观众在对反面人物的逆反中增强对悲剧人物的同情心。这些，都是巧妙运用审美逆反的规律，通过对形象某种肯定（或否定）引起欣赏者的否定（或肯定），以实现其创作意图，强化特定的艺术效果。

有这样一个故事：一个书商认准了某一图书，便进了一大批，但是销路不好。情急之中他给总统送了一本，总统由于工作繁忙，拿到书后，当场翻了一翻，随口说了一句："这本书不错。"书商回来后立即设计了一个广告："这是一本受到总统称赞的书！"奇迹出现了，这本书很快就被抢购一空。后来，书商又进了一大批另一本书，销路依然不好。他如法炮制，又送给总统一本。因为书商以总统名义做广告，总统有些不高兴，接到书后，翻了翻，生气地说："此书很糟糕。"聪明的书商又设计了一则广告："这是一本令总统恼怒的书！"这本书也立即销售一空。第三次书商再给总统送书时，总统接受了前两次的教训，礼节性地翻了翻，什么也没有说。书商再一次设计了广告词："此书令总统无话可说！"滞销的书又统统卖完。广告"这是一本令总统恼怒的书"和"此书令总统无话可说"，就是巧妙运用人们审美逆反的心理，达到推销图书的目的。

五　审美理解

孔子弹奏《文王操》
——审美理解

孔子是一位艺术欣赏家，当年他在齐国听了韶乐，听得如痴如醉，感叹地说："不图为乐之至于斯也！"美感牢牢抑制了他的味觉，竟然三个月尝不出肉的味道来。从此，后人就把"三月不知肉味"作为欣赏水平极致的标准。孔子同时也是一个音乐家，他的琴艺达到很高的水平。《论语·八佾》载，孔子曾经与鲁太师探讨过琴艺，他说："乐其可知也：始作，翕如也；从之，纯如也，皦如也，绎如也，以成。"这是对琴艺美的生动描绘。即起始时，众音齐奏；展开后，协调着向前演进，音调纯和；继之，如风聚云会，达到高峰，主题突出，音调响亮；最后，收声落调，余音袅袅，情韵悠长，意味无穷。孔子高超的琴艺是经过刻苦学习得来的。

公元前496年，孔子离开鲁国到了卫国。在卫国，他得知当地有一位杰出的音乐家叫师襄，善于弹琴、击磬，就去登门拜师，向他学习弹奏古琴。师襄见孔子前来跟他学琴，十分高兴，就教了孔子一首曲子。

孔子学琴很认真，一边学一边思考。他把师襄教的曲子练了十多天，还在不停地练。师襄就对他说："你弹得很熟练了，差不多了，再学一支新曲子吧！"

孔子回答说："我才学会了谱子，但还没有掌握弹奏的要领呢！"

孔子继续练习。过了些日子，师襄见孔子已基本上掌握了弹奏的技法，就对孔子说：“你已经掌握了弹奏的要领，这回可以学习另一支曲子了。”

孔子认为还不行，便答道：“我还没有领会到这支曲子所表达的意蕴呢！”

又过了一段时间，师襄告诉孔子：“你已经弹出这支曲子的情感意志了，可以换学新曲子了。”

孔子又说：“我还没有体察出曲子作者是什么样的人呢？”于是又继续练下去。

就这样，孔子练了好长时间，只觉得自己心旷神怡，视野宽广。

孔子高兴地跑来对师襄说：“我已经了解曲子的作者了。他的皮肤黝黑，身材高大，目光明亮而高瞻远瞩，一心想着以德服人，感化四方。这样的人，除了周文王之外，还能有谁呢？”

师襄乐了：“一点也不错，这支曲子正是《文王操》啊！”

孔子学琴，学了曲谱进而掌握弹奏的技法，然后体会它的思想内涵、情感意志，最后还要了解作曲者的为人，这种一丝不苟、精益求精的学习态度，很值得今人学习。孔子在学琴中领会曲子的意蕴、体察作曲者的为人这一过程，就是今天人们所讲的审美理解现象。所谓审美理解，就是指人对审美对象的本质、特征、功能、相互联系和内容、形式上的审美特性及其规律的领会、把握和揭示。中国古代所谓的“悟”“神悟”“妙悟”，指的就是审美理解。审美理解的直接对象是作品，并透过作品把握它的意蕴，理解作者，了解作者对特定社会生活的理解。审美理解可表现为多种形态：表面理解和深层理解，局部理解和整体理解，直接理解和间接理解，渐悟的理解和顿悟的理解，偏悟、迷误和彻悟等。人在审美中产生审美直觉，经过联想、想象、分析、综合，便对事物进行审美判断，达到审美理解，这标志着审美心理活动已由感性阶段进入理性阶段。

审美理解与一般的理解不同。审美理解是一种情感的理解，运用的不是逻辑思维，而是形象思维。白居易的《琵琶行》，处处表露诗人情感的理解：“弦弦掩抑声声思，似诉平生不得志”，是从掩抑手法奏出的低沉、忧郁的声调中，“悟”出琵琶女命运的不如意；“冰泉冷涩弦凝绝，凝绝不通声渐歇。

别有幽愁暗恨生，此时无声胜有声”，是从幽咽冷涩的曲调和暂时停顿中，“悟”出她内心深处的仇恨；而诗人自己之所以流泪最多，更是因为他对琵琶曲的理解，是渗透着强烈情感的审美理解。

审美理解是深化、强化美感的必经途径，是唤起审美情感、激发起意志行为的理智力量，并且是实现由审美认识向创造实践飞跃的基础和中介环节。审美理解在审美过程中是十分重要的。南宋诗论家严羽认为只有学会“妙悟”，才会获得诗意感受，学会写诗。清初诗人袁枚在《续诗品·神悟》中说：“鸟啼花落，皆与神通；人不能悟，付之飘风。”意思是说，美的对象都与人的心灵和思维相通，都蕴含某种等待人去理解和品味的东西；人如果不能对其有所审美领悟的话，那就如同春风过耳，让它白白飘过去了。清代中期，编撰《海国图志》、主张“师夷之长技以制夷”的思想家兼诗人魏源，在一首诗里写道：“闲观物态皆生意，静悟天机入窅冥。”意思是说，以审美眼光观察自然事物的形象与情态，发现所有事物都含有意味和情性，我们在审美静观的时候，应该邈远幽深地体悟审美对象，才能有所收获，真正得到美的享受。

审美理解能够对美的深层蕴含和形式意味有所领悟，获得强烈的美感。如袁枚游桂林登独秀山，为这座山孤直挺立的形态所震撼，他感悟到：“青山尚且直如弦，人生孤立何伤焉？”（《独秀峰》）日本17世纪诗人芭蕉曾写过一首俳句（日本一种短诗）：“当我细细看／啊，一棵荠花／开在篱墙边！”诗人在一条乡村小道上散步，注意到有什么东西被篱墙挡住了，于是走过去细看一下，发现一枝野生的小花，很不引人注目。然而，诗人却从中领悟到小花的某种意义，于是写成了这首优美而含意悠远的俳句。日本禅师铃木大拙认为，从芭蕉的诗作中可以看出，“这位诗人在每一片花瓣上都见到生命或存在的最深神秘。”

审美理解还能够帮助人们克服审美中情感活动的盲目性和片面性。我们欣赏李煜的《虞美人》：“春花秋月何时了，往事知多少！小楼昨夜又东风，故国不堪回首月明中！雕栏玉砌应犹在，只是朱颜改。问君能有几多愁？恰似一江春水向东流！”当我们尚未理解这种“愁”思的实质时，会觉得作品中的情感是那样的激越而深沉，情感的表现是那样的形象而贴切，不由自主地产生强烈的美感。而当我们深刻分析后，知道作品表现的却是亡国之君的故国之思，这时美感反而冲淡了，只是仅仅对作品艺术表现力还保留着美感而已。这时美感的消退，正是审美理解发展的结果，是审美理性、理智的胜利。它帮助我们克服了审美中的片面性、表面性。我们大可不必怀疑审美理解的作用。从这里，也使我们看到了审美理解与美感的辩证关系。总体上看，审美理解的过程是美感深化的过程，审美理解与美感的发展方向是一致的、同步的。但是也要看到，有的时候，审美理解与美感过程有着反向发展的现象。这种反向发展也是审美深入的表现。

三观真迹识奇趣
——审美渐悟

审美理解从完成的时间和过程方面看，大致可以分为两种类型：渐进式理解和顿悟式理解。渐进式理解，亦称审美渐悟，是指领悟理解有一个较长的逐渐加深的过程。阎立本三观张僧繇真迹，就是逐步理解的过程。

阎立本是唐代著名画家，他成就最高的是人物肖像画。据画史记载，他的优秀作品有六七十件之多，其中大多为人物画。他的人物画，多取材于当时具有历史意义的重大事件，侧重描绘著名历史人物，用以鉴戒后人，具有强烈的现实性和政治意义。其中最著名的是《步辇图》和《历代帝王图》。

阎立本的绘画取法六朝绘画大师张僧繇。一次他路经江陵，听说当地寺院中有张僧繇的真迹，就不顾旅途疲劳，兴冲冲地赶去观赏。在唐朝，张僧繇“画龙点睛”和“破壁而飞”的故事早已家喻户晓，所以阎立本急不可待要去观赏他的真迹。

阎立本兴冲冲赶到了寺院，站在张僧繇名画前，仔细观赏了多时，竟没有发现张僧繇一丝神来之笔。这么普通的画，怎么是名画呢？阎立本大失所望，摇了摇头说：“张僧繇真是虚得名耳，哪有‘画龙不点睛，点则飞去也’之感？”

《步辇图》 阎立本

阎立本心有不甘，他怀疑自己看花了眼。张僧繇是历代公认的画师，难道古今赞赏他的人都有眼无珠吗？于是他决定再去观赏。第二天，阎立本在画前左看右看，前瞧后望，边看边琢磨，心里有所感悟，看出些门道：这画画得不一般，远望，所画物象有鲜明的立体感；笔法还有多种变化，点、曳、斫、拂等笔法运用自如。阎立本不由暗暗叫绝："这幅画真可以算得上近代的佳作啊！"

第三天，阎立本又去观赏研究张僧繇的真迹。他越看越觉得画得生动传神，仿佛画中的人物活跃了起来；越琢磨越觉得画得意蕴深远；越研究越觉得张僧繇的画技高超，风格独特。他的画线虽然时见缺落，但能笔不周而意周，锋芒凌厉，森森逼人，每一笔都有传神之功。阎立本这时终于领会到了张僧繇的神来之笔，佩服得五体投地，赞叹道："真是名下定无虚士！"

张僧繇的画把阎立本迷住了，于是阎立本决定不走了。他投宿于寺院之中，一会儿坐着看画，一会儿躺下看画，一会儿站起远望近观，连续观看十多天，乐此不倦。他终于从张僧繇的画中学到了绘画的诀窍，奠定了自己绘画艺术的坚实基础。

阎立本三观张僧繇真迹的过程，是一个审美渐悟的理解过程。审美渐悟是指对对象的审美特征逐步地由局部到整体，由感性到理性，由浅入深的领会、理解的过程，表现出审美认识、领悟的渐进性、层次性。阎立本对张僧繇画的欣赏，就是经历了由浅到深、由表及里的理解过程。许多美的事物，特别是艺术品，具有深刻的内涵、丰富的意蕴、高超的技法，人们要理解、把握这些东西，往往需要耐心，需要经历一个渐悟过程。所以，古今艺术家都主张艺术审美需要慢慢咀嚼，反复琢磨，方能由表及里、由浅入深。“文须字字作，亦要字字读。咀嚼有余味，百过良未足”（元好问《与张中杰郎中论文》）、“诗须是沉潜讽诵，玩味义理，咀嚼滋味，方有所益”（魏庆之《诗人玉屑》卷十三）。不少人把审美渐悟过程比作食橄榄，越咀嚼越觉有味道，越能领悟其中的“真味”。欧阳修在《水谷夜行寄圣俞子美》中评价梅尧臣的诗时说：“近诗尤古硬，咀嚼苦难嘬。初如食橄榄，真味久愈在。”方东树在《昭昧詹言》中评欧阳修诗作时说：“欧公情韵幽折，往返咏唱，令人低回欲绝，一唱三叹，而有遗音，如啖橄榄，时有余味。”

古代许多艺术家都有审美渐悟的体会。苏轼读陶渊明的诗，运用的就是这种渐进式的方式。他有这样的感受：“观陶彭泽诗，初若散缓不收，反复不已，乃识其奇趣。”（《书唐氏六家书后》）陈善也有同样的感受：“乍读渊明诗，颇似枯淡，久又有味。”（《扪虱新话》）

这种审美渐悟的本身，往往也充满着审美的乐趣。唐人朱庆余有一首很有名的诗：“洞房昨夜停红烛，待晓堂前拜舅姑。妆罢低声问夫婿，画眉深浅入时无？”《（近试上张水部》）从字面上看，这首诗描写的是新娘新婚翌日清晨拜见公婆之前的一个生活场面：妻子早早起来梳妆打扮，精心梳妆完毕后羞怯地低声问丈夫：“眉毛的深浅画得合乎时尚吗？”这首诗把新娘拜见公婆前的神态栩栩如生地刻画出来了。如果继续琢磨这首诗，就会发现诗题是“近试上张水部”，这是怎么回事？科举考试与张水部有什么联系，张水部又是何人？当你仔细查阅后，就会发现，张籍是当时著名诗人、文坛权威，官任水部员外郎。越州青年朱庆余带着上百篇自己写的诗文，从家乡千里迢迢到京城应试。按唐代的文化风尚，如果没有高官名人对应试者诗文的赏识和推荐，是很难考中的。考试日期即将临近，朱庆余心里没底，他非常想找张籍打听一下主考官是否欣赏自己的诗文，但又不好意思冒冒失失找他当面提出，经过反复考虑，他决定换一种方式做这件事，于是提笔写了这首诗。张籍读了他这首诗，仔细琢磨“画眉深浅入时无”一句，恍然大悟：这不是在问我对他诗文的评价么！原来他是来打听消息的，却写得那么委婉含蓄，那么巧妙。张籍非常赏识他的诗才，也写了一首诗回答他。朱庆余的诗文经过张籍的宣传和推荐，一鸣惊人，果然考中了。从这里，我们就可深入理解这首诗的意蕴，领悟诗的委婉含蓄之美，认识从侧面揭示主题的艺术风格，了解唐代的文化风尚。

蓦然回首
——审美顿悟

审美顿悟与审美渐悟恰恰相反，它对美的对象的理解，采用的是突如其来的飞跃方式。罗大经《鹤林玉露》卷六中有一首小诗，据说是宋代一位无名女尼写的《悟道诗》：“尽日寻春不见春，芒鞋踏遍陇头云。归来笑拈梅花嗅，春在枝头已十分。”诗中是说，有一位寻春者，穿着草鞋翻山越岭去寻找春天。他踏遍千山万水，却怎么也找不到春天的影子。当他无可奈何回到自己家里的时候，却发现园中的梅花开放了。他信手拈起一朵清香四溢的梅花嗅了一嗅，顿然间醒悟到：“这不就是春天吗？”原来，春意早已显露在梅花的枝头上了！

“寻春”这首诗用来解释审美顿悟是非常合适的。“顿悟”本是佛教禅宗用语，指的是某一机缘使人刹那间觉悟到佛理，也叫“开悟”。中国古代文论受佛教思想影响，把“顿悟”引用到审美领域，丰富了“顿悟”这一概念。审美顿悟，是对对象审美特性经过长期紧张思考或受他物启发而对问题症结顿时领悟、豁然开朗的心理现象，表现出审美认识、理解、领悟的突发性、飞跃性，具有猛然省察、省悟的特征。

审美顿悟是有条件的。首先需要“芒鞋踏遍陇头云”，即对特定对象进行深入探究、苦苦思索、遍地寻找，要经过长时间的思维“准备期”和“酝酿期”，然后才能达到“豁朗期”。在这个时期，它需要独自思考、追寻；需要踏遍千山万水，穿破芒鞋、踏破铁鞋。

其次需要“笑拈梅花嗅”，即需要有相关事物的启迪，才能茅塞顿开，产生顿悟，才会有“众里寻他千百度，蓦然回首，那人却在，灯火阑珊处”的感觉。启迪顿悟的事物，可以是一枝梅、一朵花、一个字、一句话，也可以是一个动作、一个梦。

在冯梦龙的《苏小妹三难新郎》中，新婚之夜，苏小妹出的“闭门推出窗前月”，难倒了新郎秦少游。极力成全他俩美事的苏东坡见状，顺手向池塘抛了一块石子，秦少游马上茅塞顿开，对出“投石冲开水底天”的佳句。这是一个动作引起的顿悟。

抗日战争时期，郭沫若在重庆创作了一部有影响的历史剧《屈原》。这部剧展现了以屈原为代表的楚国爱国力量与以楚怀王为代表的卖国统治集团之间的激烈斗争，生动塑造了屈原的爱国主义精神和崇高的民族气节。

1942年初夏的一个夜晚，历史剧《屈原》在山城重庆上演了。为了检验演出效果，郭沫若也在观众席上观看。剧演完之后，群众报以长时间的热烈掌声。郭沫若也感到很满意，就是有一句台词听起来不够味。哪一句呢，就是婵娟痛斥宋玉背叛老师屈原、投靠南后的那句话：“宋玉，我特别地恨你，你辜负了先生的教诲，你是没有骨气的文人！”这一句话在哪点上不够味呢？郭沫若想了一夜也没有找到答案。

第二天晚上演出前，郭沫若早早来到戏院，找到了饰演婵娟的张瑞芳，商量如何修改好这一句台词。张瑞芳说：“我也感觉到这句话有点别扭，没有把婵娟痛恨宋玉的强烈感情充分表达出来。”郭沫若说：“我已想了一昼夜了，你看这样改行不行：在‘没有骨气’后面再加上‘无耻的’三个字？”张瑞芳没有马上回答，她学着舞台上的动作，把加进去的词连着念了一遍：“你是没有骨气的无耻的文人！”尽管她把“无耻的”三个字念得很响，加重了情感色彩，还是觉得不妥当，摇摇头说：“好是好了点，但还是不大够味儿。”

这下，郭沫若感到为难了。他陷入了深思。这时，正在化妆的另一个演员张逸生突然插了一句：“把‘你是’改成‘你这’，不就够味了吗？”

郭沫若一听，心里一亮，马上念了起来：“你这没有骨气的文人！”他恍然大悟，顿时感到这句话活了。“好！改得好，改得好！”郭沫若高兴地拍了一下张逸生的肩膀，“你这一改，确实够味了。”张瑞芳也放声念了一遍，说：“很好，今晚我就照改的台词演出。”

1942年5月30日，郭沫若特地写了一篇文章，叫《一字之师》，记述了这件事。

郭沫若在看戏中发现一句台词有问题，苦苦思索了一昼夜，也没有想出解决的办法，而张逸生在旁边提出将“是”改为“这”，就一下子使郭沫若恍然大悟，找到了解决问题的关键。郭沫若的审美顿悟就这样产生了。

当然，我们今天理解这首“寻春”诗，一方面要理解它的字面含义，顿悟“春”就在眼前，不用“芒鞋踏遍陇头云”，也不用“尽日”寻找；另一方面还要领悟它所包含的深刻哲理，这就是“道不远人”的道理，即人生的意义和价值不能离开自己而到远处寻求，关键在于自我的发现和自我的提高。此外，我们还可以这样理解这首小诗顿悟的内涵：“美”也不需要“尽日”寻觅，她就在我们自己的身边，就在我们的心中。人只要摆脱日常生活杂念的束缚，不再沾滞于物而能超然物外，就能随时发现美、感受美，进入与宇宙自然浑然和谐统一的自由境界。当然，如果我们这样一步步领悟这首诗的顿悟的内容，这本身已经不是审美顿悟了，而是审美渐悟了。

审美顿悟是审美认识由感性向理性发展的重要环节，它不仅使审美认识、审美理解发生量变，而且发生了质变，即由局部的悟迅即上升为整体的悟，由朦胧的悟升华为清晰的悟，由表象的悟跃升为本质的悟。审美活动中，经常会有顿悟发生。孟浩然看到莲花的高洁，顿然悟到人也应该有出污泥而不染的心：“看取莲花净，应知不染心。”（《题大禹寺义公禅房》）杜甫的很多名句来自审美顿悟。例如：“在山泉水清，出山泉水浊。”（《佳人》）从山泉在山和出山的清浊差异，顿悟到人往往也随环境的变化而发生变化。朱熹有一首诗：“昨夜扁舟雨一蓑，满江风浪夜如何？今朝试卷孤篷看，依旧青山绿树多！”从自然现象中顿然悟到人生的哲理：风浪总是暂时的，风浪过后总有放晴的时候。

《我的太阳》的争论
——审美理解的多义性

意大利歌曲《我的太阳》是人们最喜爱的曲子，它享誉全球。这首歌以美声风格演唱，格外动人，特别是著名男高音演唱家帕瓦洛蒂的精彩演唱，更使无数观众倾倒。有一次演唱会，帕瓦洛蒂充满激情地演唱了这首脍炙人口的歌曲。在歌的结尾处，他对“啊，我的太阳”一句中出现的和声大调降六级，做了细腻而恰到好处的声音处理，使得最后一个高音C以金属般的、极具穿透力的声音，把太阳的形象生动地烘托了出来，让许多人为光芒四射的太阳而倾倒、感奋。歌曲的美味在这里得到充分的展现。他刚唱完，台下掌声雷动，许多人激动得掉下了眼泪。

餐馆厅中电视机前，一群人在收看演唱会转播。帕瓦洛蒂的歌声刚结束，两个青年就叫了起来：“这首情歌太美了，帕瓦洛蒂唱得太动人了！”

“这首歌怎么是情歌呢？报幕员也没提呀！”一个中年人提出反对意见。

两个青年人不服气：“怎么不是情歌？歌词中的‘我的太阳’指的就是所爱的人。这里虽然没有‘情啊爱啊’‘吻你’‘想你’等词，但把所爱的人比作太阳，这多富有诗意！”

“你怎么知道‘我的太阳’是指所爱的人，根据何在？”中年人不服气。

“这——”一个青年语塞。另一个青年毫不示弱，说：“根据？当然有！莎士比亚名著《罗密欧与朱丽叶》中有这样两句诗：‘是什么光从那窗户透过来？那是东方，朱丽叶就是太阳’，这就说明‘我的太阳’指的就是情人！”

“说得有道理。”餐馆里不少人点了点头。

“我来说两句。”一位老人咳嗽了两下，说道，“我认为‘我的太阳’指的是祖国和人民。”

两个青年人笑了：“情歌怎么变成爱国歌曲了？”

“年轻人，听我讲一段历史。那是在第二次世界大战前夕，在一次国际性的运动会上，当意大利的运动员入场时，人们为了表示对墨索里尼法西斯政府的蔑视，不奏不唱意大利的国歌，而是全场齐唱《我的太阳》。你们说，此刻的‘太阳’不是指祖国、人民，难道是指情人吗？”

“我们还真没有听说过这段历史。老先生见多识广，言之有理！”两个青年被说服了。

“我认为，‘我的太阳’还可以是母亲。”刚才说话的那位中年人，似乎受了启发。

“太阳怎么会是母亲？”青年人总喜欢打破沙锅问到底，方才两个青年人问。

“中国唐代诗人孟郊写过一首诗，叫《游子吟》，诗是这样写的：‘游子身上衣，慈母手中线。临行密密缝，意恐迟迟归。谁言寸草心，报得三春晖！’母爱是最伟大的，如同太阳那样恩泽万物。‘我的太阳’不可以指母亲吗？”

这首诗，大家都是很熟悉的，听他一解释，都同意中年人的看法。

“我的脑子有点开窍了，所爱的人、祖国和母亲，都可以比作晴朗的天空中发出灿烂光芒的太阳。”还是青年人反应快，一个青年人说。

“不仅如此，它的象外之意还丰富着呢？还可理解为理想……”另一个青年人补充说。

人们沉浸在凝思之中。

同样是雨后灿烂的太阳，有人把它比作所爱的人，有人理解为祖国和人民，有人认为是母亲，等等，不一而足。真是仁者见仁，智者见智。这就是审美理解的多义性。审美理解的多义性是由美的事物、艺术形象本身所包含的、所渗透的意蕴决定的，因为它所包含所渗透的意蕴是无限的、多方面的、朦胧的。让我们欣赏下面这个图形：上面画的到底是什么呢？有人可能认为是鸭子，也有人认为是兔子。为什么会有两种不同的看法，原因就在于这张图本身就包含着模棱两可的两种意味。它既可以被看作是一只兔子的头，也可以被看作一只鸭子的头。我们把这张图称之为“鸭——兔图形”。展现在我们面前的审美对象，就如同这张图一样，它本身就蕴涵着多方面的、朦胧的意蕴。当我们去感受它的时候，就造成了审美理解的多义性。

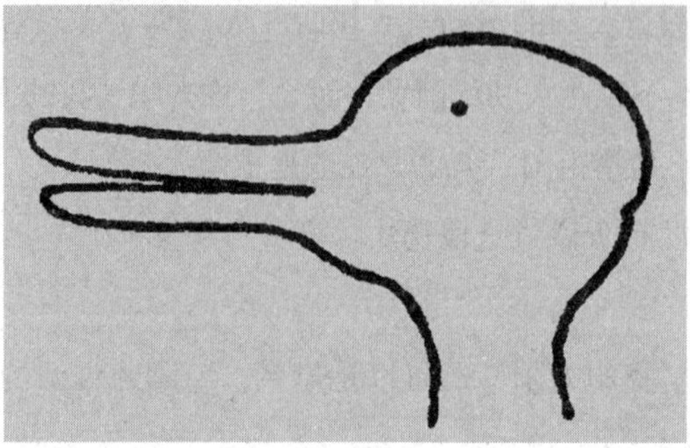
鸭兔图

李煜的“流水落花春去也，天上人间”两句，大家再熟知不过了，可是就这后一句也具有朦胧多解之义。有的文学研究者认为它可以有多种解释，一是说春归何处，春天去了天上还是人间，应标点为：天上？人间？二是表感叹之意，春天去到了天上和人间，应标点为：天上！人间！三是对比之意，从前是天上，现在是人间。四是说“天上”与“人间”相隔遥远，不知其处，等等。

审美理解的多义性，又是由审美理解的特征所决定的。因为审美理解是非概念、非抽象性的理解，它始终渗透着感知、联想、想象、情感诸因素。这种形象思维的理解，必然导致审美理解结论的多样化、多义性。通过有限的形象，领悟它更深更广的意义，领会“象外之旨”“弦外之音”“言外之意”，这正是审美的乐趣和目的所在。孟浩然的山水诗《春晓》：“春眠不觉晓，处处闻啼鸟。夜来风雨声，花落知多少？”一般人认为这首非常通俗的诗淡中有味，藏而不露，把春天的景色生动表现出来。但禅僧们发挥想象，认为此诗是表达禅意的，显示了一种“身心寂灭”的空灵境界，即春晓是不知不觉地到来的，鸟声是不知不觉地传入的，风雨、落花也是自然而然地联想到的。参禅的最佳境界不是向外的着意努力，而是在于顺其自然，回归自己的本心。

李商隐的《锦瑟》：“锦瑟无端五十弦，一弦一柱思华年。庄生晓梦迷蝴蝶，望帝春心托杜鹃。沧海月明珠有泪，蓝田日暖玉生烟。此情可待成追忆，只是当时已惘然。”构思奇特，对比鲜明，想象丰富，形象瑰丽，把怅惘而忧伤的情感表现得淋漓尽致。但是诗的真实含意究竟是什么，长期以来人们众说纷纭，莫衷一是。有的说此诗是向名叫锦瑟的女子寄情示爱的情诗，有的说是怀念亡妻的悼诗，有的说是写乐器锦瑟的咏物诗，有的说是表现自己不得志的自伤之辞，还有的说是表现生死离别之情的伤感诗，等等。

诗意如此，画意、小说的涵义就更丰富了。古典小说《红楼梦》是家喻户晓的，但它的主旨，自问世以来就众说纷纭。对这种情况，鲁迅曾作过论述。他说："单是命意，就因读者的眼光而有种种：经学家看见《易》，道学家看见淫，才子看见缠绵，革命家看见排满，流言家看见宫闱秘事……"

时代的不同也能造成审美理解的多义性。比如达·芬奇的代表作肖像画《蒙娜丽莎》，成功地描绘了一个广义的美女，其中最令人倾倒的是画中主人公蒙娜丽莎的神秘微笑。在西方艺术史上不同的时期，人们对蒙娜丽莎的微笑却有不同的理解。19 世纪初期，兴起于法国画坛的浪漫主义摆脱了当时学院派和古典主义的羁绊，偏重于发挥艺术家自己的想象和创造，画面色彩热烈、笔触奔放，富有运动感。在他们眼中，蒙娜丽莎的微笑只是简单的再现手法而已。19 世纪下半叶，同样在法国兴起的印象派，喜欢用赤橙黄绿青蓝紫七种色相去反映自然界的瞬间印象。蒙娜丽莎的微笑于是就有了七彩绚丽。20

《蒙娜丽莎》　达·芬奇

世纪中后期开始，西方后现代主义艺术家为了表达他们对经典的不在意，以近乎荒诞的手法，对蒙娜丽莎作了夸张的调侃。到了21世纪，甚至连医学家也都来关心蒙娜丽莎的微笑。2001年11月，意大利医生苏拉诺声称，经过多年的研究，他终于揭开了蒙娜丽莎迷人笑容背后的奥秘。他认为，蒙娜丽莎有这样神秘的微笑，并不是画家功力的深厚，更不是蒙娜丽莎本人能凭神秘的微笑来颠倒众生。蒙娜丽莎能有这样迷人的微笑，是因为她有磨牙的习惯，在睡觉时或紧张时会不自觉地磨牙，从而使笑容带有无限的神秘感。他的说法是否科学，我们姑且不论，但有一点是可以肯定的，一百个人看《蒙娜丽莎》会有一百种不同的感受；不同时代、不同民族的人对同一个审美对象的理解是不同的。审美理解的这种多义性，丰富了我们的审美世界。

肖邦的《波兰舞曲》
——审美理解的层次性

审美理解不仅是多义的，而且是分层次的。比如，人们对肖邦《波兰舞曲》的理解就可以分为好几个层次。

波兰著名作曲家、钢琴家肖邦（1810～1849）出生于华沙近郊，父亲是一个教师。他在母亲的影响下，从小就显示出特殊的音乐才能和对民间音乐

肖邦像

的浓厚兴趣。他 7 岁开始作曲，后来进入华沙音乐学院学习，不满 20 岁已是华沙公认的钢琴家和作曲家了。肖邦一生专写钢琴音乐，被誉为“钢琴诗人”，是近代音乐的开拓者之一。18 世纪末至 19 世纪中叶的波兰，是一个多灾多难的国家，肖邦的后半生，正值波兰亡国，他流亡国外。肖邦在国外写了很多爱国主义的作品，其中最能反映肖邦爱国情怀的是《波兰舞曲》。

《波兰舞曲》原是波兰民间舞曲，节奏是 3 拍子，具有进行曲的特点，它是波兰民族精神的象征。肖邦在传统波兰舞曲的基础上加以发展，使之成为能表现史诗般的内容与辉煌的钢琴弹奏技巧的大型的钢琴独奏曲。

有一次聚会，很多艺术家和社会名流都出席了。肖邦、李斯特、希勒这三位音乐家热烈地交谈着，大家要求他们三人表演节目。“我先来。”希勒自知自己的水平和名声不及肖邦和李斯特。他坐在钢琴前，弹奏起肖邦创作的《波兰舞曲》，他知道来宾都喜爱这首曲子。希勒弹得很熟练，把乐谱上的音符准确地弹了出来，具有很强的节奏感，不时显示出波兰民族风格。当他弹奏完毕，大家为他的熟练弹奏技巧而鼓掌。

第二个表演的是李斯特。他大概觉得希勒没有弹出《波兰舞曲》深刻的意蕴，于是就决定也弹奏这首舞曲。李斯特对肖邦及肖邦创作的《波兰舞曲》太了解了。1831 年，当肖邦从波兰流亡到巴黎，匈牙利钢琴家李斯特已是名声沸扬的人物，而肖邦在巴黎还是默默无闻的小人物。那时演奏钢琴时，都要把剧场的灯熄灭，以便观众聚精会神地听演奏。有一次李斯特坐在钢琴前，当灯一熄灭，他悄悄地让肖邦过来替自己演奏，观众立刻被琴声征服了。演奏结束，灯一亮，观众看到坐在钢琴前的是肖邦，大为惊愕，从此肖邦在巴黎就出了名。肖邦创作了《波兰舞曲》之后，李斯特给予高度评价，他说：“肖邦《波兰舞曲》的强有力的节奏，可以使最懒散的和麻木不仁的人都惊动和振奋起来。”

李斯特开始演奏了。他那娴熟高超的弹奏技巧，缓慢而强有力的节奏，倾吐出肖邦对祖国苦难的关怀和对敌人的仇恨，表达出作曲者对沦亡祖国所怀的沉痛情感和对祖国被奴役的强烈抗议。李斯特演奏一结束，肖邦马上上前与他热烈拥抱。肖邦含着泪花对李斯特说：“你弹得太妙了！谢谢你，你把我创作这首舞曲时的思想感情完全表达出来了。”

突然有人建议：“请肖邦先生也弹奏这首舞曲！让我们欣赏一下作曲者本人的表演！”肖邦连忙推辞说：“李斯特先生弹得这么好，我还能弹出什么新意来！”大家非要肖邦表演不可。李斯特也来劝肖邦：“你自己写的舞曲，你的理解是最深刻的。”

肖邦为了不扫大家的兴，更为了尊重李斯特，只好答应。他镇定了一下情绪，坐在钢琴前，弹奏了起来。他弹得那么激动、那么悲伤，表现出波兰民族的沉重苦难；他弹得那么激烈，那么悲壮、凝重，描述了波兰人民不屈不挠的气概；最后，他弹得又那么潇洒、那么晴朗，仿佛他的祖国获得了胜利，田野里的鲜花重新开放，人们在假日里跳着波兰舞蹈……

人们随着琴声，情感又悲又苦、又壮又喜，由痛苦、悲愤转向豪迈、雄伟、顽强，再转向喜悦。大家被肖邦的琴声完全征服了。当肖邦演奏结束，大厅里爆发出热烈的掌声。“到底是他自己写的舞曲，演奏起来其味无穷啊！”人们啧啧称赞。

三个音乐家在同一场合、用同一架钢琴先后弹奏了肖邦创作的《波兰舞曲》，他们三人对《波兰舞曲》的理解显然有高低之分、深浅之别。这说明审美理解是分层次的。审美理解的层次通常分为知性认识的理解、审美意会式的理解和理性认识的理解，或者分为表层理解和深层理解。希勒只是把乐谱上的音符弹了出来，这是对《波兰舞曲》的表层理解、知性认识的理解。李斯特对舞曲的内在意蕴进行了领略、体味，弹奏出波兰人民遭受的苦难，这是审美意会式的理解和深层理解。肖邦的演奏，不仅反映了波兰人民的苦难，还表现了波兰人民经历苦难后的胜利，抓住了舞曲更深层次的内涵意蕴，这是理性认识的理解，也是更深层次的理解。

我国古代对审美理解的层次有多种划分的方法：唐朝王昌龄提出“诗有三境”说，认为审美理解从浅到深依次为物境、情境和意境。禅宗认为参禅或审美要达到空灵境界，需要依次经过三个阶段：从“看山是山，看水是水”到“看山不是山，看水不是水”，再复归于“看山仍是山，看水仍是水”。比如李白的《望天门山》：“天门中断楚江开，碧水东流至此回。两岸青山相对出，孤帆一片日边来。”审美主体与客体是分离的，这是“看山是山，看水是水”。王维的《归嵩山作》：“清川带长薄，车马去闲闲。流水如有意，暮禽相与还。荒城临古渡，落日满秋山。迢递嵩高下，归来且闭关。”这首诗的中心是讲诗人的归隐，写景中或是拟人，或是衬托，都与诗人的情感相合，这就是“看山不是山，看水不是水”。而王维《鸟鸣涧》：“人闲桂花落，夜静春山空。月出惊山鸟，时鸣春涧中。”这首诗达到了主体与客体，心与物，人与自然的融合，观景的主体已被隐去，以动显静，衬托出诗人宁静的意境，这是“看山仍是山，看水仍是水”，是更高阶段上的复归。

人们欣赏一切事物，都是各自在自己生活基础及心理背景上，各赏其所赏，各美其所美。所以，欣赏水平参差不齐，领会有深浅，审美的广度、深度大不相同。杭州西湖的美，人人都能领略到，但各人理解的深浅是完全不同的。正如苏东坡所说的那样：“西湖天下景，游者无愚贤。深浅随所得，谁能识其全。”（《怀西湖寄晁美叔同年》）深者才能见其深，浅者只能见其浅。同赏一种花木，有的人一旦认清它是何种花木，就自以为已经看懂，此外再也没有什么好看的了；有的人则从其形态、色彩，体会出较多兴味；有的人能进一步从其独特的形象中，领略出它具有的某种性格、品德和情趣、意境来。明太祖朱元璋有一首小诗：“雪压竹枝底，低下欲沾泥。一朝红日起，依旧与天齐！”从竹子的低而复起，感悟人生信念：不管经受多大苦难压力，只要坚持到底，总会有成功的时候。

在审美过程中，我们不能满足于浅层次的理解，应该追求深层次的理解，这样才算是真正的审美理解。比如，观赏书法作品，要仔细观其字形间架结构，进而观其点划运笔，领略其笔姿、笔势、笔力、笔气，再分析其分行、布白、章法、风格，从而领略其精神、意趣，才能步步深入而真有所得。听音乐、听戏曲，不仅听懂其语言字句，领略其旋律、节奏和吐字、行腔等等艺术表现力，还要理解其所表达的思想感情之意境、韵味，真正受其感染。

审美理解层次的深浅，取决于人的审美修养和审美能力，随着人的生活环境变化、阅历增加，特别是主观的努力，人的审美修养和能力会不断提高。他的审美理解力也会增长。原来理解不了的东西理解了，认识不深的东西加深了认识。这类例子很多。北宋诗人黄庭坚有两句颇为得意的诗句：“马龁枯萁喧午梦，误惊风雨浪翻江。”南宋文学家叶梦得在他的《石林诗话》中记载了自己对这两句诗的领悟：开始他不理解这句诗，尤其是“风雨翻江”，不知所言何物。有一次，他在一家旅舍寄宿，忽然听到屋后有澎湃鞺鞑之声，好像风浪拍打着船舷一样。他起来一看，原来这是马舍中的马在槽里吃东西，草料在水中搅拌而发出的声音。他恍然大悟，终于懂得了黄庭坚的诗句。鲁迅青年时期曾读过晋代文学家向秀的《思旧赋》。这是一篇悼念向秀好友、被司马氏政权杀害的文学家嵇康而作的赋，全文只有一百五十六个字。当时鲁迅很怪向秀为什么只写了寥寥的几行，刚开头却又煞了尾。到了“左联”时期，鲁迅每天都处在白色恐怖之中，对国民党的文化围剿有了切身的感受，深有“吟罢低眉无写处”之感，他由此联想到晋代司马氏的黑暗统治，对《思旧赋》也就完全理解了。“少年莫漫轻吟味，五十方能读杜诗。”一个天真烂漫的青年和一个饱经世事的老人，对杜甫诗的理解会有不同的体味。

人们往往认为作者对自己作品的理解最深刻，但是千万别绝对化；因为有时欣赏者审美理解的深度或层次，甚至可以超越作者。有一次，著名小提琴家伊萨依演奏弗兰克创作的奏鸣曲，演奏出乎意料的精彩，令在场的作曲家弗兰克大为惊讶。他简直不敢相信自己耳朵：伊萨依不仅使自己作品的精华鲜明地体现了出来，而且还表现出自己作品中以前不知道的、不敢相信的丰富内涵。弗兰克连连称赞伊萨依拉得对，演奏得好。伊萨依为什么既能体现作者弗兰克的思想，又能补充、拓展了新的诗意？这是因为伊萨依对弗兰克创作的理解深度超出了作曲者意图，所以在演奏中自然而然地流露出来了。

还有一个例子：1859年，俄国著名作家屠格涅夫的长篇小说《前夜》出版了。小说描述俄国贵族少女叶琳娜认识了保加利亚人革命者英沙罗夫，并且相爱了，英沙罗夫为了完成自己的使命，决定离开叶琳娜回国去。叶琳娜忍痛抛弃了家庭和亲人，嫁给英沙罗夫并陪伴他一起去保加利亚，准备参加保加利亚人民反对土耳其占领的革命斗争。不幸的是，英沙罗夫在船到来之前病倒了，随即死亡。叶琳娜仍然坚守她丈夫的信仰，一个人出发到保加利亚去了。小说发表后，俄国文艺评论家杜勃罗留波夫怀着狂喜的心情，写出评论《前夜》的著名文章《真正的白天何时到来》。文章指出，俄国迫切需要打倒“内部的土耳其人”，宣布俄罗斯的英沙罗夫将很快出现，俄国革命即将来临。“不管怎样，前夜是跟随之而来的白天相距不远的，隔开它们的，只不过是一夜！”屠格涅夫在这篇文章发表之前就读到了它，他不理解也无法理解杜勃罗留波夫的解释。他想，难道自己在小说中竟说俄国处在革命的前夜，难道自己竟在号召革命？他既激动又愤怒，坚决要求《现代人》杂志主编涅克拉索夫不要刊登这篇文章。涅克拉索夫想方设法使他同杜勃罗留波夫和解，但屠格涅夫不答应：“任你选择吧，或者是我？或者是杜勃罗留波夫！”涅克拉索夫认为杜勃罗留波夫所阐明的真理，要比自己与屠格涅夫的友谊更珍贵，于是把文章刊登在1860年的《现代人》第3期上。从这里我们看到，睿智的读者有时比作者本人更能理解他的作品。

歌德出书后的烦恼
——审美理解的正讹

德国大诗人歌德的代表作是《浮士德》，而成名作却是书信体小说《少年维特的烦恼》。这部小说使歌德家喻户晓，同时也给他带来了无尽的烦恼。我们还是从头说起：1772年初夏，歌德遵从父命，到威茨拉尔的法院工作，那时他才23岁。在一次舞会上，他认识了一位美丽姑娘夏绿蒂，两人因相慕而相爱。但是夏绿蒂已经与一个叫克斯特纳尔的外交官订了婚，这位外交官还是歌德的朋友。歌德只好带着苦恼的心情离开了威茨拉尔。这时，歌德的另一个朋友，因爱一个有夫之妇，最后失恋而自杀。歌德就把这两件事联系起来，作为素材，创作了书信体形式的中篇小说《少年维特的烦恼》，来揭示先进的青年与落后、平庸、停滞的德国现实之间的矛盾。

小说的主要情节是这样的：维特是个富有市民的儿子。一年春天，他在舞会上认识了美丽聪明的姑娘绿蒂。绿蒂的音容笑貌、谈吐举止令维特神魂颠倒，绿蒂对维特也一见钟情，两人相亲相爱。此时，绿蒂的未婚夫阿尔伯特归来了，维特处境十分尴尬。他烦恼悲伤。经过激烈的思想冲突，他理智地决定离开绿蒂和阿尔伯特。他按母亲旨意，担任了公使秘书。C伯爵和B小姐的出现，给维特带来了一丝安慰。一天，他应邀在C伯爵家吃饭，饭后来了一帮贵族，他们非常看不起维特，C伯爵只好催他快走。消息传出，那些平日仇视维特的人幸灾乐祸。这耻辱使维特悲愤欲绝。维特想去参军，就来到一个担任军职的侯爵的田庄。侯爵是个浅薄的人，维特跟他无法交往，住了几天就走了。维特在生活中处处碰壁，一年后又回到绿蒂身边。此时绿蒂已结婚。绿蒂虽然爱维特，内心深处感到维特才是她理想的配偶，但她要忠于平庸的丈夫，不得不疏远维特。绿蒂的态度，使维特失去了最后的眷恋，他给绿蒂写了一封信，然后开枪自杀。死时，他桌上放着一本莱辛的《爱米丽娅·迦洛蒂》，身上穿着同绿蒂第一次跳舞时穿的衣服——燕尾服、黄色背心和长靴。

歌德笔下的维特代表了当时德国社会觉醒了的青年一代，他们迫切要求从封建桎梏下解放出来，但找不到正确的道路。全书表现了个性自由与封建等级社会的冲突。

小说出版以后，立即风靡欧洲各国，维特成了许多青年崇拜的偶像。在德国掀起了一阵“维特热”。许多青年与维特发生共鸣。他们随身携带这本书，一遍又一遍地阅读。其中大多数人从小说中理解其追求自由、反对封建的意蕴，反思德国现实社会不合理的东西。但是也有一些人，没有理解作者写书的目的，而把维特作为盲目的崇拜对象，模仿他的兴趣爱好、谈吐举止、发型，甚至连维特穿的服装，也成为当时的流行服；一遇到不幸的遭遇，就对前途失去信心，也学习维特，以自杀结束人生。

一个又一个自杀的消息，不时传到歌德的耳中。这些自杀者还都穿着维特死时那种服装式样。歌德大为惊愕，他连连摇头：“这些年轻人怎么这样理解我的小说？”歌德感到自己有责任纠正这种风气。他考虑再三，在小说再版时，他特意写了一首卷首诗，希望青年朋友要“做个堂堂的男子，不要步我的后尘！”

在歌德的不断忠告下，学维特殉情而死的人终于减少了。

审美理解有深浅之分，同时也有正讹之分。这里的"正"，是指正确理解对象的美学价值、理解作品的意蕴，获得积极向上的力量。这里的"讹"，是指片面地、错误地理解作品的内涵，把人引导到消极的方面。《少年维特的烦恼》出版后，大多数青年能正确理解它，看到小说的反封建意义、批判现实的功绩。但也有少数人的理解进入误区，他们不从小说中获取反封建力量，而学习维特殉情自杀。这就是审美理解中的"讹"。审美理解中的误区、错误来自两方面的原因。一是主观上的原因，即对对象或作品理解的浅表化、肤浅化所致，没有领悟作品的本质。二是客观上的原因，即对象或作品中确实存在一些伤感、消极的成分。这些因素的存在，往往是作家、艺术家主观上无目的地表现出来的内容和形式。这些因素客观上会产生影响，生发出一种作者所想象不到的社会效果，致使某些修养水平不高的人产生审美理解的误区。所以，在审美理解中，一定要防止进入审美误区，克服理解中的"讹"。

审美理解中的正讹是一个较为普遍的现象。就拿读《红楼梦》来说，许多人从中了解了封建社会的情况，了解了封建社会衰亡的原因，了解了封建社会的爱情悲剧等，但也有些人却模仿书中的人物，变成了哀怨身世情感的爆发。有的人读了《红楼梦》，就处处效仿林黛玉和贾宝玉，遇到爱情挫折，就想去殉情或者出家。清人陈其元在他的《庸闲斋笔记》中记有这样一件事：有一个商人的爱女，酷爱《红楼梦》，悲伤得以致得了重病。她的父母以为是这本《红楼梦》害了他们的女儿，就把这本书投于火中。女儿正躺在床上，见到书在火中燃烧，大哭大叫："为什么杀我宝玉！"叫毕，就咽了气。这位女子进入了审美误区，她把对《红楼梦》的欣赏，变成了自伤身世的情感爆发，根本体味不到艺术品的美和它带来的愉悦，还白白葬送了自家性命，实在令人可惜。近来，有少数青少年读武侠小说，不去领会真正的"侠义"精神，而是相信现实中有超自然的神功，以致走火入魔。这也是审美理解中的"讹"，需要我们引起重视。

审美理解中的误区有多种表现形式，猜谜和"对号入座"也是其中之一。比如一些学者完全用索隐和考证的方法来理解《红楼梦》，穿凿附会，得出种种奇谈怪论。有的认为《红楼梦》是"吊明亡，揭清之失"，有的认为《红楼梦》写的是康熙的几个儿子争夺皇位的事，还有的认为小说里的男女老少是朝廷里的一群官僚，这也是审美理解中的“讹”。时至今日，有的人欣赏现代文学作品时，动不动就“对号入座”，甚至对簿公堂，这也是进人审美理解的误区。这些，都需要我们时时加以注意。

从东施效颦说起
——审美判断

西施是春秋末年越国有名的美女，生来亭亭玉立，婀娜多姿。她无论走到哪里，哪里的人都会目不转睛地凝视她。走路的人停下脚步，干活的人放下手中的活。人们一面仔细端详她，一面啧啧称赞她美极了。有一天，西施得了心痛病，用手按住胸口，愁眉蹙额，从村里走过。村里人见她那副表情，觉得比平时另有一种妩媚的风姿，连连夸她美。

同村有个丑女，名叫东施。听到人家赞扬西施美丽，以为这是由于西施愁眉蹙额的缘故，心想：“既然西施按住胸口，愁眉蹙额，增添了美丽；我东施按住胸口，愁眉蹙额，不也会增添美丽吗？”于是她也学着西施的模样，故意用双手按住胸口，紧皱愁眉，慢吞吞地从村里走过。

村里的人见了她这副丑相，一个个躲得远远的。富人急忙关上大门，看也不愿看她；穷苦人见了她那副怪模样，赶紧带着妻子儿女避开了。大胆的老妇人就挖苦她说：“哈哈！你一皱眉，眉头上的皱纹更深了，捂住胸口又弯着腰，倒像个老太婆啦！”

人们根据西施的身姿、长相、动作等感性形象，得出“西施美极了”的评判，这是审美判断；人们根据西施美妙的身材和按胸愁眉的表情，作出西施“另有一种妩媚的风姿”的断定，这也是审美判断。所谓审美判断，是对事物审美特性进行分析和综合后，所作出的审美评判、断定。东施听到人家赞扬西施美丽，以为西施的美丽是按胸愁眉的缘故，作出“（西施）按胸愁眉美丽”，即“西施美在按胸愁眉”的断定，这同样也是一种审美判断。不过，这个审美判断是有问题的。东施只知道西施按胸愁眉的样子很美丽，却不知道西施按胸愁眉显得更美的道理，西施原本就是个美人，所以，不管她生病或不生病，始终都是美人。不按胸愁眉固然美，按胸愁眉还是美；而绝不是“按胸愁眉使人（西施）美丽”。东施错误的审美判断导致了她愚蠢的行为，弄巧成拙，因矫揉造作而加倍地显其丑陋，为我们留下了一个“东施效颦”的笑话。

审美判断与一般逻辑判断是有区别的。虽然两者有着相同的判断形式。审美判断是一种情感判断，它的内容是指人对审美对象的某种主观态度和情感，是一种非逻辑的不借助于概念的情感判断，是人从情感上感觉到事物形式符合自己目的的一种认同。“西施美极了”“（西施）按胸愁眉美丽”都是情感判断，是人们（包括东施）对西施形象的一种情感认同。而且在作这些审美判断时，始终没有离开“西施”这一审美对象的身材、相貌、姿态、色彩等具体感性形象。席勒在《论素朴的诗和感伤的诗》一文中指出：“审美判断是把整个作品包括在内，而且在这里感情起着决定的作用。”在审美活动中，人对审美对象首先在情感、态度上作出肯定和认同，然后才能产生美感。

在审美判断中，主体的审美经验、审美情趣、审美能力，直接制约着审美判断的正讹、广狭、深浅。东施低下的审美能力，导致她作出错误的审美判断；而村里其他人正常的审美经验、审美能力，使他们作出“西施美极了”“另有一种妩媚的风姿”的审美判断。高明的艺术家都有非凡的审美判断能力。他们不仅判断出审美对象是否美，而且判断出美在哪里，揭示出美的形式和内容。唐代诗人王维精通音乐、绘画。当时洛阳有一著名壁画《按乐图》，画的是古代乐工、伶人正在演奏的情形，众人都不解其中奥秘。一天，王维与友人一起观赏这幅画，王维看了几眼，哈哈一笑。大家不知其故，问他为什么笑。王维说，《按乐图》画的是《霓裳羽衣曲》的第三叠第一拍演奏时的情景。大家对他的判断十分吃惊，都不相信。于是友人请来乐工演奏《霓裳羽衣曲》，果然如王维所说。演奏至第三叠第一拍时，乐工的手、口动作和方位与画中的完全一样。友人对王维的审美判断能力佩服不已。

春秋时期的音乐家师旷是审美判断方面的高手。师旷是晋平公时的一个乐师，他双目失明，却有着极高的音乐造诣，不仅精于操琴，而且深谙音乐语言，能从音乐中判断出国家的兴亡成败。

有一年，晋平公在京郊造了一座豪华的宫室。落成之日，各国诸侯纷纷前来道贺。卫国新君卫灵公为了结交大国，也备了厚礼亲自朝晋。那天行到濮水边上，见天色已晚，便在驿馆住下。半夜里，灵公忽然听到奇异的琴声，他很喜欢这首曲子。灵公派人把随行乐师师涓找来，对他说："我听到一首新曲，十分动人，请你静听一下，把乐谱记下来。"师涓凝神静坐，手抚琴弦，边听边把琴曲记下。

到晋国后，晋平公设宴热情款待卫灵公。酒过三巡，灵公起身道："途中得闻新曲一首，愿奉献给您。"

晋平公听了，连声叫好。灵公招来师涓，让他演奏新曲。师涓先将七弦调和，然后拂指弹奏。刚奏几声，平公就大加赞赏。才弹了一半，师旷突然站起来，上前用手按住琴弦，说："停，停下！这是亡国之音，不能弹下去。"

平公正听得入迷，见师旷制止弹奏，不免有点生气，问道："你怎么知道这是亡国之音？"

师旷不慌不忙地说："这是商代乐师师延替商纣王作的靡靡之音。纣王为了寻欢作乐，命令师延作了许多醉生梦死的靡靡之音。这样，原来就荒淫无道的纣王更加沉湎酒色，不理朝政，把国家也给断送了。等到武王伐纣，灭了商朝，师延抱琴逃到濮水边，见走投无路，便投水自尽了。从此以后，有谁喜欢他的音乐，就能从水中听到此音。师涓必定在濮水之上听到此曲的。听了这种曲子，国家就会削弱，所以不可以终曲。"

卫灵公听师旷辨析得如此清楚，大为叹服。

"师延投水，濮水上留下靡靡之音"和"从濮水上，听到此曲的"，这完全是夸张说法，不必认真。它实际告诉人们，师延为纣王创作的靡靡之音在濮水一带流传了下来。引起我们兴趣的是师旷听曲辨音的能力。他能判断辨别出"此曲靡靡之音"，实在令人佩服。

又有一次，师旷随晋平公出征，与楚国军队作战。两军对峙，扎下营寨。看到楚军强大的阵势，晋军官兵十分害怕。半夜时分，师旷隐隐约约听到从楚营传来的阵阵琴声。他立即走出营帐，凝神细听。他从那时断时续的琴声中，听到了楚军不安的、厌战的情绪。师旷立即向晋平公报告，平公大喜，晋军将士闻讯，斗志大振。晋军抓住这一时机，迅速向楚军发动猛攻。本来军心已涣散的楚军顿时大乱，四处溃败。

还有一次，师旷同几位朋友一起在江边的酒楼上饮酒。突然他停杯对朋友说："水波中有哀伤的音调。"几个朋友放下筷子静听了一会儿，却什么声音都听不到，只见江面上远远有条船影，便说："听不到音乐，只看到一条船。"师旷非常有把握地说："这条船上一定有丧事。"等船渐渐地靠近，朋友们果然听到船上传来低沉的哀乐声和啼哭声，并看到船上装有棺材。大家十分惊异，师旷却笑着说："我是一个盲人，以耳代目而已。"

师旷从师涓的琴声中辨别出它是靡靡之音、亡国之音，从楚军音乐中听出楚兵厌战思乡情绪，从船上音调中判定出悲哀事，这些说明师旷具有高深的艺术修养和敏锐的审美判断能力。

审美判断的过程是探究、发掘、发现对象审美特性、审美价值的过程，是审美由感性向理性飞跃的桥梁和标志。审美判断是形成审美情感、审美评价和审美理解的基础，它影响人的审美活动。比如欣赏音乐家贝多芬的肖像，看见他凸出的颧骨和眼球、粗硬而散乱的头发、生硬的下颚线条、矮小的个子、带有斑点的面孔……如果你不认识他，一定会说："这人真丑！"可是当有人告诉你："他就是贝多芬，一个伟大的音乐家。"这时，再看他的肖像，不但不觉得他丑，反而感到他头部这些外部特征正是一个不屈个性的生动写照，美感油然而生。相反，当一位美女走过，人们会情不自禁地多看几眼，甚至投以惊羡和仰慕的眼光。如果这时有人提醒，说："她好逸恶劳，以卖淫、诈骗为生……"那么，她给人的美感顿时会黯然失色，人们会立即产生厌恶感，甚至会投去轻蔑的眼光。

大观园诗社的咏柳絮词

——审美判断的主观性和客观性

审美判断是融合着情感的、具有个性特征的主观判断，所以审美判断的主观性特别明显，它因人而异。“萝卜青菜，各有所爱”“仁者乐山，智者乐水”，就是这种主观性的通俗表达。

就拿花草来说，有人判断菊花美，有人断定桃花艳，还有的人说莲花纯朴。陶渊明就是爱菊花。他爱菊、种菊、采菊，与菊花形影不离。他的名句“采菊东篱下，悠然见南山”，令多少文人墨客陶醉、向往。元稹、欧阳修都受陶渊明影响，也酷爱、偏爱菊花。元稹写诗赞扬菊花：“秋丛绕舍似陶家，遍绕篱边日渐斜。不是花中偏爱菊，此花开尽更无花。”（《菊花》）

陆游爱梅花，写过多篇咏梅、探梅、访梅的诗词，他“平生不喜凡桃李，看了梅花睡过春”（《探梅》），“与梅岁岁有幽期，忘却如今两鬓丝”（《山亭观梅》）。他的《卜算子·咏梅》：“驿外断桥边，寂寞开无主。已是黄昏独自愁，更著风和雨。无意苦争春，一任群芳妒。零落成泥碾作尘，只有香如故。”歌颂了隐者的美德，牵动古今多少人的情思！林逋爱梅更是路人皆知，他以梅为“妻”，他的《山园小梅》：“众芳摇落独暄妍，占尽风情向小园。疏影横斜水清浅，暗香浮动月黄昏。霜禽欲下先偷眼，粉蝶如知合断魂。幸有微吟可相狎，不须檀板共金樽。”是咏梅诗中的上上品。其中“疏影横斜水清浅，暗香浮动月黄昏”更是千古绝唱的名句。

唐代人爱牡丹。刘禹锡称赞牡丹：“庭前芍药妖无格，池上芙蕖净少情。唯有牡丹真国色，花开时节动京城。”（《赏牡丹》）而宋朝人周敦颐独爱莲之“出淤泥而不染，濯清涟而不妖”。

审美判断具有主观性，不仅表现在不同审美主体对不同审美对象的偏爱和评价方面，还表现为不同审美主体对同一对象的不同评价方面。人的经验、教养、性格、职业、身世、地位、年龄等等不同，对同一审美对象的判断就不同。

《红楼梦》中的年轻女子和贾宝玉等人面对同样的柳絮，看法就大相径庭。

秋季，贾探春在大观园发起成立海棠诗社。第一次开社由探春做东，限韵赋白海棠。第二次由史湘云做东，预拟十二题作菊花诗。此后，诗社中断。次年春天，林黛玉写了一首长诗《桃花行》，众人商议重建诗社，将海棠社改作桃花社，推林黛玉为社主，议定第二天三月初二起社，写桃花诗。谁知好事多磨，二十多天过去了，还未起社。这时已是暮春时节，柳絮成熟，飘落在地。碰上好天气，东风一吹，柳絮漫天飞舞，一派生机。史湘云无聊之际见柳花飘舞，便偶成一小词，词牌为《如梦令》，其词是：

岂是绣绒才吐。卷起半帘香雾。纤手自拈来，空使鹃啼燕妒。且住，且住！莫使春光别去！

史湘云写好词后，心中十分得意，便拿给薛宝钗和林黛玉看。黛玉看后，笑着说："写得好！又新鲜，又有趣儿。通篇不见飞絮，却句句写的是飞絮。"史湘云建议："咱们这几社总没有填词，何不今日就起社填词，岂不新鲜？"黛玉听了，勃然心动，于是一面吩咐丫环预备果点，一面派人分头通知大伙儿。不一会儿，众人都来到黛玉住所，黛玉以社主身份吩咐大家"以柳絮为题，限填各色小调"，并以一支香的时间为限。

很快，黛玉写好了，接着宝琴、宝钗也写完了。一支香烧完，探春才写了一半；而贾宝玉写了，又嫌不好，都抹掉了。他看了探春写的一半，却来了灵感，提笔续了下片。

评比开始了。大家一致意见："贾宝玉写的不算数。"然后来看林黛玉写的《唐多令》：

粉堕百花洲，香残燕子楼。一团团、逐队成球。漂泊亦如人命薄：空缱绻，说风流！

草木也知愁，韶华竟白头。叹今生、谁舍谁收！嫁与东风春不管：凭尔去，忍淹留！

众人看了，都点头叹道："好是好，但太悲戚了！"于是又看宝琴的《西江月》。词中仍然是充满悲伤和悲壮。薛宝钗说："她们两人写的不免过于凄凉。我想，柳絮是很轻薄无根的东西，一般人都会往这方面想，写它的悲、苦、怨等，我才不落俗套，偏要把它往好的方面想，所以就写了一阕《临江仙》，不知能否合你们的意。"众人笑道："你别谦虚了，快把词拿出来给我们瞧瞧。"薛宝钗将写的词展开在大家面前，上面写道：

白玉堂前春解舞，东风卷得均匀。蜂围蝶阵乱纷纷：几曾随逝水？岂必委芳尘？

万缕千丝终不改，任他随聚随分。韶华休笑本无根：好风凭借力，送我上青云。

史湘云立即赞赏道："'东风卷得均匀'这一句写得好，这一句就出人之上了。"其他人也都拍案叫绝："宝姑娘为柳絮翻案翻得好！"

最后，大家评定结果是，薛宝钗的词得第一，林黛玉的词第二，史湘云的词第三。

同是柳絮，林黛玉和薛宝钗的看法、评价是截然不同的。在林黛玉的眼中，柳絮随风飘落、孤苦伶仃、孤独无援、无人收留，命运十分悲惨；而薛宝钗则认为，柳絮是飞腾上升，有节奏地跳舞，称心如意，春风得意，凭借风力，直上青云，前途一片光明。这就是审美判断的主观性。林黛玉的不幸身世，在贾府中的孤苦伶仃，对现实的不满，必然影响她把柳絮看得非常缠绵悲戚；而薛宝钗家庭有钱有势，她深受封建礼教熏陶，顺从并适合封建制度，抱着与现实水乳交融的心情来判断柳絮，当然认为柳絮是春风得意，直上青云。

审美判断的主观性还与审美主体的属性相关。不同的民族、国家，不同的文化，不同的阶级，对审美对象的判断是有差别的。东方民族喜欢含蓄美、朦胧美，而西方人偏爱精确美、荒诞美。中国人把京剧视为国粹，欧洲人喜欢芭蕾、歌剧等等，不一而足。不同阶级、阶层，对美的判断差异很大。有一则笑话，说的是封建社会时代，几个饱暖无聊的地主老爷，冒充风雅，同在某处赏雪，居然作起打油诗来，刚刚凑成三句：“大雪纷飞满地，尽是皇家瑞气，惟愿再下三月……”正当他们摇头晃脑，反复吟诵，苦于做不出第四句时，一个原在那里躲避风雪、又冻又饿的穷汉，听后火冒三丈，立即给接上一句：“放他娘的狗屁。”此事说明，面对同一自然界事物——雪，互相对立的人群，其看法和感受是何等对立！

审美判断的主观性并不能脱离客观基础——对象的审美特性。随风飘落和飞腾上升都是柳絮的特性，林黛玉和薛宝钗的填词都有客观根据，只不过各强调其一面罢了。但是，不管是什么人，古人今人也好，中国人外国人也好，都说西湖、长城美，都说比萨斜塔、《蒙娜丽莎》美，这说明审美判断又有客观性。《堂吉诃德》中有一则品酒的故事，倒是很能说明审美判断客观性的：

堂吉诃德和他的随从桑丘在旅途中遇到了林中骑士，恰巧林中骑士也有一个侍从。于是两个骑士娓娓长谈彼此的恋爱史，两位侍从离开主人相互交谈侍从的事。

他们天南海北谈了一通，林中侍卫从马鞍上拿出一大皮袋酒和一个肉馅烤饼。桑丘举起酒袋放在嘴上，“咕嘟咕嘟”喝了很长时间，喝完后歪着脑袋舒了一大口气，说道：“这家伙！真是地道的美酒啊！这酒是不是京城出产的？”

林中侍从大吃一惊：“好一个品酒的老内行！可不是那里出产的！而且陈了好几年了。”

桑丘得意地说：“瞒得过我吗？我的家族，有世传的本领——善于品酒。我家祖上有两位品酒的行家，名气大得不得了，至今也没有人超过他们。”

“他俩有什么能耐，你给我讲一讲好不好？”

“他们的本领是名不虚传的。有一次，一家酒店请他们去品酒。那酒是绝对的上等酒，年代久远，还是名牌。主人从酒桶中舀了些酒请他们尝，请教他们这桶酒酿得怎样，品质如何，有什么长处短处。头一个人，用舌尖儿尝了一下，咂了咂嘴，经过一番仔细考虑说：酒是好酒，可惜，里面有一点铁味儿。后一个凑上去鼻子闻了闻，也说酒倒是不错，但是美中不足，其中有些羊皮味儿。主人说：酒桶是干净的，酒里根本没有带铁味和羊皮味的佐料。但两位品酒人还是一口咬定。他俩的话，受到众人极大的挖苦。后来嘛……”

“后来怎么样？你不要吞吞吐吐。”

“后来，这桶酒卖完了，在洗酒桶的时候，发现里面有个小小的钥匙，上面拴着个熟羊皮的圈儿。难怪里面有铁味，又有羊皮味呢！”

“真是品酒高手！”

“怎么样？他们的后代该有资格说话吧！”

林中侍从连忙点头说：“有资格。你们家族是品酒世家嘛！哈哈哈……”

两位品酒高手，高明之处就在于在美酒中辨别出其中还有一点铁味和羊皮味。他们的这种判断，是有客观根据的，最终也被事实所证实。这个故事说明，审美判断虽然有主观性，同样的对象往往有不同的审美判断，仁者见仁，智者见智，但是仍然具有客观性。审美判断必须以审美对象的形式因素、形式规律和内在品质作为依据，才能引起人的愉悦感或审美感。那种以为审美判断可以随心所欲、信口开河、任意解释的想法都是错误的。

命运多舛的《草叶集》
——审美评价

审美判断并不是审美活动的终止。在审美判断基础上，审美主体还要对客体的审美价值作出评估，这就是审美评价。

1855 年 7 月 4 日，美国纽约一个印刷厂的临时工人惠特曼，把自己写的诗歌编成一个集子，取名《草叶集》，自己排版、印刷和发行。《草叶集》初版只收了十二首诗，是一本 94 页的小册子。惠特曼出身贫苦，少年时代就出外谋生，广泛接触劳动人民，对生活很了解。他的作品，充满着浓郁的浪漫主义色彩。他热情地歌颂了伟大富饶的祖国和她的自由、勤劳的人民，讴歌劳动者的美丽，称颂劳动者的业绩。诗人说：“在教授和资本家的圈子里，我并没有感觉到生活；我卷起裤脚，挽起袖口，走向马车夫和船夫，走向以捕鱼和种地为生的人们，他们是伟大的。”在诗歌形式上，惠特曼作了重大革新，他采用人民的口语，打破了因袭的诗歌格律，创造出一种新韵律的自由诗体，增强了诗歌的表现力。

《草叶集》内容上的崭新民主思想和形式风格上的一反常态的奇特，使得美国当时大多数公众难以接受。报纸讥笑这本诗集，书商拒绝出售。好不容易有一个书商表示愿意代售几本，但打开诗集一看，惊得目瞪口呆，怎么也不肯与这本书沾边。许多评论家对诗集更是热嘲冷讽，有的说它是毫无意义的语言的排列，有的辱骂它，愤怒地把它扔进火里。有一篇评论甚至说："惠特曼不懂得艺术，就像猪猡不懂得数学一样。"诗集出版了一星期，连一本也没有卖掉。到第二年，也仅仅卖了十一本。诗人自己送出许多书请人写评论，得到的都是冷冰冰的拒绝。

惠特曼并不灰心。1856年他又自己印了第2版，并在其中增加了二十首新诗。由于第2版在内容和形式上都坚持他自己独特的风格，结果自然还是跟第1版一样，无人问津。反而由于《草叶集》的进步思想，诗人这时在一家报馆的编辑职务也被撤销了。他被逼得没法生活，只好去陆军医院当男护士。后来通过种种关系，在内务部谋到一个小职员的位置。当新任部长知道他是《草叶集》的作者后，又立即把他开除了。

惠特曼将自己的诗集，送给了当时有名的作家爱默生。惠特曼过去并不认识他，送了也不抱有多大希望，可是不久，竟出乎意料地收到了爱默生的回信。爱默生在信中热情地赞扬他的诗："如同伟大的力量能使我们幸福一样，我读了这诗集感到非常幸福。以前所谓诗的性质，一般过于在技巧上着眼，而毒害甚大，它使西欧精神痴钝、卑贱，使自然贫乏化；为此我要求壮丽的东西，而这就是你的诗集所给予我的。"最后他说："你正处在伟大的经历的开端，我祝福你。"爱默生独具慧眼，高度评价了惠特曼的诗，给了惠特曼巨大的鼓舞。在这之后，经过数年努力，惠特曼又创作了一些有名的新诗，特别是以美国南北战争为题材的诗。

《草叶集》在美国的遭遇是如此不幸，十二年后却在英国赢得了文学界和其他一些著名人士的热烈欢迎。1868年，英国伦敦出版发行了一部经过删节的《草叶集》，不久还被译成德、法、丹麦等文字。赞赏这些新诗的文章，也陆续见诸欧洲有影响的文学报刊。惠特曼的诗人地位在欧洲文坛上得到承认。

但是此时，《草叶集》在美国仍然受到非议和阻挠，说这本书“属于政府所规定的淫秽书籍范围”；邮局也禁止邮递。直至 1882 年，美国的出版商才答应正式出版这部诗集。惠特曼同时发表了爱默生当年给他的信。《草叶集》终于在美国流行开来。惠特曼热情奔放、气势磅礴，不受传统格律束缚的自由体诗才为美国人所接受，显示出其价值和意义，并对美国文学产生了重大影响。惠特曼终于成为美国浪漫主义文学最杰出的代表。

《草叶集》的审美价值如何，美国评论员及报刊对它的讥笑、挖苦，是一种审美评价；爱默生热情称颂它“壮丽”，也是一种审美评价；后来，欧洲文艺界对诗集的肯定，以及最后美国人接受了《草叶集》，把它视为浪漫主义文学最杰出的代表作，还是一种审美评价。不同人对同一本诗集作出了不同的审美评价，这说明这样一个事实：审美评价有鲜明的主观性、自主性和差异性。

在上述审美评价中，我们可以发现：审美评价包括对事物形式美的判断、评估和对事物内容美的评估态度。开始，许多美国人否定《草叶集》，是由于不满意惠特曼所歌颂的对象——劳动者，不赞成他崭新的民主思想，不了解浪漫主义风格的宝贵价值；更是由于他们因循守旧，看不到自由诗体的美学价值。而爱默生恰恰相反，看到了诗集中隐藏的“伟大力量”和巨大的审美价值。

审美评价虽然有鲜明的主观性，不同人对同一事物会作出不同的审美评价；但审美评价又有一定的客观性，受到客观条件的制约。一方面，它要受到特定对象的制约。它是特定对象的刺激所引起的主观评判活动。主体判断是否符合对象的审美特质，是审美评价的客观标准。如对《草叶集》的评价，就必须依据这本诗集的内容、风格、形式来进行，不可凭空胡乱评价。另一方面，它还要受到一定文化传统和社会风尚的制约。它总是打上时代的、阶级的、民族的烙印。《草叶集》刚出版时，美国文坛对旧的诗歌格律还恋恋不舍，对浪漫主义色彩还不习惯，保守主义盛行，歌颂的对象主要集中在上层社会，所以看不到诗集的审美价值。南北战争后，美国人的民主意识高涨，社会民族平等成为主流，艺术界要求冲破旧形式旧框框的呼声也越来越高，这个时候，

《草叶集》的审美价值就很自然地显露了出来。

由于审美评价既有主观性，又有客观性及评价内容的复杂性，因此，审美评价往往是一个历史过程。它不因一时一事判断为最终目标，而是以历史的实践作为检验艺术美丑的标准。在开始时，往往会有各种错误的、片面的审美评价，随着人们认识的提高，人们各种意见的相互补充、相互纠正，最后必定会检验出真正的优秀作品。《草叶集》的遭遇，就是一个典型例子。很多对象审美价值的发现和肯定，都经历了一个历史过程。有的艺术作品还经历过多次反复，它其中的审美价值才会得到社会认同。

陶渊明的诗在南朝梁《诗品》中，仅被归入中品；唐人选唐诗，没选杜甫；而宋代之后，陶渊明的田园诗得到普遍认同，杜甫也被世人尊为“诗圣”。中世纪波斯诗人伽亚谟的诗集《鲁拜集》经过了七百多年磨难，才被人们认识到它的审美价值。艺术大师罗丹创作的巴尔扎克雕像，当初被说成“被一个疯子踢在一起的一堆石膏”“一个装在口袋里的癞蛤蟆”，是一个“雪人”“丑八怪”“大麻袋”“是我们法国人已经精神错乱程度的物证”。四十年后，人们才认识到它是不可多得的艺术珍品，以神似驰名天下。法国人把它铸成青铜像，安放在巴黎林荫街角，成为巴黎市中心的纪念碑之一。凡·高一生画过很多画，特别是画了多幅《向日葵》作品。这些作品当时没有引起人们注意，没有人欣赏他的画。后来，这些作品有的毁于战火，有的被人丢弃。

《向日葵》　凡·高

凡·高生前曾扬言："我敢向你保证，我画的《向日葵》值500法郎。"但是当时没人相信。然而，生前遭遇坎坷、穷困潦倒，一生只卖出过一幅画的凡·高，却在他去世二十多年后，被人们发现，并在死后一百年成为国际上最知名的艺术大师。他的作品震撼着后人。这恐怕是凡·高生前万万没有想到的。1987年，当《向日葵》在拍卖行亮相时，以3985万美元被人买走。1990年，他画的《加歇医生的肖像》，又被人以8250万美元的天价买进。这个价格创造了当时世界绘画价格新纪录，从而震惊了全世界。凡·高这一作品的纪录一直保持了十三年。

贝多芬著名的第三交响乐即《英雄交响乐》刚问世的时候，听众对它的态度不但很冷淡，甚至是敌视的，评论它是冗长而又非常难懂的作品，是一首粗野、怪诞的幻想曲。贝多芬当时曾信心百倍地说："给他们时间，他们会领悟这个作品的价值！"果然，几年后，人们逐渐认识到它的价值。现在，这部交响曲已是全世界人民所喜爱的音乐瑰宝。它的旋律和曲调已深入人心，成为人们生活的一部分。它那磅礴的气势、热情的旋律、韵味深长的曲调，激发人们蓬勃向上的情感，鼓舞人们去建立奇功伟业。

歌剧《卡门》，通过对一个吉卜赛烟草女工卡门和龙骑兵唐诃赛之间爱情悲剧的描写，刻画了卡门独立不羁的倔强性格，热情地歌颂了自由。它初次上演时，不少人认为它是一部不讲道德、伤风败俗的作品，它的曲调十分粗俗，这使得歌剧谱曲者比才的身心受到极大伤害，并在一次演出中昏倒死亡。比才死去若干年之后，《卡门》终于获得世人的喜爱。在比才逝世后的六十年里，世界上就有三十五个国家用二十四种语言演唱了这部歌剧。《卡门》至今仍风行世界各地，是世界著名歌剧院的保留节目。我国早在1918年，在上海就演出过《卡门》。剧中《哈巴涅拉》《斗牛士之歌》等动人心弦的咏叹调，深为我国广大听众所熟悉和喜爱。

19世纪法国杰出的批判现实主义大师司汤达一生写了三十三部作品，生前只出版过十四部，这些书一直都躺在书店的架子上，被世人冷落。他死后的葬礼也十分凄惨，只有三个朋友为他送殡。他的代表作《红与黑》，在他生前不被人们理解，甚至受到嘲笑，说它是"形式怪异""吓唬别人"的粗鲁作品，“用谁也不欣赏的文字来糟蹋纸张罢了”。司汤达意识到自己是“一个被人遗弃在街头的孤儿”，坚信自己一定会成为“一个在1935年为人阅读的作家”。事实果然如他所料。人们在他死后“发现”了他，赞扬他以艺术家的技巧、政治活动家的睿智、学者的渊博和历史学家的诚实，广泛地描写了十九世纪法国的现实生活。20世纪中叶，无论是在法国或其他国家，人们都把司汤达的小说当做现代作品来读。他的《红与黑》与《帕尔玛修道院》成为人们喜爱的作品，并被改编后拍了上十部电影。司汤达作品中事件地点的迅速转换，大规模结构和群众场面的相互交替，节奏的不均匀，声调的突然升高和降低，尤其是善于用心理描写来揭示人物的内心冲突和思想情绪瞬息间的变化，极大丰富了小说创作的艺术技巧，给后世作家进一步发展小说表现形式以深刻启迪。

人们对当代的艺术品很难作出正确的审美评价，这是因为它同人们的切身利害联系密切。而时间的绵延、历史的发展，就能不断消除遮蔽审美价值的错误源泉，使对象的真正意义崭露出来；并能不断开拓评价者、理解者的视野，使新的理解源泉涌现，从而揭示出其新的审美价值。事实证明，历史最能检验艺术持久性，显示对象的审美价值。有许多审美对象（包括艺术作品），当时的人往往不能作出正确的审美评价，但经过一段或很长时间后，人们才会发现其中美的价值。

主要参考书目

［1］邱明正《审美心理学》，复旦大学出版社 1993 年 4 月第 1 版。
［2］林同华《美学心理学》，浙江人民出版社 1987 年 10 月第 1 版。
［3］张法《美学导论》，中国人民大学出版社 1999 年 12 月第 1 版。
［4］周宪《美学是什么》，北京大学出版社 2002 年 1 月第 1 版。
［5］申家仁《诗的美学品味》，中国文联出版社 2002 年 10 月第 1 版。
［6］唐朴林《神奇的音乐》，中国青年出版社 1998 年 4 月第 1 版。
［7］〔日〕志鸟荣八郎著、包容译《西洋音乐名作故事》，人民音乐出版社 1996 年 6 月第 1 版。
［8］〔日〕门马直卫等著、阎泰公编译《外国音乐家传》，文化艺术出版社 1986 年 5 月第 1 版。
［9］迟轲《西方美术史话》，中国青年出版社 1983 年 5 月第 1 版。
［10］徐改《中国古代绘画》，商务印书馆 1991 年 11 月第 1 版。
［11］郑朝、蓝铁《中国画的艺术与技巧》，中国青年出版社 1989 年 9 月第 1 版。
［12］龙协涛《艺苑趣谈录》，北京大学出版社 1984 年 3 月第 1 版。
［13］林同华《美学漫谈》，江苏人民出版社 1984 年 1 月第 1 版。
［14］周钧韬《美与生活》，黑龙江人民出版社 1983 年 6 月第 1 版。

[15] 程民生《音乐美纵横谈》，上海音乐出版社 2000 年 2 月第 1 版。
[16] 蒋孔阳《哲学大辞典·美学卷》，上海辞书出版社 1991 年 10 月第 1 版。
[17] 邵传烈、戴平《美的修养》，陕西人民出版社 1983 年 12 月第 1 版。
[18] 蒋孔阳《美在创造中》，广西师范大学出版社 1997 年 10 月第 1 版。
[19] 童庆炳《艺术创作与审美心理》，百花文艺出版社 1992 年 2 月第 1 版。
[20] 曾繁仁、高旭东《审美教育新论》，北京大学出版社 1997 年 6 月第 1 版。
[21] 童庆炳《现代心理美学》，中国社会科学出版社 1993 年 2 月第 1 版。
[22] 秦牧《语林采英》，复旦大学出版社 2004 年 7 月第 1 版。
[23] 蓝帆《中国画苑趣闻》，武汉大学出版社、台湾汉欣文化公司 1996 年 10 月第 1 版。
[24] 王旭晓《美学原理》，上海人民出版社 2000 年 9 月第 1 版。